准饱和土动力学

徐 平 周新民 苏 丹 闫 禅 张伟俊 著

黄河水利出版社
·郑 州·

内 容 提 要

本书基于波动理论,系统地阐述了准饱和土动力学,内容涉及绪论、准饱和土微观动力性质分析、准饱和土波动理论、全空间准饱和土中弹性波的传播特性、半空间准饱和土中弹性波的传播特性、准饱和土中瑞利面波的传播特性、弹性波在准饱和土与弹性土界面的传播特性、准饱和土体及黏弹性饱和土体中圆形衬砌对弹性波的散射、饱和土及准饱和土应力位移表达式及 Graf 加法定理等。

本书概念清晰、简明扼要,可作为岩土工程防灾减灾、环境振动影响评价、隔振减振设计等相关领域的参考用书,也可作为高等院校土木工程专业高年级学生选修用书。

图书在版编目(CIP)数据

准饱和土动力学/徐平等著.—郑州:黄河水利出版社,2023.2

ISBN 978-7-5509-3521-1

Ⅰ.①准…　Ⅱ.①徐…　Ⅲ.①土动力学　Ⅳ.①TU435

中国国家版本馆 CIP 数据核字(2023)第 043033 号

组稿编辑:王志宽　电话:0371-66024331　E-mail:wangzhikuan83@126.com

责任编辑　赵红菲　　责任校对　杨秀英
封面设计　张心怡　　责任监制　常红昕
出版发行　黄河水利出版社
地址:河南省郑州市顺河路 49 号　邮政编码:450003
网址:www.yrcp.com　E-mail:hhslcbs@126.com
发行部电话:0371-66020550
承印单位　广东虎彩云印刷有限公司
开　　本　787 mm×1 092 mm　1/16
印　　张　11.25
字　　数　260 千字
版次印次　2023 年 2 月第 1 版　　2023 年 2 月第 1 次印刷

定　　价　88.00 元

前 言

严格地讲,弹性波在土体中的传播问题应该按三相介质模型来进行研究,但由于三相介质模型的复杂性及随之产生的数学、力学处理上的困难,目前对高饱和度土体中波的研究还仅停留在应用修正的两相饱和波动理论来研究该问题,应用三相介质模型研究这一波动问题的报道尚不多见,考虑气体影响下准饱和土中波的传播问题已经成为相当热门的研究课题,这一问题的解决则要求对准饱和土在动载荷作用下的动力学行为进行深入的理论、数值和试验研究。这将对完善土体波动理论,促进波动理论在工程实践中的应用,进而推动我国在该领域的科技进步、国民经济和社会发展起到重要作用。

本书共分九章,主要内容如下:

第一章　绪论:简述了弹性介质、饱和土介质、准饱和土及非饱和土介质中波的传播、反射、透射、散射等理论的发展。

第二章　准饱和土微观动力性质分析:通过对以往研究工作的总结,从微观角度对准饱和土的基本性质及动力特性进行了全面分析,并对准饱和土的简化模型的合理性进行了讨论,得到了许多对工程实际有意义的结论。

第三章　准饱和土波动理论:回顾了多孔介质波动理论两大理论体系发展的理论传承,分析了 Biot 理论与混合物理论的基本异同。

第四章　全空间准饱和土中弹性波的传播特性:是对某高速公路的高边坡的现状调查分析,描述了导致边坡不稳定的因素,并给出了粗略的治理建议。

第五章　半空间准饱和土中弹性波的传播特性:基于三相介质准饱和土波动理论,全面分析了准饱和土中三种体波的传播特性,应用数值方法研究了孔隙率、饱和度、频率和泊松比等对准饱和土中各体波传播和衰减的综合影响,并与前人试验研究成果进行了对比验证,最后讨论了气饱和土中波的传播特性。

第六章　准饱和土中瑞利面波的传播特性:基于三相准饱和介质波动理论,针对不同透水条件,推导了瑞利波弥散特征方程。通过具体算例分析了准饱和土中瑞利波的传播特性,数值分析了瑞利波速度、位移、能流分布及粒子运动规律与饱和度、泊松比和频率比之间的相互影响关系。

第七章　弹性波在准饱和土与弹性土界面的传播特性:采用 Vardoulakis 等(1986)提出的准饱和土波动方程,研究了 P_1 波从准饱和土入射到弹性土界面上的反射和透射,并绘制了反射系数、透射系数和界面应力、位移的变化曲线。

第八章　准饱和土体及黏弹性饱和土体中圆形衬砌对弹性波的散射:根据 Helmholtz 矢量分解定理推导了准饱和土体中三种体波(P_1 波、P_2 波和 S 波)波数的势函数表达式,并得到了圆柱坐标系下准饱和土体中土骨架和孔隙流体的应力和位移表达式;采用波函数展开法得到了平面 P_1 波入射时,黏弹性饱和土体内半封闭圆形衬砌(视为饱和介质)的散射问题的理论解。

第九章　饱和土及准饱和土应力位移表达式及 Graf 加法定理：给出了饱和土及准饱和土应力位移表达式及弹性波散射必需的 Graf 加法定理。

本书由郑州大学徐平，浙江省地震局周新民，黄河勘测规划设计研究院有限公司苏丹，河南金玉地矿技术有限公司闫禅、张伟俊撰写。

本书得到了国家自然科学基金(51008286)“多排空心管桩屏障三维隔振机理的理论分析与试验研究”、国家自然科学基金(51278467)“聚氨酯高聚物材料应用于被动隔振的试验研究与理论分析”、中国博士后基金面上项目(2015M582204)“地铁振动引起饱和砂土耦合动力响应的研究分析”、中国博士后科学基金特别资助项目(2016T90681)“饱和砂土中地铁振动波传播机理与隔振措施研究”等项目的支持。

本书在编写过程中参考并引用了有关专业书籍和教材，得到了许多岩土防灾减灾等方面的专家和同行们的大力支持和帮助，在此表示由衷的感谢。

由于编者水平有限，加之时间仓促，欠妥与错误之处在所难免，诚恳地欢迎读者批评指正。

作　者
2022 年 8 月

目　录

第一章　绪　论

第一节　引　言

土介质波动理论及应用是土动力学研究领域的一个重要分支。由于每一种波都含有波源介质和传播介质的物理特性信息，因此研究波传播问题具有重要的理论实践意义和学术价值。近几十年来，弹性波在岩土材料介质中的传播问题已经成为各种工程领域内非常重要的研究课题，如石油工程、岩土工程及地震工程、地球物理等。岩土介质波动特性也在油气层勘察、场地的地震响应分析、波对堤坝的影响、动荷载作用下桩-土相互作用问题、土-水-结构的相互作用问题、土层参数的反演、土体液化及动力响应等许多工程领域得到了广泛的应用。迄今为止，在这些领域中已经取得了不少研究成果。但是，这些研究成果大多数是以经典弹性动力学为理论依据，将土体视为理想各向同性固体介质来进行分析。然而岩土材料这一特殊固体介质，在微观结构上具有晶粒结构、孔隙、微裂纹等特征，在固体骨架构成的孔隙中往往含有液体（一般指水）或气体，其力学特性更多的是受控于液体、固体及气体间的相互作用，岩土材料在宏观上应该处理为多相介质而非单相介质。众所周知，地球表面70%以上被海洋所覆盖，另外还有陆地的江河湖泊及地下水的存在，因此研究以水饱和为主的饱和土或高饱和度土更具有重要意义，自 Biot 首先建立了流体饱和多孔介质动力模型后，采用两相耦合介质模型研究这一课题成为可能，即将土介质简化为流-固两相介质，假设土骨架之间的孔隙被液体所充满，这一处理无疑要比单相介质假设更为合理，将土体与孔隙水分别加以考虑，已经被大多数研究者所认知。而在实际工程中所接触的近地表土体，由于人类活动和地下水位波动等因素，含有少量气体的高饱和度土是工程师们需要大量面对的。研究者很早已经注意到，即使在液体饱和孔隙中少量气体的存在亦会对波的传播、阻尼和反射现象产生巨大的影响。基于理论发展和工程实际应用需要，考虑气体影响下的准饱和土中波的传播特性已经日益受到国内外学者的重视与青睐。

严格地讲，弹性波在土体中的传播问题应该按三相介质模型来进行研究，但由于三相介质模型的复杂性及随之产生的数学、力学处理上的困难，目前对高饱和度土中波的研究还仅停留在应用修正的两相饱和波动理论来研究该问题，应用三相介质模型研究这一波动问题的报道尚不多见，考虑气体影响下准饱和土中波的传播问题已经成为相当热门的研究课题，这一问题的解决则要求对准饱和土在动载荷作用下的动力学行为进行深入的理论、数值和试验研究。这将对完善土体波动理论，促进波动理论在工程实践中的应用，进而推动我国在该领域的科技进步、国民经济和社会发展起到重要作用。

基于以上所述，本书开展准饱和土体动力特性方面的工作。

第二节　弹性介质中的波

弹性介质可看成由连续分布的质点组成,当弹性介质中某一局部质点发生扰动后,由近及远介质中的各质点将依次离开自己的平衡位置进入振动状态而出现波动现象。理想弹性半空间中的弹性波主要分为两种:体波和面波。其中,体波分为压缩波和剪切波两种,主要在半空间的内部传播;面波包括瑞利波和 Love 波等,仅在半空间表面传播。下面分别介绍各种波的基本特性。

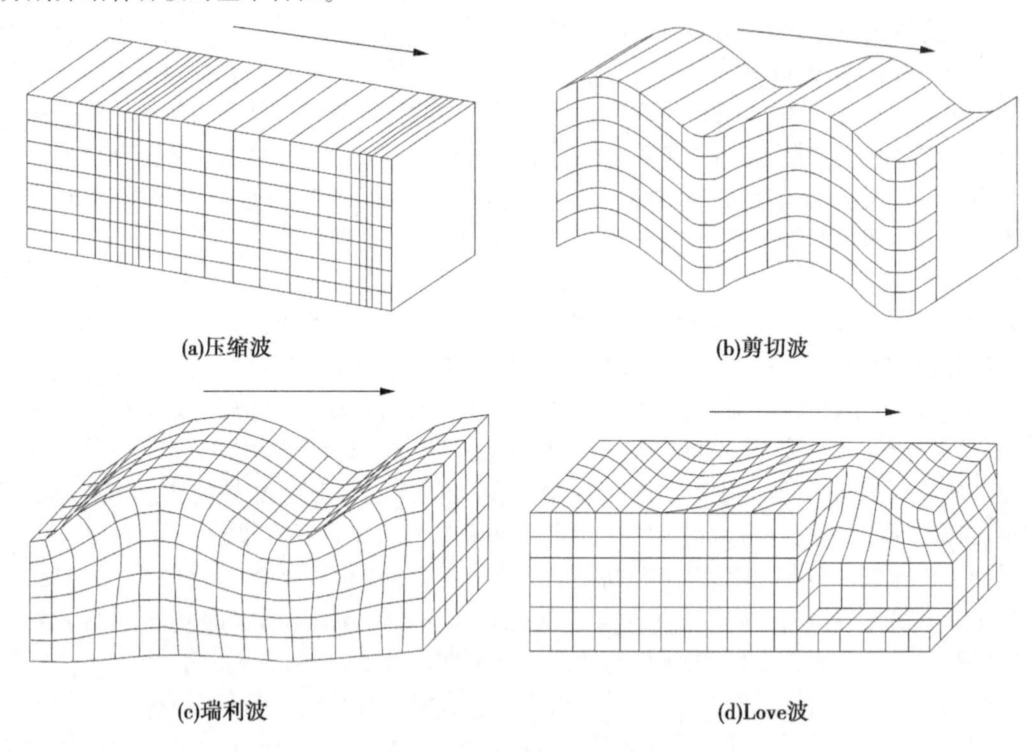

图 1-1　波的传播示意图

(1)压缩波。又称为膨胀波(或无旋波、纵波、P 波等),其传播方向与质点运动方向相同,介质中既有压缩区,也有拉伸区,如图 1-1(a)所示。压缩波既可以在固体中传播,也可以在流体介质中传播。

(2)剪切波。又称为等容波(或旋转波、横波、S 波等),其传播方向与质点运动方向垂直,且不使介质产生体积应变,见图 1-1(b)。若质点运动方向落在垂直平面内,则这种剪切波称为 SV 波;若质点运动方向落在水平面内,则称为 SH 波。剪切波不能在流体中传播。

P 波和 S 波速度与介质密度、Lame 弹性常量间有如下关系:

$$V_P = \sqrt{\frac{\lambda + 2G}{\rho}} \tag{1-1}$$

$$V_S = \sqrt{\frac{G}{\rho}} \tag{1-2}$$

式中:ρ 为介质密度;λ 和 G 为 Lame 弹性常量。

(3)瑞利波。又称为 R 波,由 P 波和 S 波在地表干涉而成,其传播特点是质点运动处于波传播方向所在的垂直平面内,相对于波的传播方向,质点运动轨迹为一逆转的椭圆,如图 1-1(c)所示。瑞利波沿深度方向具有很高的衰减特性,其传播速度与剪切波速度之间有以下的近似关系:

$$V_R = \frac{0.862 + 1.14\nu}{1 + \nu} V_S \tag{1-3}$$

式中:ν 为介质的泊松比。

半空间中 P 波、S 波和 R 波的速度关系如图 1-2 所示。可见 $V_P \geqslant \sqrt{2} V_S$,$V_R \approx (0.875 \sim 0.955) V_S$。

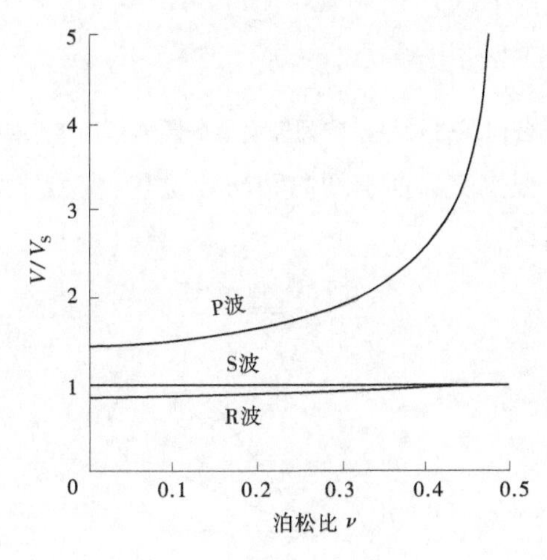

图 1-2 半空间中 P 波、S 波和 R 波的速度(Richart 等,1970)

(4)Love 波(简称 L 波)。一般由成层土体中 SH 波干涉所产生,其质点运动总是水平的,类似 SH 波,如图 1-1(d)所示。L 波是一种弥散波,产生 L 波的条件是介质的波速必须低于下卧层的波速。

一个典型的从均质各向同性弹性半空间表面上的圆形基础传来的位移波场分布如图 1-3 所示。

对层状介质(如分层土体),当弹性波传播至两层介质性质发生变化的交界面处时将会产生复杂的反射和透射,界面处波能将被重新分配,一部分能量反射回到原介质中,另一部分能量则穿过界面透射到另一种介质。

如图 1-4 所示,不同类型的入射波会出现不同的反射和透射情况,除 SH 波入射时仅有反射和透射的 SH 波外,P 波或 SV 波单独入射时均会产生反射和透射的 P 波、SV 波,即产生波型转换现象。各模式波的反射角、透射角与入射角之间满足 Snell 定律:

$$\frac{\sin a}{V_P^{(1)}} = \frac{\sin b}{V_S^{(1)}} = \frac{\sin e}{V_P^{(2)}} = \frac{\sin f}{V_S^{(2)}} \tag{1-4}$$

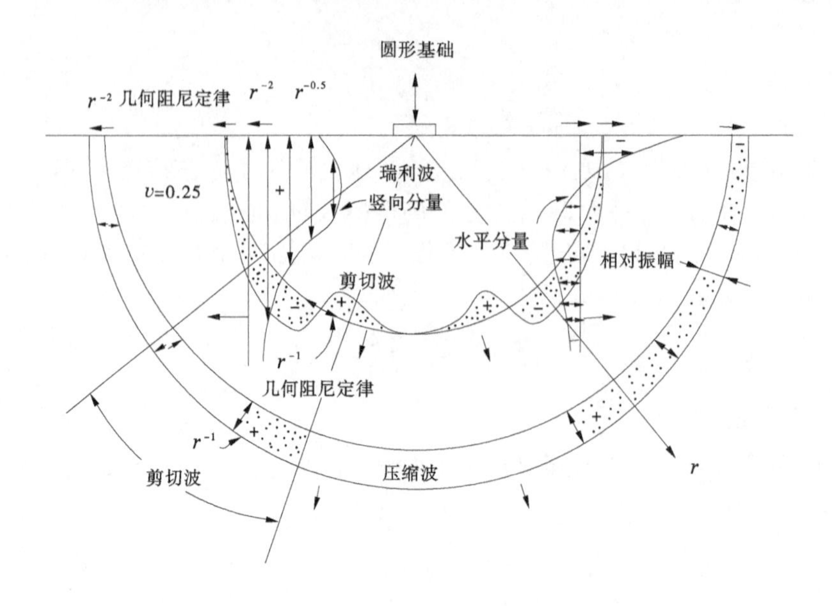

图 1-3　从均质各向同性弹性半空间表面上的圆形基础传来的位移波分布

式中上标表示不同介质。根据交界面上切向和法向位移、应力连续条件即可求出反射波和透射波与入射波振幅之比。

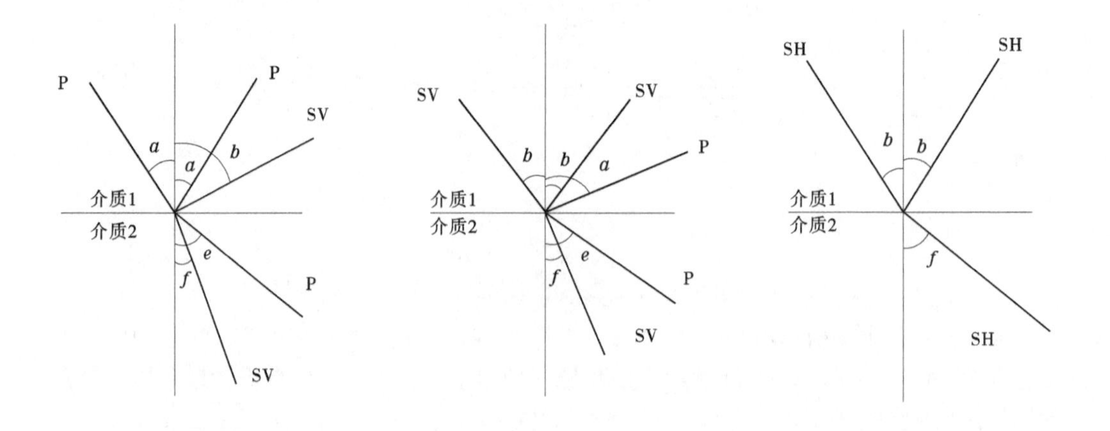

图 1-4　弹性波在界面上的反射与透射

第三节　饱和土介质中的波

饱和土介质的力学特性很大程度上受固体骨架和孔隙流体的相互作用所控制，这一相互作用在动力问题中显得尤为突出，因此如何描述相间的相互作用是动力学中研究的重点和难点。迄今为止，关于饱和土体中弹性波传播特性的研究已经有几十年的历史，首先要提及的是维也纳工业大学的两位著名教授 Paul Fillunger 和 Karl von Terzaghi，从 1913 年到 1934 年他们描述了液体饱和多孔固体的一些重要物理效应，如扬压力效应、摩擦效应、毛细效应和有效应力,首次对多孔介质理论公式化,在建立一个相容多孔介质理论方面取得了决定性发展。其后,这两位教授的追随者 Gerhard Heinrich 和 Maurice Biot 分别对多孔介质理论进行了进一步的研究,逐步形成了当今液体饱和多孔介质理论的两大体系,即 Biot 理论和混合物理论。由于 Biot 理论推导过程更为直观,易于理解,因此更加受到了研究者的关注。

从 20 世纪 50 年代起,Biot(1941~1962)沿着 Terzaghi 的研究方向,发表了一系列精辟的论文,提出了流体饱和多孔介质中弹性波的传播理论。预测在液体饱和多孔介质中存在三种体波:两种压缩波和一种剪切波。对第一 P 波,认为是多孔固体和流体同时压缩传播的波;而对第二 P 波,是多孔固体松弛而流体压缩传播的波,且 P_1 波速度大于 P_2 波速度;这两种波的模态也因此常被分别称为“同相”和“异相”模态。若考虑固相颗粒和液体表面的摩擦力,三种波均具有频散性和耗散性。

其后众多学者丰富和完善了 Biot 理论,形成了一个较为完整的理论体系。近年来,随着对多相介质动力问题研究的纵深发展,用混合物理论推导了饱和多孔介质的一般波动理论,考虑质量耦合作用,论证了该理论与 Biot 理论的一致性,并讨论了透水条件和骨架刚性等特殊条件下的情况。

第四节　准饱和土及非饱和土介质中的波

自然界中的土体实际上是由固相、液相和气相组成的三相介质集合体,在三相之间存在复杂的物理和化学相互作用,土体宏观上所表现出来的力学性质在很大程度上受微观各相间的相互作用控制。所以,严格来讲,天然土体是一种非饱和土(unsaturated soils),绝对意义上的饱和土或干土是不存在的,由于地球表面多由水体占据,工程上更为常见的土体是准饱和土(partially saturated soils),即孔隙中以水相为主,少量气相以气泡形式包含于水中。如本章第三节所述将土体简化为液体饱和两相介质,在波动理论和实践方面均取得了突飞猛进的发展,而准饱和土及非饱和土动力问题研究却一直迟滞不前,主要原因是三相介质间的耦合运动及相间存在的质量、热及应力转移等复杂过程,以及由此所表现出来的复杂的力学性质,因此如何建立合理的动力模型成为阻碍其理论发展的瓶颈,解决这一问题需要相当漫长的过程。

准饱和土及非饱和土波动特性的研究主要是伴随着试验进行的,Murphy 用共振柱及扭摆技术试验测定了不同饱和度下 Massilon 砂岩和 Vycor 多孔玻璃中波的传播及衰减结果,试验涉及了地震、爆炸、声波、超声波等频率段(10^{-1}~10^4 Hz),结果表明含气量对压缩波速度和衰减有显著的影响。Gardner 通过实验室制备土样模拟天然含气土,测定了压缩波速度及衰减,研究了不同频率下气泡的振动特性,并证实了土的结构特性对声学响应的影响,得到结论为:当低于气泡共振频率时,含气土性质宏观表现为可压缩性土体(含气);当高于共振频率时,表现为非压缩土(不含气);在气泡共振频率范围内,建议将含气土看成是可压缩气体与不可压缩气体的饱和介质(土颗粒与水)组成的两相介质,低于共振频率时波速为 220 m/s,且高衰减(60 dB/cm),而高于共振频率时波速则为 1 500 m/s,且低衰减(1 dB/cm)。

国内外关于准饱和土波动理论的研究中,学者们曾给出了一些简单的波速表达式来研究含气量对准饱和土波速度的影响。Verruijt 在合理假设的前提下,利用质量平衡定律及达西定律,建立了一个用来描述土-水-空气体系的动力固结模型,其中通过引入饱和度建立了水气混合流体压缩性的简化公式来描述含气量的影响。近年来,众多学者应用 Verruijt 对混合流体的假设(学者们所说的等效流体模型),直接将混合流体等效压缩性用于 Biot 饱和介质波动方程,由此即可应用饱和波动理论研究准饱和土。目前研究气体对准饱和土中波的传播特性的影响正成为土动力学波动研究的热门课题。

考虑非饱和土中固-液-气三相独立存在时的波动理论的发展目前尚处于起步阶段,研究方法主要是借助理性力学,近年来有学者运用连续介质理论和混合物理论建立起非饱和土的动力控制方程,研究非饱和多孔介质中的声波特性,推出非饱和土中存在三种压缩波和一种剪切波。但这些研究成果中,引入热力学中的熵等复杂变量,方程中涉及参数太多且不能通过试验手段确定,难以在工程实际中应用。在目前非饱和土中包括有效应力原理、基质吸力等静力特性还未有定论的情况下,合理而实用的非饱和土三相介质动力模型的建立还有很长的路要走。

第五节　研究现状述评及存在的问题

综上所述,经过学者们和工程师们的努力,几十年来对土介质中波动问题的研究,无论在理论还是在工程实践方面都取得了许多成就,把土体假设为单相的弹性土或两相饱和土,其波动理论已经渐趋完善,并且在某些工程实践中也取得了较满意的效果,在一定程度上促进了波动理论在工程中的应用。然而,天然土层并不总是可以简化为理想的单相体或两相体,工程中面对的更多的是准饱和土及非饱和土,尽管国内外的学者很早就注意到了这一问题,也通过一些试验手段对该问题得到了一些方向性的粗浅的认识,但由于岩土材料自身的复杂性,大多数学者对该问题的研究均是浅尝辄止,或是方法过于简单化不能准确描述准饱和土波动性质,或是提出的模型过于复杂难以用于工程实践。目前来看,一方面准饱和土波动特性理论研究中的这些不足阻碍着它在工程应用方面的前景;另一方面学科自身完善的需要也呼吁对准饱和土波动理论做深入系统的研究。

下面主要就本书所涉及的内容来说明一下现阶段准饱和土波动特性及动力响应研究方面存在的问题:

(1)准饱和土体是一种复杂的多相多孔介质,其宏观上表现的力学性质更多的是受控于土体中各相间的微观相互作用,土体微观结构是其宏观力学特性的根本原因所在,另外土体微观结构特点对准饱和土模型的合理简化有重要意义,因此从微观角度出发建立起符合土体实际情况的波动理论是解决问题的重要途径。目前,基于准饱和土微观各相的研究,尤其是土体中气泡的动力特性的研究还不多见。

(2)合理正确的理论是研究准饱和土波动特性的理论基础,而目前对准饱和土的研究主要集中在应用 Biot 两相介质理论,通过简单的对流体模量进行修正来考虑气体的影响,这与准饱和土三相介质的实际情况不符。

(3)利用瑞利波弥散特性分析现场测试结果是反演土层参数的重要手段和有效方

法，已逐渐被工程界所青睐。众所周知，瑞利波是压缩波和剪切波干涉的结果，试验证明准饱和土中气体对压缩波影响显著，气体对瑞利波传播特性的影响值得探讨，但目前基于三相准饱和土介质中瑞利波传播特性的研究还未见有系统的研究成果报道。

(4)在地震中实际观测到了饱和度对准饱和土中的波速及场地动力响应的影响，但是在理论方面对该问题的研究还比较欠缺，没有合理的解释，另外与工程密切相关的准饱和土中地下洞室的动力响应问题等也需要进一步研究。

(5)土体波动问题中，尽管解析解能够给出精确结果，但往往要进行大量的简化，使问题变得极其简单而不符合实际情况，因此在探讨某些复杂问题时主要采用数值方法来进行研究，由于准饱和土体波动问题的复杂性，目前研究中给出的数值结果还不是很多，因此并不能全面说明准饱和土波动特性。

(6)准饱和土中气体的存在主要影响的是孔隙中流体性质，气体的存在使流体的压缩性大大减小，进而影响到准饱和土的体积变形。我们知道，流体中只能传播压缩波，在波动勘测中，压缩波主要反映的是土体的体变，剪切波则主要体现土体强度，饱和土体中液体为水，其压缩性远小于土体，在波动中体变可以忽略不计，而准饱和土中含气流体的压缩性比水要大得多，亦比土骨架大得多，土骨架相对于水为弱骨架而对含气流体而言为刚性骨架，准饱和土体体变对压缩波的传播将产生重要影响。

第二章　准饱和土微观动力性质分析

第一节　准饱和土的基本概念

如图 2-1 所示电镜扫描结果,土体的矿物颗粒之间并不是紧密相连的,颗粒之间由于架空作用,总是有许多孔隙存在。天然情况下,这些土体孔隙内将被液体(一般指水)和气体充满。孔隙中水和气体体积与土体总体积的比例关系可以通过孔隙率 n 和饱和度 S_r 描述,即

$$n = \frac{V_v}{V_t} \qquad S_r = \frac{V_w}{V_v} \tag{2-1}$$

式中:V_v 为土体中孔隙体积;V_w 为孔隙中水的体积;V_t 为土体总体积。

(a) × 540　　(b) × 1 000

(c) × 1 500

图 2-1　土体微结构图(扫描电镜)

根据饱和度 S_r 可以将土体划分为以下几类：

(1)干土($S_r=0$)。干土中只有土粒和空气,没有水。

(2)非饱和土($0<S_r<1$)。非饱和土中包括土颗粒、水和空气三相介质,根据水和气体在土骨架孔隙内的运动特点,又可将非饱和土分为：

①低饱和度土。土骨架孔隙由水和气体共同占据,但只有气体连续地在土孔隙内流动,水不连续不能自由流动,只能在土颗粒表面形成弯液面,土处于水封闭状态。

②中饱和度土。土骨架孔隙中的水和气体都能连续流动,水和气体分界面的形状主要由它们的相对体积决定,土处于双开敞状态。

③高饱和度土。如图 2-2 所示,土骨架孔隙中的水能连续流动,气体不连续只能以气泡的形式分布于土体孔隙中,气泡的存在对水的流动有明显影响,土处于气封闭(水敞开)状态。

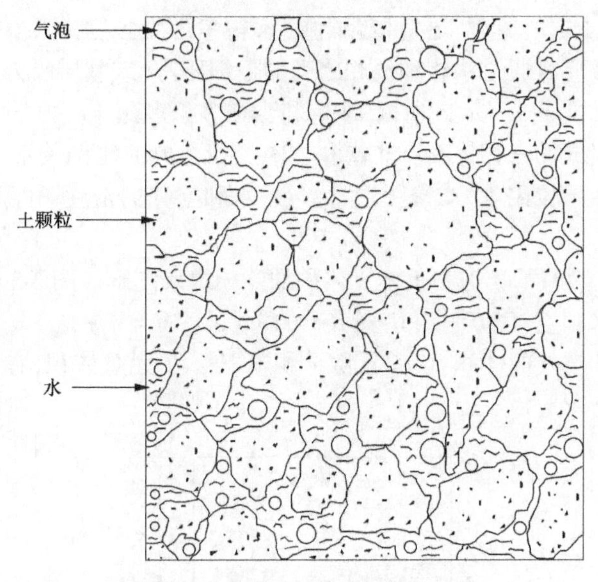

图 2-2　准饱和土三相关系示意图

气相连续时饱和度通常小于 0.8 左右,封闭气泡通常存在于饱和度大于 0.9 左右的非饱和土中,当饱和度介于 0.8~0.9 时,出现介乎连续气相与封闭气泡之间的过渡状态。

(3)饱和土($S_r=1$)。水充满土骨架的全部孔隙,孔隙内无气体。

这五类土也可以广义地统称为非饱和土(张引科,2001),饱和度为零的非饱和土是干土;饱和度等于 1 的非饱和土是饱和土,饱和土为非饱和土的一个特例。而 Fredlund 提出非饱和土是孔隙水压力相对于孔隙气压力而言是负值的土。

本书所研究的准饱和土是指土体中气体不连续,气体以气泡形式分布于土体孔隙中的高饱和度土。由于在准饱和土中气体不独立,在工程上考虑静力问题时将准饱和土作为饱和土处理可能不会出现太大误差,但在土动力学中,一方面气体的存在将影响孔隙流体和土体的压缩性、渗透性等性质;另一方面,气泡本身也将产生振动效应,因此准饱和土波动特性与饱和土波动特性相比表现出很大差异,将准饱和土单独划分出来进行研究是很有必要的。

第二节　准饱和土的基本性质

准饱和土作为非饱和土中的一类特殊情况，其中的气体不连续，仅以气泡形式存在于孔隙中，但是气泡的存在同样会影响到包括土体密度、压缩及水在孔隙中的流动等性质，在土动力学研究中气泡对土体动力性质影响更为明显。为了本书的完整性，首先在本节介绍非饱和土的几个基本性质而后讨论准饱和土微观气泡的动力特性。

一、非饱和土中各相的性质

非饱和土实际为四相介质，包括固相土粒、两个流体相（孔隙水和孔隙气）及气水相间的界面薄膜（收缩膜），收缩膜在确定该多相系统的状态时起到了重要的作用，但收缩膜只相当于几个分子层的厚度，通常"界面相"不被考虑为独立的相，而是将收缩膜看作液相的一部分，其效应将通过水相和气相之间的毛细压力（或基质吸力 s ）体现，它定义了两流相间的压力差，即 $s=u_a-u_w$。所以，非饱和土在多相多孔介质力学中一般被模型化为固相、液相和气相组成的三相体系。非饱和土中三相组成的比例关系可以通过土的三相比例指标表示，包括土粒比重（或密度）、含水量、水和空气的密度、孔隙比、孔隙率和饱和度等。

如图 2-3 所示，给出了非饱和土单元体积的三相组成图解。图 2-3 中 M_s、M_w、M_a 分别为干土颗粒、土中水和空气的质量，M 表示土的总质量，$M=M_s+M_w+M_a$；V_s、V_w、V_a 分别为干土颗粒、土中水和空气的体积，V_v 是孔隙体积，V 表示单元总体积，有 $V_v=V_w+V_a$；$V=V_s+V_v$；$V_a=(1-S_r)(V_w+V_a)$；$V_w=S_r(V_w+V_a)$。

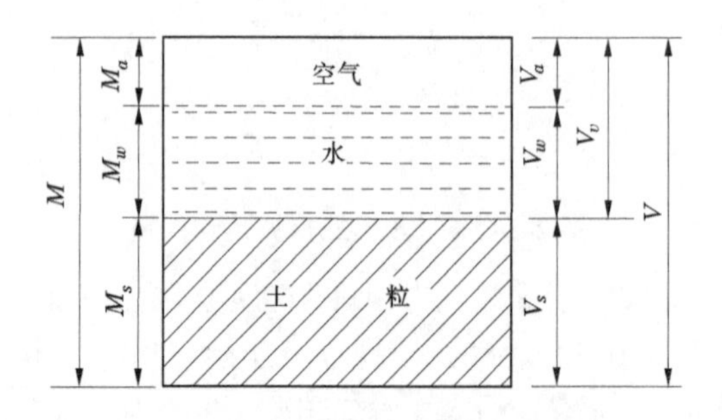

图 2-3　非饱和土的简化三相图解

（一）土的结构

土是地壳表层的岩石长期经受风化、水流、冰川作用等自然力的剥蚀、搬运及堆积作用而生成的松散堆积物，由于生成条件和所经历历史不同，天然土呈现出不同的结构特征。土的结构是指土粒单元的大小、形状、相互排列及其联结关系等因素形成的综合特征，反映了土体三相组成之间的相互作用和关系，试验资料证明土的结构和联结对土的性质有很大的影响，一般土的结构主要分为单粒结构、蜂窝结构和絮状结构三种基本类型。

单粒结构的土粒间基本无联结，呈紧密状单粒结构时强度较大，压缩性小，是良好的天然地基，而呈疏松单粒结构时，其骨架不稳定，在受到地震等外荷载时土粒极易发生移动。

蜂窝结构的土有很大的孔隙,其粒间的联结使其可承担一般的静荷载,但承受动荷载或较高水平的静荷载时,其结构很易破坏。

絮状结构的土颗粒比蜂窝结构的土要小,其重力作用很小,能够在水中悬浮而不会由于自重下沉。粒间作用力有分子间吸引力和渗透斥力两种。

(二)土中水

土中的水可以分为液态水、固态水(冰)和气态水(水蒸气)三个部分。通常液态水最为重要。根据液态水与土粒的相互作用不同可分为结合水和自由水两大类,自由水又包括毛细水和重力水两种,也有认为自由水即重力水。

结合水是指受分子吸力吸附于土粒表面的土中水。一般认为毛细水存在于固、液、气三相的交界面处。重力水是重力或压力差作用下运动的普通水,存在于土粒间较大的孔隙中,其性质与普通水一样,能传递静水压力,对水中土粒有浮托力。

(三)土中气体

土中气体存在于土孔隙中未被水所占据的部位,主要由空气和水蒸气组成,有些特殊情况下也含有一定浓度的其他气体,如甲烷、二氧化碳等。水蒸气与空气是混合在一起的,但是空气并不影响水蒸气的性状。这个现象可以用道尔顿(Dalton)分压力规律表达。Dalton 规律认为:气体混合物的压力等于各个组成气体分压力的总和,而各组成气体的分压力等于其中某一气体单独充满全部体积时的压力。即气体混合物中的某一气体的性状同其他组成气体无关。

土体表层及粗粒的沉积物中常见到与大气相连通的空气,它对土体的力学行为影响不大。但是在深层土体内部的气体有的能呈现独立封闭的气泡,在压力作用下有的可溶于水中,因此这部分气体将对土体力学性能产生重要影响。

二、非饱和土的 Darcy 定律

由于土中孔隙的断面大小和形状十分不规则,因而水在孔隙介质中的流动十分复杂。研究水的透水性,只能用平均的概念,用单位时间内通过土体单位面积的水量这种平均渗透速度来代替真实的速度。

黄文熙在《土的工程性质》一书中曾详细描述了土的渗透性,在饱和土中,孔隙水在土孔隙中的流动可以用 Darcy 定律来描述,即水流的速度与水力梯度成正比,其具体的表达式为

$$v_w = -k_w \frac{\partial h_w}{\partial y} \tag{2-2}$$

式中:v_w 为水的流速;$\partial h_w / \partial y$ 为 y 方向的水力梯度,可以写成 i_{wy};比例系数 k_w 称为水的渗透系数。

Darcy 渗透定律是特定水力条件下的试验结果。渗透速度与水力坡降成正比的层流运动阻力关系有一个适用界限,它的上限通常用雷诺数来表示。Darcy 试验证实,由于颗粒形状及排列的不同及试验结果没有一个十分明确的分界点,因此结论相差较大,提出的临界雷诺数为 1~10。当超过这个上界时,层流变成紊流,此时流动就不再符合 Darcy 定

律,用此公式研究弹性波在土中的传播将不再有意义。

另外,也可用有效粒径表示 Darcy 定律的适用范围,见表 2-1。

表 2-1 达西定律适用的有效粒径和相应的 i_{wy} 值

有效粒径/mm	0.05	0.1	0.2	0.5	1.0
$i_{wy}\leqslant$	800	100	12	0.8	0.1

Darcy 定律有效范围的下限,终止于黏性土中微小流速的渗流,它是由土颗粒周围结合水薄膜的流变特性所决定的。

一般非饱和土渗透过程中水的流动也服从 Darcy 定律,对于某一特定的饱和土,其渗透系数可以认为是常数,然而在非饱和土中,渗透系数不能假设为常数,而是饱和度或基质吸力的函数,Fredlund 曾对这部分工作做了详细介绍。

(1)渗透系数的饱和度表达。

利用非饱和土基质吸力与饱和度的关系曲线,Brooks 和 Corey 提出了水相渗透系数的函数如下:

$$k_w=\begin{cases}k_s & (u_a-u_w)\leqslant(u_a-u_w)_b\\ k_sS_e^{\delta} & (u_a-u_w)>(u_a-u_w)_b\end{cases}\tag{2-3}$$

式中:k_s 为饱和土的渗透系数;S_e 为有效饱和度,$S_e=\{(u_a-u_w)_b/(u_a-u_w)\}^{\lambda}$;$(u_a-u_w)_b$ 为非饱和土的进气值;δ 为经验常数,$\delta=(2+3\lambda)/\lambda$;$\lambda$ 为孔隙大小分布指标,定义为有效饱和度与基质吸力曲线的负斜率。

(2)渗透系数的基质吸力表达。

将基质吸力与饱和度之间的关系式代入式(2-3),即可得到用基质吸力表示的渗透系数表达式。另外其他研究者也曾提出过渗透系数与基质吸力间的关系式,分别表示如下:

$$k_w=\begin{cases}k_s & (u_a-u_w)\leqslant(u_a-u_w)_b\\ k_s\left\{\dfrac{(u_a-u_w)_b}{(u_a-u_w)}\right\}^{\eta} & (u_a-u_w)>(u_a-u_w)_b\end{cases}$$

式中:η 为经验常数,$\eta=2+3\lambda$。

三、非饱和土的有效应力

有效应力原理包含了两个基本点:土的变形和强度的变化都只取决于有效应力的变化,孔隙水压力不影响变形和强度,是一种中和压力;有效应力 σ' 等于作用于土体的总应力 σ 与孔隙水压力 u_w 的差。由此给出饱和土有效应力公式为

$$\sigma'=\sigma-u_w\tag{2-4}$$

然而 Skempton 在 1960 年指出式(2-4)只适合饱和土而不适合饱和岩石。原因是 Terzaghi 有效应力原理的提出基于以下两个假设:①土粒不可压缩;②控制土粒间接触面积和土粒间阻力的屈服应力与围压无关。而实际岩土体并非如此,要准确地描述岩土体多孔介质的力学行为需对有效应力进行修正,修正后的有效应力表示为

$$\sigma''=\sigma-\alpha u_w\tag{2-5}$$

式中:σ''为广义有效应力;α 为 Biot 常数,可通过下式确定:

$$\alpha = 1 - \frac{K_b}{K_s} \tag{2-6}$$

饱和土有效应力方程的建立,促使了许多研究人员考虑孔隙空气压力和吸力变化而提出类同的非饱和土有效应力方程,其中最具影响力的是 Bishop(1959)提出的非饱和土有效应力表达式:

$$\sigma' = (\sigma - u_a) + \chi(u_a - u_w) \tag{2-7}$$

式中:χ 称为有效应力参数,其值与饱和度有关,对饱和土$\chi=1$,对干土$\chi=0$。

其后学者针对 Bishop 有效应力表达式的局限性,亦相继在非饱和土有效应力方面做了大量研究工作。Jennings 和 Burland 首先指出,Bishop 公式对大多数土的体积变化和有效应力的关系未能提供满意的结果,尤其当饱和度低于某临界值时。对粉土和砂,此临界值为 20%左右,对黏土则高达 85%~90%。

四、非饱和土的基质吸力

基质吸力是非饱和土区别于饱和土的一个重要指标。土力学中许多基础性概念理论的产生源于土壤学或土壤物理学,基质吸力概念更是如此,其原意仅是表征土壤吸水能力,以探索土中水分运移规律或饱和状态,后来土壤物理学将基质吸力概念用于研究土壤力学,并在 20 世纪 90 年代初得到发展。土的吸力理论主要是同土—水—植物相关联发展起来的。英格兰道路研究所首先指出了吸力在解释工程中非饱和土的力学性状方面有重要意义。目前,岩土工程界已经将基质吸力作为研究非饱和土工程性质必不可少的指标之一。土中的吸力反映了土中水的自由能状态,根据相对湿度确定的土中吸力通常称为总吸力,总吸力相当于土中水的自由能,它由两部分组成:基质吸力(u_a-u_w)和渗透吸力 π,基质吸力为土中水自由能的毛细部分,渗透吸力为土中水自由能的溶质部分。用公式则表示为

$$\psi = (u_a - u_w) + \pi \tag{2-8}$$

基质吸力通常与水的表面张力引起的毛细现象联系在一起,表面张力是由收缩膜(水—气分界面)内的水分子受力不平衡引起的。土中渗透吸力通常是因为土中的孔隙水含有溶解的盐分,而土中孔隙水含有溶解盐会引起土体的相对湿度下降,因此在土中产生吸力。

对于工程问题,除含水量和含盐量均较高的高塑性土外,一般的黏性土和砂土中的渗透吸力较小,且随含水量变化也不明显,土中的吸力以基质吸力为主,因此可用基质吸力变化代替总吸力变化,反之亦然。

(一)Kelvin 毛细模型方程

在气—水分界面(收缩膜)内的水分子承受了指向水体内部的不平衡力作用,为保持平衡,在收缩膜上必须产生张力,称为表面张力。通过在收缩膜上力的平衡条件,可以确定收缩膜曲率半径与表面张力的大小关系(见图 2-4)。

作用于薄膜上的压力分别为 u 和 $u+\Delta u$,薄膜的曲率半径为 R_s,表面张力为 T_s。根据薄膜上力的平衡条件,水平向作用力相互抵消,垂直向力的平衡则有

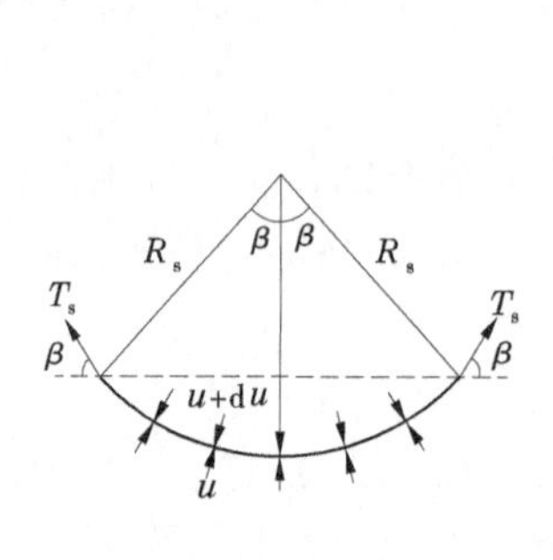

(a)二维曲面上的压力和表面张力

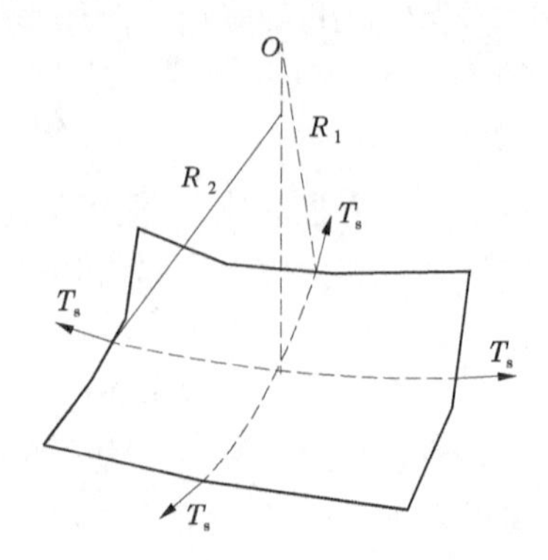

(b)翘曲薄膜上的表面张力

图 2-4　水—气分界面上的表面张力

$$2T_s\sin\beta = 2\Delta u R_s \sin\beta \tag{2-9}$$

式中：$2R_s\sin\beta$ 为投影在水平面上的薄膜长度。

由式(2-9)可得

$$\Delta u = \frac{T_s}{R_s} \tag{2-10}$$

式(2-10)给出了二维曲面两侧的压力差。对于鞍形的翘曲表面(三维薄膜)，应用 Laplace 方程，可将式(2-10)延伸写成

$$\Delta u = T_s\left(\frac{1}{R_1} + \frac{1}{R_2}\right) \tag{2-11}$$

式中：R_1 和 R_2 为翘曲薄膜在正交平面上的曲率半径。

若假设曲率半径是各向等值，则式(2-11)变为

$$\Delta u = \frac{2T_s}{R_s} \tag{2-12}$$

在非饱和土中，收缩膜承受大于水压力 u_w 的空气压力 u_a。压力差(u_a-u_w)称为基质吸力，在基质吸力下收缩膜弯曲，从而式(2-12)即可写为

$$(u_a - u_w) = \frac{2T_s}{R_s} \tag{2-13}$$

式(2-13)称为 Kelvin 毛细模型方程。随着土的吸力增大，收缩膜的曲率半径减小。弯曲的收缩膜通常称为弯液面。当孔隙气压力和孔隙水压力的差值等于零时，曲率半径将变成无穷大。因此，吸力为零时，水—气分界面是水平的。在准饱和土中，假设空气以封闭气泡形式存在于孔隙水中，此时收缩膜为球形，曲率半径即为气泡的半径。

(二)土—水特征曲线

土—水特征曲线是非饱和土中体积含水量和基质吸力的关系曲线，如图 2-5(a)所示，它是非饱和土力学中的一项重要特性。其基本参数有空气进气值及残余含水量。空气进气值是指空气进入土体中最大孔隙时的吸力值，残余含水量是指需要有较大的吸力

改变才能降低土体水分时的含水量。

土—水特征曲线在非饱和土土力学中扮演着重要的角色,这是因为基质吸力变化对非饱和土的变形和强度等特性具有重要影响作用,而基质吸力与土中含水量又密切相关。根据土—水特征曲线可以确定非饱和土的强度、体应变和导水系数,甚至还可以确定地下水面以上的水分分布。因此,确定土—水特征曲线是研究非饱和土的变形和强度特性的关键问题。

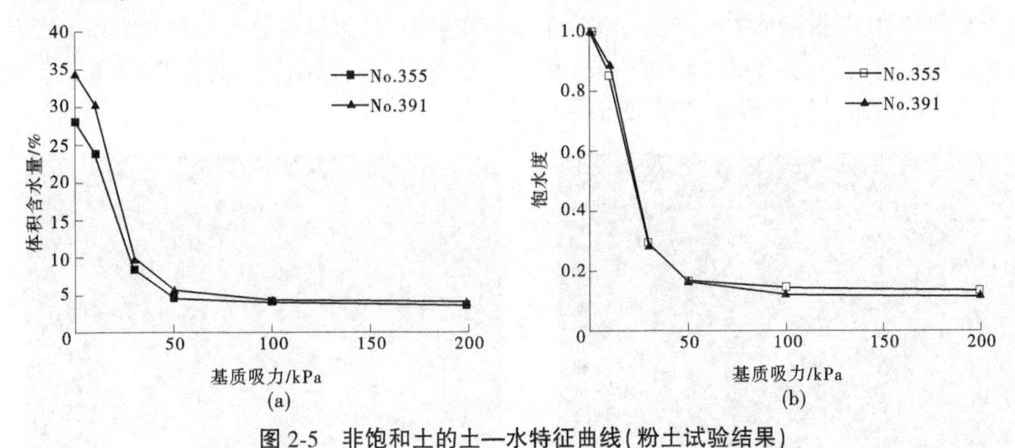

图 2-5　非饱和土的土—水特征曲线(粉土试验结果)

(No. 355:干密度 1.454 g/cm³,孔隙率 0.40;No. 391:干密度 1.357 g/cm³,孔隙率 0.46)

土—水特征曲线受土体性质和结构强烈影响,通常黏土矿物愈多,在某特定吸力下的含水量愈高。同时温度、孔隙流体(水和空气)性质及吸附性离子的种类和数量等因素也影响土—水特征曲线。目前,土—水特征曲线通常还是通过试验确定,尽管学者们提出了许多关于土—水特征曲线的表达式,但这些数学模式一般是针对某种特定工程土在某个吸力范围内通过试验拟合直接得到的,无法从理论上反映土—水特征曲线的本质和基质吸力的作用机制。

第三节　准饱和土微观动力效应

对饱和岩土材料来讲,其力学特性很大程度上要受固体骨架和孔隙结构中的流体的相互作用所控制。这一相互作用在动力问题中显得尤为突出,可以导致土体发生灾难性的软化,如液化等。因此,如何描述固—液相间的相互作用成了饱和土动力学中研究的重点和难点所在,自 Biot(1956)提出饱和土波动理论以来,学者们已经对该问题进行了大量研究。准饱和土是由固体颗粒、水和气组成的三相介质,各相之间的相互作用更为复杂。在饱和土研究的基础上,为了分析问题简单,假定准饱和土气泡仅存在于水中,忽略固—气相互作用后,准饱和土微观动力问题主要在于解决气泡与周围液体(水)的动力相互作用问题,在流—固耦合作用研究基础上,考虑气—水相互作用的影响,即可得到准饱和土动力问题的满意结果。

研究含气泡流体的动力特性对气穴问题、海水中的声波传播及地球物理和核反应堆化学反应等均有重要的意义。Fessenden 是最早提出应用气泡在水中波场的衰减特性的学者,并为这一成果申请了专利。该专利思想是应用水中的气泡对波场的高阻尼从而形成一道帘幕以保护其后的水下结构物不受爆炸等引起的水波的影响。Woods 首先说明了在气水混合物中随气体含量变化声速出现的特殊的非线性现象。

一、准饱和土中的气泡

气体在水中振动引起的阻尼等依赖气体在水中的形状和结构,从微观角度分析准饱和土动力特性,了解液体中气泡的分布和形状有重要意义,可以指导我们对准饱和土研究模型进行合理的简化。Smeulders(1992)在实验室中利用人工制备试样对准饱和多孔介质中的气泡分布进行了研究,如图 2-6~图 2-8 所示。

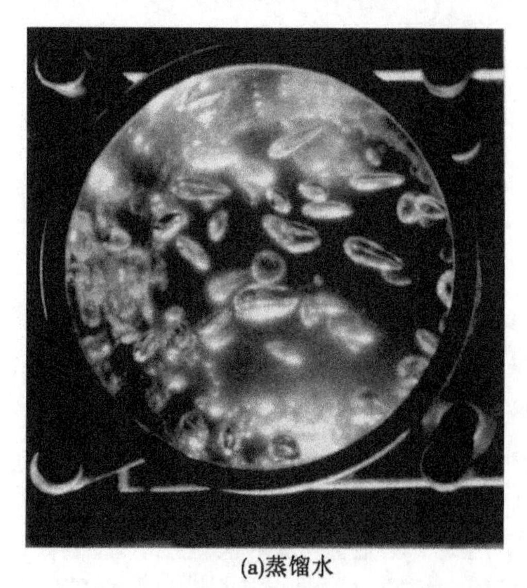

(a)蒸馏水　　(b)加入 $Ca(OH)_2$

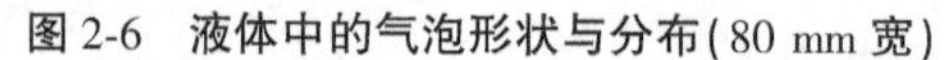

图 2-6　液体中的气泡形状与分布(80 mm 宽)

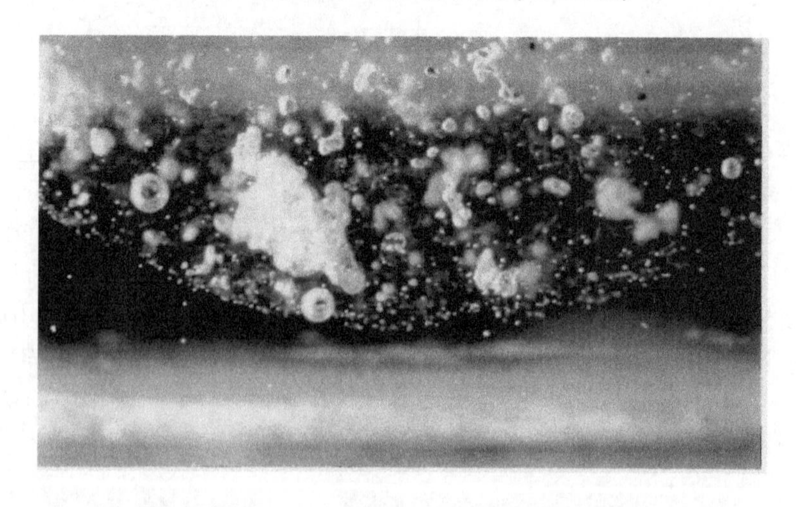

图 2-7　多孔介质浸在 1.35 g/mL 的 NaI 溶液中产生的气泡(16 mm 宽)

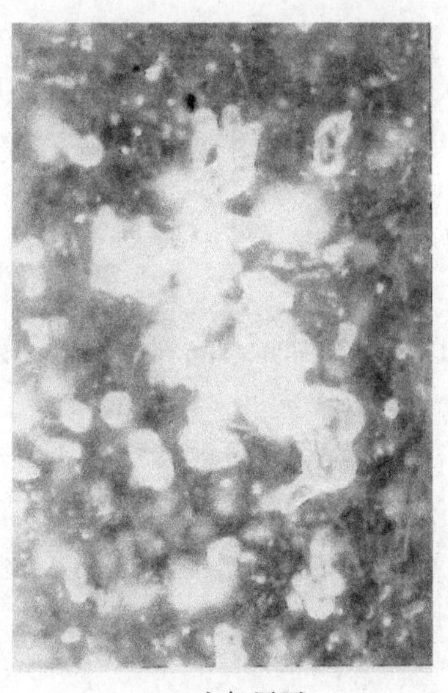

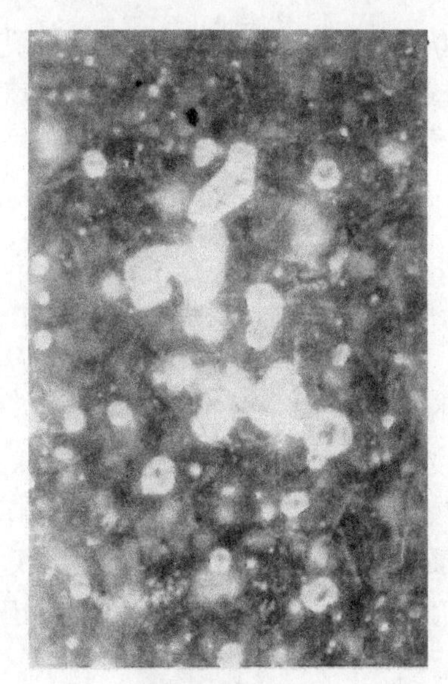

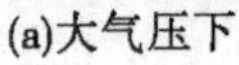

(a)大气压下　　(b)压力为150 kPa

图 2-8　多孔介质中的气泡(5 mm 宽)

图 2-6(a)为在蒸馏水中得到的结果,由图可见,纯水中气泡的基本形状以似球形和椭球状为主,气泡的大小不相等,其分布不是非常均匀。然而在水中加入 $Ca(OH)_2$ 后,气泡受 $Ca(OH)_2$ 影响显著,如图 2-6(b)所示,气泡比在纯水中变小,但是大小更为均一,且分布也变得更加均匀。

多孔介质中的气泡的形状和分布可见图 2-7 和图 2-8。其中,多孔介质由烧结玻璃珠组成,玻璃珠的直径在 0.5 mm 左右。图 2-7 为介质浸在 1.35 g/mL NaI 溶液中的结果,由于 NaI 和玻璃有相同的折射度,因此可以清楚地观察到气泡的形状和分布。由图 2-7 和图 2-8 可见,在多孔介质中气泡呈树枝状分布,类似于人体中的肺泡,且在几个孔隙附近形成了几个大的气泡团。由此可知,气泡除独立存在于水中外,还会附着在固体颗粒附近,而我们一般假设准饱和土中的气体以气泡的形式包含于水中,而并未考虑气泡与固相的相互作用。另外,气泡的大小和分布均不是十分均匀的。由图 2-8 可知,当压力由 1 个大气压增加到 150 kPa 时,气泡的体积明显变小,主要原因有两个,一是有部分气体在压力作用下溶于水中;二是在压力作用下气泡产生了压缩。因此,在研究准饱和土动力效应时应该充分考虑到孔隙水压力的变化对土中气泡的影响。

二、准饱和土中水与空气的相互作用分析

空气与水组成的混合物可分为混溶和不混溶混合物两种情况,所谓不混溶混合物是指受收缩膜隔离,水和空气仅通过收缩膜联结,水气之间无相互作用。混溶的情况则有两种表现形式,一是空气溶解于水中;二是空气中存在水蒸气。我们这里将主要讨论空气在水中的情况。

(一)气体的溶解

如同土颗粒之间有架空孔隙一样,水分子之间排列时也存在许多的孔眼(称为格栅

结构),溶解于水中的气体则占据这些孔眼位置。气体在水中溶解的体积大小基本与空气压力或水压力无关,而是与相应的绝对压力有关。可以通过理想气体定律和 Henry 定律来证明。

在温度和压力一定的情况下,应用理想气体定律,溶解于水中的气体体积为

$$V_d = \frac{M_d}{\bar{u}_a}\frac{RT}{\omega_a} \tag{2-14}$$

式中:V_d 为溶解于水中的空气的体积;M_d 为溶解于水中的空气的质量;$\bar{u}_a$ 为溶解于水中的空气的绝对压力;R 为气体常数,8. 314 32 J/(mol · K);T 为绝对温度($T=t^0+273.16$ K),t^0 为温度(℃);ω_a 为空气分子的质量,kg/kmol。

溶解于水中的空气的绝对压力等于平衡状态下的自由空气的绝对压力,溶解于水中的空气质量与相应的绝对压力有对应关系。这一关系可以用 Henry 定律描述:对于恒温状态,溶解于水中的空气的质量与绝对压力的比值是恒定的,即

$$\frac{M_{d1}}{\bar{u}_{a1}} = \frac{M_{d2}}{\bar{u}_{a2}} = 常数 \tag{2-15}$$

式中:M_{d1} 和 $\bar{u}_{a1}$ 为在第一种状态下溶解空气的质量和绝对压力;M_{d2} 和 $\bar{u}_{a2}$ 为在第二种状态下溶解空气的质量和绝对压力。

由式(2-14)和式(2-15)可以计算出溶解空气的体积 V_d。当绝对压力减小时,溶解于水中的气体将溢出以气泡的形式存在于水中。

(二)气泡在孔隙水压力作用下的压缩

由图 2-8 可知,随着外界压力的增大,水中的气体体积会因为溶解和压缩而减小,不考虑气体的溶解,利用气泡与液体之间的界面条件可以确定平均气泡体积与液体压力之间的关系。

定义气泡的半径 $R(t)$ 为时间 t 的函数,r 表示离开气泡中心的径向距离,则球对称液体运动方程可写为

$$\frac{\partial w_r}{\partial r} + 2\frac{w_r}{r} = 0 \tag{2-16}$$

对式(2-16)求解可以得到

$$w_r = \frac{\mathrm{d}R}{\mathrm{d}t}\left(\frac{R}{r}\right)^2 \tag{2-17}$$

在 $r=R$ 时流体速度等于$\frac{\mathrm{d}R}{\mathrm{d}t}$,而在无穷远处速度为零。

由于气泡的存在大大增加了流体的压缩性,因此可假设固体骨架不被压缩,此时流体方程可以写为

$$\alpha_\infty \rho_f\left(\frac{\partial w_r}{\partial r} + 2\frac{w_r}{r}\right) = -\frac{\partial p}{\partial r} - \frac{b_0}{n}w_r \tag{2-18}$$

式中:α_∞ 为结构因子,在饱和土中一般取 1;ρ_f 为水的密度;$b_0=\eta n^2/k_w$,k_w 为水的渗透系数。η 为水的黏滞系数。

为了得到气泡的运动方程,将式(2-17)代入式(2-18)并对 r 在区间[R,∞]内进行积分可以得到

$$\alpha_\infty \rho_f\left\{R\frac{\mathrm{d}^2R}{\mathrm{d}t^2}+\frac{3}{2}\left(\frac{\mathrm{d}R}{\mathrm{d}t}\right)^2\right\}=-\left[p_\infty-p(R)\right]-\frac{b_0}{n}R\frac{\mathrm{d}R}{\mathrm{d}t} \tag{2-19}$$

式(2-19)为 Rayleigh-Plesset 方程,增加了右边最后一项考虑了流固相互作用。$p(R)$ 为气泡表面的压力,为了保持水和气泡界面应力连续,取 $p(R)$ 为

$$p(R)=p_g-\frac{4\eta}{R}\frac{\mathrm{d}R}{\mathrm{d}t}-\frac{2T_{\mathrm{s}}}{R} \tag{2-20}$$

式中:p_g 为气体压力,在上式中忽略了固相对气泡体积的影响,同时假设气泡内气压均匀,则气体的黏性和惯性效应可以略去不计。

对式(2-19)和式(2-20)进行线性化,并将振动项 $\exp(\mathrm{i}\omega t)$ 代入相关量中,则可以得到

$$\hat{p}_\infty=\hat{p}_g+\frac{2T_{\mathrm{s}}}{R_0^2}\hat{R}+\alpha_\infty\rho_f\omega^2R_0\hat{R}-\mathrm{i}\omega\hat{R}\left(4\frac{\eta}{R_0}+\frac{b}{n}R_0\right) \tag{2-21}$$

式中:上标"∧"表示线性化的量;R_0 为平衡态时的气泡半径;b 为表征流固相互作用参数。

式(2-21)中气体压力 $\hat{p}_g$ 可以用如下多元关系表示:

$$\frac{\hat{p}_g}{p_{g0}}=-3h\frac{\hat{R}}{R_0} \tag{2-22}$$

式中:h 为比例常数;下标"0"代表参考平衡状态。

将式(2-22)代入式(2-21)可得

$$\hat{p}_\infty=\left(\frac{2T_{\mathrm{s}}}{R_0}-3hp_{g0}\right)\frac{\hat{R}}{R_0}+\alpha_\infty\rho_f\omega^2R_0\hat{R}-\mathrm{i}\omega\hat{R}\left(\frac{4\eta}{R_0}+\frac{b}{n}R_0\right) \tag{2-23}$$

式(2-23)描述了气泡半径与流体压力之间的函数关系。

三、准饱和土中气泡对混合流体压缩性的影响

土体孔隙中的气体主要影响混合流体压缩性和密度,而少量气体存在时流体的密度变化不大,然而流体的压缩性将发生非常显著的变化。正如 Fredlund 曾指出:即使在土中含有1%的空气,就足以明显地增加孔隙流体的压缩性。只有当土全部为水所饱和时,计算水的压缩性才有意义。而实际工程中绝对意义上的饱和土是不存在的,土中总会有些气体或溶解于水或以微小气泡的形式存在。在准饱和土中,我们假设气体仅存在于水中,因此本节重点讨论孔隙中混合流体的压缩性。在本节讨论中均不涉及温度场,所有计算均假设为恒温条件。

(一)准饱和土中气—水混合物的体积压缩性

体积压缩性的一般定义为单位体积的固定质量物体由于压力变化而引起的体积变化,用公式表示为

$$C=-\frac{1}{V}\frac{\mathrm{d}V}{\mathrm{d}u} \tag{2-24}$$

式中：C 为压缩性；V 为体积；u 为压力。

根据上面的定义，空气和水的压缩性为

$$\left.\begin{aligned} C_a &= -\frac{1}{V_a}\frac{\mathrm{d}V_a}{\mathrm{d}u_a} \\ C_w &= -\frac{1}{V_w}\frac{\mathrm{d}V_w}{\mathrm{d}u_w} \end{aligned}\right\} \tag{2-25}$$

式中：C_a 和 C_w 分别为空气和水的压缩性；V_a 为气体体积；V_w 为水的体积；u_a 和 u_w 分别为空气压力和水压力，土中的 u_a 恒大于 u_w。

设溶解于水中的气体体积为 V_d，则 $V_d = HV_w = HS_r(V_a + V_w)$，其中 H 为体积溶解系数，即溶解在单位水体积中的空气体积百分数（一般取 $H = 0.02$）。水气混合物的总体积 $V = V_a + V_w$，其中溶解空气的体积已包括在水体积 V_w 内。

在不排水条件下，给土体施加一微小总应力增量 $\mathrm{d}\sigma$ 时，一般可认为固体土颗粒不被压缩，仅孔隙中的水和空气体积压缩，由此可以得到总应力与气—水混合物压缩性的关系为

$$C_f = -\frac{1}{V}\left\{\frac{\mathrm{d}(V_w - V_d)}{\mathrm{d}\sigma} + \frac{\mathrm{d}(V_a + V_d)}{\mathrm{d}\sigma}\right\} \tag{2-26}$$

式中：C_f 为水气混合流体的压缩性；σ 为总应力；其余符号含义同前。

利用空气和水的压缩性定义式(2-25)及图 2-3 中的体积关系对式(2-26)简化后可得

$$C_f = S_r C_w \frac{\mathrm{d}u_w}{\mathrm{d}\sigma} + (1 - S_r + HS_r) C_a \frac{\mathrm{d}u_a}{\mathrm{d}\sigma} \tag{2-27}$$

式中：C_a 为空气的等温压缩性，$C_a = 1/P_0$，P_0 为绝对空气压力；$\frac{\mathrm{d}u_w}{\mathrm{d}\sigma}$ 和 $\frac{\mathrm{d}u_a}{\mathrm{d}\sigma}$ 分别为由于总应力改变引起的水压力和气压力的变化，若将它们定义为孔隙压力参数，分别记为 $B_w\left(=\frac{\mathrm{d}u_w}{\mathrm{d}\sigma}\right)$ 和 $B_a\left(=\frac{\mathrm{d}u_a}{\mathrm{d}\sigma}\right)$。

这样在水气混合流体压缩性中即考虑了基质吸力的作用，当没固体颗粒存在时 $B_a = B_w = 1$，则得到仅有水和气时混合流体的压缩性为

$$C_f = S_r C_w + (1 - S_r + HS_r)/P_0 \tag{2-28}$$

在式(2-28)中混合流体压缩性包括两部分：第一项是水的压缩性；第二项是空气的压缩性，空气压缩性包括自由空气压缩和溶解于水中的空气的压缩。对准饱和土，由于假设气体以气泡的形式存在于水中，气泡不与土颗粒接触，因此一般可用式(2-28)计算混合流体的压缩模量。但在式(2-28)中没有考虑空气—水界面的表面张力的作用。不考虑水的压缩性，利用 Kelvin 公式引入气泡表面张力推导了水气混合流体的压缩性如下：

$$C_f = \frac{1}{V_a + V_w}\left\{\frac{(V_{a0} + V_d)u_{a0}}{(V_a + V_d)^2} - \frac{2T_s}{3R_0}\frac{1}{V_a}\left[\frac{V_{a0}}{V_a}\right]^{1/3}\right\}^{-1} \tag{2-29}$$

式中：u_{a0} 为初始空气压力；V_{a0} 为空气的初始体积；R_0 为气泡的初始半径。

但 Fredlund 指出该公式在压缩性公式中引入 Kelvin 公式在概念上是错误的，如何考虑孔隙气和孔隙水压力差（基质吸力）对压缩性的影响还有待商榷，而 Fredlund 则认为对于气泡不与土颗粒接触的情况可认为孔隙气压力与孔隙水压力是相等的，即不考虑基质吸力，而由图 2-5(b)亦可知，在高饱和度时基质吸力非常小，接近饱和时基本趋于零。

另外，Verruijt 提出的不考虑溶解气体的压缩性（$HS_r/P_0=0$）时混合流体压缩性公式如下：

$$C_f=\frac{1}{K_f}=\frac{S_r}{K_w}+\frac{(1-S_r)}{P_0} \tag{2-30}$$

式中：K_f 为流体体积压缩模量；K_w 为水的体积压缩模量。

如图 2-9 所示，为水气混合流体体积压缩模量与饱和度的关系曲线，图中给出了式(2-30)的理论计算值与试验结果的比较，其中水的体积压缩模量取 2 200 MPa。由图中可见，正如前面分析，即使是微小气体的存在也会引起流体压缩模量的显著减小；而且体积压缩模量随饱和度的变化依赖空气绝对压力的大小，随着绝对压力的减小曲线逐渐趋于线性变化。当 P_0 取 100 kPa 时，式(2-30)的理论计算值与试验数据基本吻合。由此可见，在饱和土中土骨架孔隙中被水充填，水基本不可压缩，准饱和土中含气流体的压缩性比水要大得多，亦比土骨架大得多，土骨架相对于水为弱骨架而对含气流体而言为刚性骨架。水气混合流体为高压缩，同时也增加了整个准饱和土体的体变，由于压缩波主要反映土体体变特性，可推知气体存在将主要对 P 波产生重要影响。

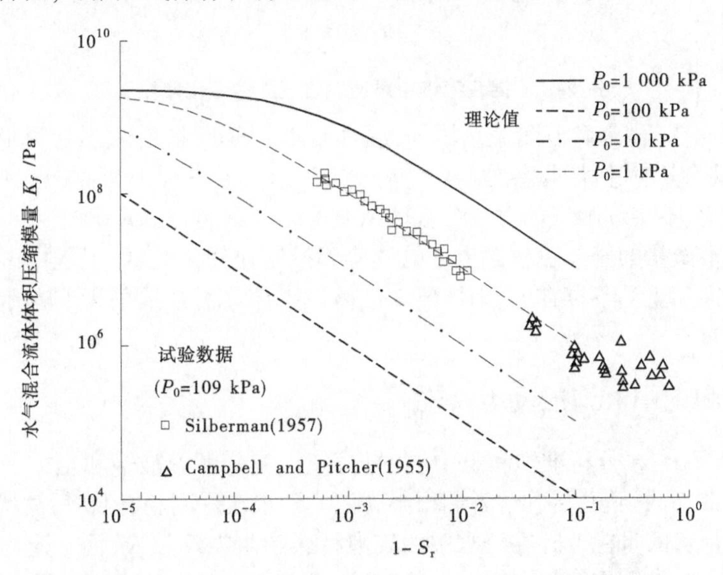

图 2-9　水气混合流体体积压缩模量与饱和度的关系曲线

(二) 水气混合流体中声波的传播速度

当气体包含于水中时可以将水气混合物作为单相介质处理，由流体中波速公式 $c_f=\sqrt{K_f/\rho_f}$，需要计算混合流体的体积压缩模量 K_f 和密度 ρ_f，流体体积压缩模量可用式(2-30)计算,分析流体体积压缩模量公式可以发现,实际上是采用了体积平均的概念。同样,可应用该思想计算混合流体密度为

$$\rho_f = (1 - S_r)\rho_a + S_r\rho_w \tag{2-31}$$

式中:ρ_f 为混合流体密度;ρ_a 和 ρ_w 分别为空气和水的密度。

将式(2-29)和式(2-31)代入流体波速公式可得混合流体声速计算公式:

$$\frac{1}{c_f^2} = (1 - S_r)\left[(1 - S_r) + S_r\frac{\rho_w}{\rho_a}\right]\frac{1}{c_a^2} + S_r\left[S_r + (1 - S_r)\frac{\rho_a}{\rho_w}\right]\frac{1}{c_w^2} \tag{2-32}$$

式中:c_w 为纯水中的声速;c_a 为气体中的声速。

取 $K_w = 2\ 200$ MPa,$P_0 = 100$ kPa,$\rho_a = 1.29$ kg/m^3,$\rho_w = 1\ 000$ kg/m^3,混合流体中声速与饱和度的关系曲线如图 2-10 所示。

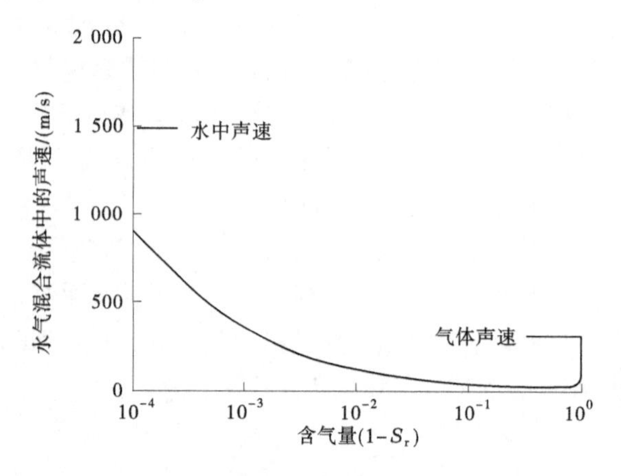

图 2-10 混合流体中声速随含气量的变化曲线

由图 2-10 可见,随着含气量微量增加,混合流体声速迅速减小,当含气量达到一定值(约 10^{-3})时,混合流体中声速甚至低于气体中的声速。考虑到图 2-9 中气体对混合流体压缩模量的影响,不难理解气体对混合流体声速的显著影响。由此我们自然可以想到,当土中存在即使很微量的气体也将对土中的波速起控制作用,而实际工程中碰到的土体中绝对意义上的饱和土是不存在的,因此研究气体对土体动力性质的影响有十分重要的理论与工程实践意义。

四、准饱和土中气泡的动力特性

如图 2-10 所示,在分析准饱和土中波的传播时,充分考虑准饱和土中的气泡动力特性是一个至关重要的问题,尽管学者们很早就注意到了这一问题,但在后续研究中对这一问题并未给予足够的重视。存在于水中的气泡将会产生振动效应,而一定体积的气泡自身存在一个基本振动频率(共振频率),而由于气泡振动产生的能量消耗将大大增加水气混合流体乃至多孔介质的阻尼。学者们早就已经注意到了液体中气泡的振动现象,Anderson 等在对含气土声学特性的研究总结的基础上进行了试验研究。本节将对准饱和土中的气泡振动和阻尼效应进一步讨论。

(一)液体中的气泡振动与阻尼

Minnaert 基于能量原理首先建立了液体中气泡的共振频率公式如下:

$$\omega_0=\left(\frac{3\gamma P_0}{r_0^2\rho_w}\right)^{1/2} \tag{2-33}$$

其后,Smith 引入了表面张力的影响,对共振频率公式进行了如下修正:

$$\omega_0=\left(\frac{3\gamma(P_0+T_s/r_0)}{r_0^2\rho_w}\right)^{1/2} \tag{2-34}$$

Richardson 进行了改进,得到

$$\omega_0=\left\{\frac{3\gamma}{r_0^2\rho_w}\left[P_0+\frac{T_s}{r_0}\left(1-\frac{1}{3\gamma}\right)\right]\right\}^{1/2} \tag{2-35}$$

Houghton 考虑了流体的黏滞性的影响推出气泡共振频率公式如下:

$$\omega_0=\left\{\frac{3\gamma}{r_0^2\rho_w}\left[P_0+\frac{T_s}{r_0}\left(1-\frac{1}{3\gamma}\right)\right]-\frac{4\eta^2}{\rho_w^2r_0^4}\right\}^{1/2} \tag{2-36}$$

此后,Shima 在式(2-36)基础上考虑了弹性效应推导了气泡的共振频率计算公式为

$$\omega_0=\frac{1}{r_0(1+L_1M_1)}\left[N_1(1+L_1M_1)-\frac{1}{4}(M_1+L_1N_1)^2\right]^{1/2} \tag{2-37}$$

其中

$$L_1=\frac{1}{[n_1(1+K_1)]^{1/2}}\left(\frac{\rho_w}{P_0}\right)^{1/2}$$

$$M_1=\frac{4\eta}{\rho_w r_0}$$

$$N_1=\frac{3\gamma}{\rho_w}\left[P_0+\left(1-\frac{1}{3\gamma}\right)\frac{T_s}{r_0}\right]$$

$$K_1=\frac{B_1}{P_0}$$

上述各式中:ω_0 为气泡共振频率;r_0 为气泡半径;γ 为气体的比热率;P_0 为静水压力;ρ_w 为水的密度;T_s 为表面张力;η 为水的黏性系数;B_1 和 n_1 为经验常数。

由上述表达式中可以看出,气泡共振频率与气泡大小有关。由式(2-33)可知,产生共振的频率与气泡半径成反比。

Devin 最早对水中振动气泡的阻尼进行了总结和归类,他将液体中气泡振动引起的阻尼分为三部分:①热阻尼。气泡与周围介质间的热流动导致能量损失产生的阻尼。②辐射阻尼。孔隙中流体压缩产生的阻尼。③黏性阻尼。气体与液体界面间的黏滞力产生的阻尼。Crum 和 Eller(1970)又对这一问题进行了深入讨论,提出当频率低于共振频率时,气泡阻尼以热阻尼为主;而当高于共振频率时则以辐射阻尼为主;当频率位于共振频率段时,阻尼存在一个由热阻尼到黏性阻尼的过渡阶段。

(二)多孔介质中的气泡振动与阻尼

对多孔固体材料中的气穴,存在两种假设:一种假设是不考虑气体影响,将气穴当作无任何充填物的空穴;另一种假设是考虑充填在空穴中的气体作用(Biot,1956)。假设气泡周围多孔介质为单相固体,类似于气泡在水中振动,气泡在多孔介质中同样会产生振

动。假定不考虑填充在气泡中的空气作用，Blake 提出的多孔介质中空穴的共振频率公式为

$$\omega_0 = \left(\frac{\lambda + 2G}{r^2\rho_s}\frac{2(1-2\nu)}{3\nu - 1}\right)^{1/2} \tag{2-38}$$

式中：ω_0 为气泡共振频率；r 为洞穴半径；λ 和 G 为拉梅常数；ρ_s 为固体土粒密度；ν 为土体泊松比。

由关系式：$\lambda+2G=2G[(1-\nu)/(1-2\nu)]$，则式(2-38)可变为

$$\omega_0 = \left(\frac{4G}{r^2\rho_s}\frac{1-\nu}{-(1-3\nu)}\right)^{1/2} \tag{2-39}$$

分析式(2-39)可知，当 $\nu<\frac{1}{3}$ 时，ω_0 为虚数；当 $\nu=\frac{1}{3}$ 时，ω_0 为无穷大；而当 $\nu=\frac{1}{2}$ 时，共振频率减小为

$$\omega_0 = [4G/(r^2\rho_s)]^{1/2} \tag{2-40}$$

Meyer 等研究了平面声波入射橡胶中的空洞时的情况，提出对于任意泊松比下共振频率的计算公式与 Blake 提出的 $\nu=\frac{1}{2}$ 时的表达式(2-40)相同。而 Andreeva 考虑了边界条件影响提出的共振频率公式为

$$\omega_0 = [(3\gamma P_0 + 4G)/(r^2\rho_s)]^{1/2} \tag{2-41}$$

当剪切模量远大于围压时，围压项可略去不计，上式即简化为 Meyer 和 Blake 公式。

与气泡在液体中的情况类似，在固体材料中振动气泡引起的阻尼也可分为热阻尼、辐射阻尼和黏性阻尼三部分。其中，热阻尼是气泡中气体压缩引起的热传导产生的，辐射阻尼是能量在周围介质中的辐射产生的阻尼，而此处的黏性阻尼则是由固体材料内部摩擦引起的。

上面分析讨论了气体在液相和气体在固相中的振动及阻尼情况，对准饱和土而言，假设气泡仅存在于水中，则仅需考虑气体在液相的振动和阻尼效应。由此在阻尼项中，还要考虑流体与固体骨架间的耦合作用产生的 Darcy 阻尼。Smeulders(1992)研究表明，在准饱和多孔介质中，当共振气泡较大时，准饱和土最主要的阻尼为 Darcy 阻尼；当气泡较小时，则阻尼以 Darcy 阻尼和热阻尼为主；而不管气泡大小如何，辐射阻尼和黏性阻尼则一般很小，对总阻尼没有明显影响。且当气泡半径为 0.3 mm 时热阻尼最大，当气泡半径大于或小于该半径时热阻尼均逐渐减小并趋向于零。

通过前面对准饱和土中气泡的动力特性分析知道，正确认识准饱和土中气泡共振频率，对研究准饱和土动力特性有重要意义。不同频率下，气泡在准饱和土中所起的作用不同，许多试验研究结果均说明了这一点，Domenico(1982)研究了含气流体中的声波，认为波的衰减在低于气泡共振频率时主要由共振气泡的热传导引起，而高于共振频率时衰减主要是声波辐射的结果，黏性阻尼不起主要作用。Gardner 在实验室内研究了含气土中压缩波速度和衰减，全面考虑了不同含气量时准饱和土中波的传播特性，其研究证明：当频率低于气泡共振频率时，准饱和土可假设为一可压缩材料(含气)；而当频率高于共振频率时，准饱和土动力特性与不可压缩材料类似(可不考虑气体存在)；当频率位于气泡共

振频率范围内时,则可将准饱和土假设为由气体与相对不可压缩的饱和土介质(固体颗粒与水)组成的两相介质。Devin 则认为对较小气泡的情况,低频时可以忽略温度变化,认为系统处于等温状态。

由上述分析可知,可假设准饱和土中气体仅以气泡形式存在于水中,当气泡体积相对较小时,其共振频率很高,因此在低频时可以不考虑气泡振动对准饱和土动力特性的影响,由图 2-5 可知,准饱和土中基质吸力亦非常小,亦可忽略不计,认为水气之间不存在压力差。

五、准饱和土模型简化与合理性分析

本章在前几节从微观角度详细讨论了准饱和土的概念本质和基本性质,以及准饱和土中气泡的动力特性。总结前人理论与试验的研究结果,本书在研究准饱和土动力特性时对其做如下假设:

(1)固体土骨架假设为理想的弹性多孔连续介质,土体具有统计各向同性且均匀。

(2)孔隙中的气体仅以气泡的形式存在于水中,与液体共同形成各向同性混合流体,液体与气体之间不存在质量交换、压力差和相对位移。

(3)土体中孔隙相互连通,流体在孔隙中的流动满足 Darcy 定律。

(4)考虑等温条件,以及土颗粒、水和气体的压缩。

根据前面几节的分析,对一般的准饱和土做上述假设基本满足工程要求,但也存在几个需要注意的问题。假设中认为气体不与固体骨架接触,仅包含于水中,这在一般的准饱和土体中是满足的,如欠固结的海洋沉积土中等,而在有些情况下气泡会出现包围在固体颗粒周围的情况,如图 2-8 中 Smeulders(1992)试验结果所示,另外 Blanchard and Woodcock(1957)研究表明理论上在水中气泡的最小直径为 10 μm,而对于某些土层(如粉质黏土)中的孔隙最大尺寸不可能大于 10 μm,在这种情况下气泡包含于水的假设不再成立。

水中气泡的共振频率对准饱和土中波的传播特性有重要意义,当气泡直径在 0.05~0.5 cm 时,气泡产生共振的频率为 $3\times10^4 \sim 3\times10^3$ Hz(Anderson 等,1980),而工程中一般为低频情况,在等温条件下可以不考虑气泡共振引起的阻尼。气泡共振及由此产生的阻尼效应是一个非常复杂的过程,目前还没有成熟的理论来描述这一现象,不作为本书的研究重点。

第四节　小　结

本章通过对以往研究工作的总结,从微观角度对准饱和土的基本性质及动力特性进行了全面分析,并对准饱和土的简化模型的合理性进行了讨论,得到了许多对工程实际有意义的结论。

(1)尽管在准饱和土中气体不独立,但气体的存在将影响孔隙流体和土体的压缩性、渗透性等性质,另外气泡本身也将产生振动等效应,将准饱和土单独划分出来研究其波动特性是很有必要的。

(2)准饱和土微观动力性质中最值得关注和研究的是气体的作用,准饱和土中气体

主要以气泡的形式存在于水中,在外力作用下气泡会产生明显的压缩现象,可近似假设气泡形状为圆形来研究其动力特性,气泡在波动力作用下将产生自振现象,从而使准饱和土在不同频率下表现出不同的波动特性,当气泡较小时,低频情况下可不考虑气泡振动效应。

(3)准饱和土中气体的压缩性要远大于水和土颗粒的压缩性,气体的存在大大增加了水气混合流体的压缩性,进而影响准饱和土体的体积变形,含气流体的压缩性比水要大得多,土骨架在饱和土中为弱骨架而在准饱和土中为刚性骨架。

(4)值得注意的一个问题是气水混合流体的高压缩性使土体体变增加,而土体体变主要通过压缩波来反映,由此可知气体存在将主要对准饱和土中的 P 波特性产生重要影响,在后面章节中将得到验证。

(5)基于准饱和土微观结构特征的分析,可假设气体以气泡形式存在于水中,不考虑气体与固相间的相互作用,并可认为气体与水之间不存在压力差,即不考虑基质吸力作用。

第三章　准饱和土波动理论

第一节　Biot 饱和土波动理论

沿着 Terzaghi 的研究方向，Biot 将 Terzaghi 的固结理论扩展到三维的情况并建立了对随时间变化的任意载荷都成立的控制方程，后经修正完善形成 Biot 波动理论体系（Biot，1941～1962）。Biot 理论的实质是将连续介质力学应用于流体和多孔介质这一两相材料体系，并分别考虑土骨架与液体水两相介质的应力应变关系及其运动规律。该理论中的本构方程是通过推广两相系统的弹性理论和引入几个附加的耦合参数得到的。Biot 对多孔介质做出了如下假设：

（1）土体具有统计各向同性且均匀，小应变，土骨架是理想弹性多孔连续介质，土颗粒可压缩。

（2）孔隙水可压缩，在土中流动服从广义 Darcy 定律。

（3）孔隙均匀分布，孔隙之间相互连通，孔隙特征尺寸远小于波长。

（4）不计温度影响，且略去流体与骨架之间的化学作用。

Biot 于 1956 年建立的饱和多孔介质的基本波动方程如下：

$$\begin{cases} N\nabla^2 \boldsymbol{u} + \mathrm{grad}[(A+N)e + Q\varepsilon] = \dfrac{\partial^2}{\partial t^2}(\rho_{11}\boldsymbol{u} + \rho_{12}\boldsymbol{w}) + b\dfrac{\partial}{\partial t}(\boldsymbol{u} - \boldsymbol{w}) \\ \mathrm{grad}[Qe + R\varepsilon] = \dfrac{\partial^2}{\partial t^2}(\rho_{21}\boldsymbol{u} + \rho_{22}\boldsymbol{w}) - b\dfrac{\partial}{\partial t}(\boldsymbol{u} - \boldsymbol{w}) \end{cases} \tag{3-1}$$

式中：$\boldsymbol{u}$ 和 $\boldsymbol{w}$ 分别为固体土骨架和流体部分的位移；e、ε 分别为土骨架和流体的体积应变，$e=\mathrm{div}\boldsymbol{u}$、$\varepsilon=\mathrm{div}\boldsymbol{w}$；$A$、$N$、$Q$ 和 R 为弹性常数，A 和 N 相当于拉梅常数，Q 和 R 反映了流体的弹性及流体和固体的骨架间的弹性相互作用；ρ_{11}、ρ_{12}、ρ_{21}、ρ_{22} 为动力质量系数，且有 $\rho_{11}=\rho_1+\rho_g$，$\rho_{22}=\rho_2+\rho_g$，$\rho_{12}=\rho_{21}=-\rho_g$，$\rho_1=(1-n)\rho_s$，$\rho_2=n\rho_w$，$\rho_{11}>0$，$\rho_{22}>0$，$\rho_{12}>0$，$\rho_{11}\rho_{22}-\rho_{12}^2>0$，$\rho_s$、$\rho_w$ 和 ρ_g 分别为土颗粒、流体水的质量密度和附加质量密度，n 为孔隙率；$b=\eta n^2/k_p$ 为反映黏性耦合的参数，η 为流体黏滞系数，k_p 为渗透系数（量纲为 L^2）。

自从 Biot 理论建立以后，特别是 Biot 慢纵波被观测到以后，越来越多的学者投入该方面的研究工作中，从不同角度对 Biot 理论进行了丰富和完善，形成了一个较为完整的理论体系，给式(3-1)中的参数赋予了明确的物理意义，从而得到 Biot 理论更实用的表述形式。尽管 Biot 理论不是从力学或热力学的基本公式和原理出发得到的理论，但发展了以后的 Biot 理论已经成为多孔介质研究中最成功的理论之一。

Biot 理论是在连续力学原理基础上建立起来的，并假设介质材料为线弹性，然而多孔介质材料（如土体）中由于孔隙的存在是不连续的。因此，在某些情况下宏观力学原理变得不再适用。比如：当波长小于介质中孔隙尺寸时，波将会在孔隙中发生衍射等现象，不再适合用 Biot 理论研究其传播特性。

Darcy 定律是 Biot 理论考虑的重要内容之一。当波频率超过一定值时,孔隙中层流条件将不再满足。Biot(1956)认为该频率与流体黏滞性和孔隙大小有关:

$$f_t = \frac{\pi \eta_d}{4d^2} \tag{3-2}$$

式中:d 是孔隙直径;η_d 为动黏滞系数。

对水来讲,$\eta_d = 1.3\times10^{-6}\ \mathrm{m^2/s}$,利用式(3-2),则当 $d = 10^{-2}$ mm 时,最大频率 $f_t = 10^4$ Hz;当 $d = 2\times10^{-1}$ mm 时,最大频率为 $f_t = 25$ Hz。

由以上分析可以看出,要在岩土工程中正确应用 Biot 理论,确定其适用土体粒径的范围是很重要的。自然界中的土体都是由大小不同的土粒组成的,土体中不同粒径的土粒可按适当的粒径范围分为若干粒组,各粒组在土体中的相对含量称为颗粒级配,可以通过颗粒分析试验进行确定。Cedergran(1989)研究土体渗透性时认为,有效孔隙直径可取为土体的有效粒径 d_{10} 的 1/5(有效粒径 d_{10} 定义:小于某粒径的土粒质量累计百分数为 10%时,相应的粒径为有效粒径 d_{10})。

通过分析土体渗透性可以确定孔隙流体在土中的流动情况,对于弱透水或不透水的土(黏土或淤泥),流体相对于固体颗粒不发生流动,此时 Biot 理论亦不再适用。

综合以上分析,Chi-Hsin Lin 等将有效孔隙尺寸、渗透性和频率与土颗粒大小的关系绘制成图 3-1,适用于 Biot 理论的有效孔隙尺寸范围是 0.01~0.2 mm,相当于有效粒径为 0.05~1 mm,即包括砂土和砾石在内的土体。

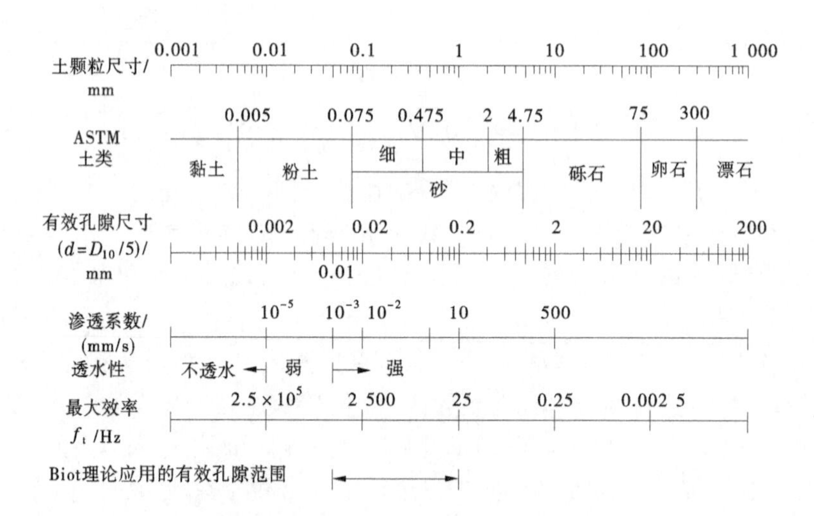

图 3-1　Biot 波动理论适用范围示意图

Biot 理论同样被应用于模拟含有气泡的流体饱和多孔介质,在考虑气泡影响时,视准饱和土为两相介质,即多孔介质仅被单一流体饱和,如图 3-2 所示,其中流体性质采用等效流体模型,即为液体与气体分量的平均性质。

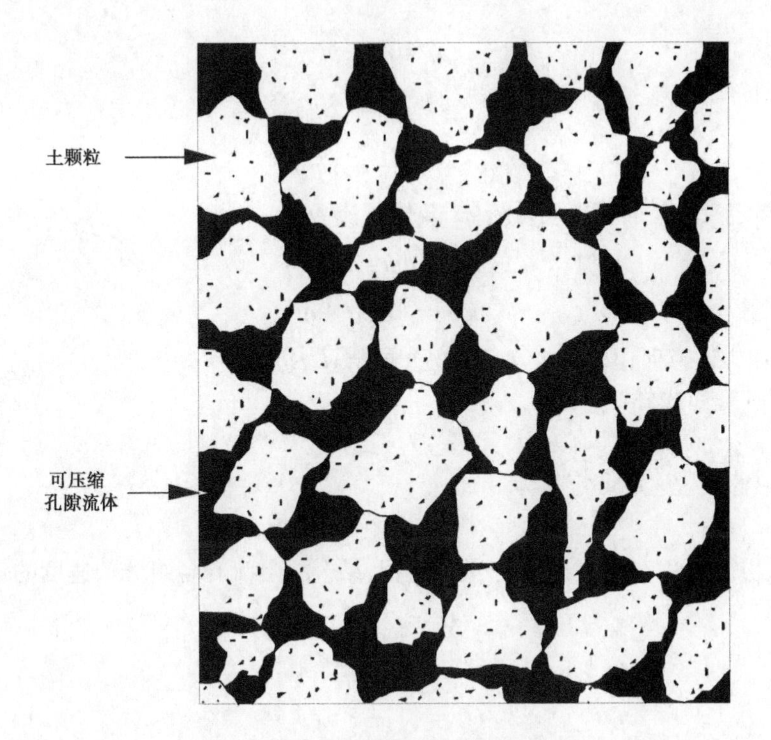

图 3-2　准饱和土流体简化模型示意图

第二节　非饱和土及准饱和土的波动理论

本节下面将基于 Vardoulakis 和 Beskos 提出的非饱和土及准饱和土波动理论进行详细推导,并对其适用性进行分析。

一、非饱和土动力控制方程

(一)基本量定义

非饱和土三相介质中土颗粒(固相)、土中水(液相)和气体(气相)的质量分别表示为 M_s、M_w、M_a,体积分别为 V_s、V_w、V_a;用 V_v、V_t 分别表示土中孔隙体积和总体积,于是有

$$\left.\begin{aligned} V_v &= V_w + V_a \\ V = V_s + V_v &= V_s + V_w + V_a \end{aligned}\right\} \tag{3-3}$$

土中各介质的物质密度为

$$\rho_m = M_m/V_m \quad (m = s,w,a) \tag{3-4}$$

土中各介质的相对密度为

$$\bar{\rho}_m = M_m/V_t \quad (m = s,w,a) \tag{3-5}$$

综合式(3-3)~式(3-5)得

$$\left.\begin{aligned}\bar{\rho}_s &= (1-n)\rho_s \\ \bar{\rho}_w &= nS_r\rho_w \\ \bar{\rho}_a &= (1-S_r)n\rho_a\end{aligned}\right\} \tag{3-6}$$

进一步定义单位面积上质量流 q_i^m 及体积流 Q_i^m：

$$\left.\begin{aligned}q_i^m &= \mathrm{d}m_m/\mathrm{d}A_i\mathrm{d}t \\ Q_i^m &= \mathrm{d}V_m/\mathrm{d}A_i\mathrm{d}t\end{aligned}\right\} \tag{3-7}$$

式中：i 为 x_i 坐标方向；$\mathrm{d}A_i$ 为 i 方向的单元面积；t 为时间。

由式(3-5)和式(3-7)可得

$$q_i^m = \rho_m Q_i^m \tag{3-8}$$

介质中各分量速度可定义为

$$v_i^m = \mathrm{d}V_m/(\mathrm{d}A_m)_i\mathrm{d}t \tag{3-9}$$

上式中 $\mathrm{d}A_m$ 是 $\mathrm{d}A$ 中对应于第 m 分量的面积，结合质量流与各组分的速度的定义可得

$$\left.\begin{aligned}Q_i^s &= (1-n)v_i^s \\ Q_i^w &= nS_r v_i^w \\ Q_i^a &= (1-S_r)nv_i^a\end{aligned}\right\} \tag{3-10}$$

引入相对位移的概念：

$$\left.\begin{aligned}\overline{Q_i^w} &= nS_r(v_i^w - v_i^s) \\ \overline{Q_i^a} &= n(1-S_r)(v_i^a - v_i^s)\end{aligned}\right\} \tag{3-11}$$

令固体颗粒 x_i 方向上的位移为 $u_i^s = u_i$，则有

$$v_i^s = \mathrm{d}u_i/\mathrm{d}t \tag{3-12}$$

根据小应变理论，应变 ε_{ij}、角应变 ω_{ij}、体积应变 ε 分别定义为

$$\left.\begin{aligned}\varepsilon_{ij} &= \frac{1}{2}(u_{i,j} + u_{j,i}) \\ \omega_{ij} &= \frac{1}{2}(u_{i,j} - u_{j,i}) \\ \varepsilon &= \varepsilon_{kk} = u_{k,k}\end{aligned}\right\} \tag{3-13}$$

根据混合物理论(Bowen,1976)，总应力 σ_{ij} 等于各相的应力之和：

$$\sigma_{ij} = \sigma_{ij}^s + \sigma_{ij}^w + \sigma_{ij}^a \tag{3-14}$$

式中：$\sigma_{ij}^m(m=s,w,a)$ 分别为土体中三相的应力，其中 σ_{ij}^s 为土颗粒之间的粒间应力，记为

$$\sigma_{ij}^s = \tau_{ij} \tag{3-15}$$

流体与气体部分的应力分别为

$$\sigma_{ij}^w = -S_r p^w \delta_{ij} \tag{3-16}$$

$$\sigma_{ij}^a = -(1-S_r)p^a\delta_{ij} \tag{3-17}$$

式中：p^w 和 p^a 分别为水压力和空气压力。

(二)场方程

根据混合物理论,场方程应包括质量平衡方程、动量守恒方程。忽略各相之间的质量交换,则有

$$\partial\bar{\rho}_m/\partial t+(\rho_m v_i^m)_{,i}=0 \tag{3-18}$$

忽略体力及质量耦合项,线动量平衡方程可写为

$$\sigma_{ij,j}^m+\sum b_i^{mn}=\partial(\bar{\rho}_s v_i^m)/\partial t(\bar{\rho}_s v_i^m v_j^m)_{,j} \tag{3-19}$$

其中,$b_i^{mn}(n=s,w,a$ 且 $n\neq m)$为相间渗透力,并有

$$\sum_{m,n=s}^{a} b_i^{mn}=0;\ b_i^{mn}=-b_i^{nm} \tag{3-20}$$

为方便起见,记

$$b_i^{sa}=b_i^a;b_i^{sw}=b_i^w \tag{3-21}$$

则式(3-19)可化简为

$$\left.\begin{aligned}\tau_{ij,j}&=-b_i^w-b_i^a+\bar{\rho}_s(\mathrm{d}^s v_i^s/\mathrm{d}t)\\-S_{\mathrm{r}}p_{,i}^w&=b_i^w-b_i^{aw}+\bar{\rho}_w(\mathrm{d}^w v_i^w/\mathrm{d}t)\\-(1-S_{\mathrm{r}})p_{,i}^a&=b_i^a+b_i^{aw}+\bar{\rho}_a(\mathrm{d}^a v_i^a/\mathrm{d}t)\end{aligned}\right\} \tag{3-22}$$

式中:$\mathrm{d}^m/\mathrm{d}t=\partial/\partial t+v_i^m\partial/\partial x_i$,为物质导数。

假设介质初始状态为平衡状态,对式(3-18)质量平衡方程及式(3-22)线动量平衡方程分别进行线性化,可得到如下两式:

$$-\Delta\dot{n}+\frac{1-n}{\rho_s}\Delta\dot{\rho}_s+(1-n)\dot{\varepsilon}=0 \tag{3-23a}$$

$$n\Delta\dot{S}_{\mathrm{r}}+S_{\mathrm{r}}\Delta\dot{n}+\frac{S_{\mathrm{r}}n}{\rho_w}\Delta\dot{\rho}_w+\bar{Q}_{i,j}^w+S_{\mathrm{r}}n\dot{\varepsilon}=0 \tag{3-23b}$$

$$-n\Delta\dot{S}_{\mathrm{r}}+(1-S_{\mathrm{r}})\Delta\dot{n}+\frac{(1-S_{\mathrm{r}})n}{\rho_a}\Delta\dot{\rho}_a+\bar{Q}_{i,j}^a+(1-S_{\mathrm{r}})n\dot{\varepsilon}=0 \tag{3-23c}$$

$$\left.\begin{aligned}\Delta\tau_{ij,j}&=-b_i^w-b_i^a+\bar{\rho}_s\ddot{u}_i\\-S_{\mathrm{r}}\Delta p_{,i}^w&=b_i^w-b_i^{aw}+\rho_w\dot{\bar{Q}}_i^w+\bar{\rho}_w\ddot{u}_i\\-(1-S_{\mathrm{r}})\Delta p_{,i}^a&=b_i^a+b_i^{aw}+\rho_a\dot{\bar{Q}}_i^a+\bar{\rho}_a\ddot{u}_i\end{aligned}\right\} \tag{3-24}$$

(三)连续方程

孔隙率 n 的连续方程为

$$\Delta n=(1-n)(\alpha_1\varepsilon+\beta_1\Delta p^f) \tag{3-25}$$

式中：α_1、β_1 为待定系数，此处忽略了气体压力的影响。

$$\Delta\rho_s = \rho_s[(1 - \frac{\beta_p}{\beta})\beta_s \Delta p^f - \frac{\beta_p}{\beta}\varepsilon] \tag{3-26}$$

式中：β_s 为土颗粒材料的压缩系数；β_p 为由接触点上的集中力引起的土颗粒的压缩系数；β 为土骨架的排水压缩系数。由式(3-25)和式(3-26)及式(3-23a)可得

$$\alpha_1 = 1 - \alpha, \beta_1 = (1 - \alpha)\beta_s, \alpha = \beta_p/\beta \tag{3-27}$$

有效应力增量 $\Delta\tau'_{ij}$ 与粒间应力增量 $\Delta\tau_{ij}$ 之间有以下关系(Verruijt,1982)：

$$\Delta\tau_{ij} = \Delta\tau'_{ij} + \gamma\Delta p^f\delta_{ij} \tag{3-28}$$

式中：$\gamma=\beta_s/\beta\leqslant(1-n)\alpha$。其中的有效应力仅由固相的变形决定，固体的线弹性本构关系为

$$\Delta\tau'_{ij} = \lambda\varepsilon\delta_{ij} + 2G\varepsilon_{ij} \tag{3-29}$$

其中：λ 和 G 为 Lame 常数，与体积压缩系数 β 之间存在如下关系：

$$\lambda + 2G = 1/\beta \tag{3-30}$$

对于饱和度，Verruijt 同时提出：

$$\Delta S_r = -S_r(\alpha_2\varepsilon + \beta_2\Delta p^f) \tag{3-31}$$

其中

$$\alpha_2 = -\alpha, \beta_2 = \beta_w - \beta_s(1 + \alpha) \tag{3-32}$$

式中：β_w 为液体水的压缩系数。

水与气体的连续方程分别为

$$\left.\begin{aligned}\Delta\rho_w &= \rho_w\beta_w\Delta p^w \\ \Delta\rho_a &= \frac{\rho_a}{p_a}\Delta p^a\end{aligned}\right\} \tag{3-33}$$

对于渗透力 b^w、b_i^a，由 Darcy 定律得

$$\left.\begin{aligned}b_i^w &= \frac{v_w}{k} = \frac{\rho_w g}{k_w}\overline{Q}_i^w = b_w\overline{Q}_i^w \\ b_i^a &= \frac{v_a}{k} = \frac{\rho_a g}{k_a}\overline{Q}_i^a = b_a\overline{Q}_i^a\end{aligned}\right\} \tag{3-34}$$

式中：k_w、k_a 分别为水与气体相对于固体的渗透系数。上面推导中忽略了气相与水相间的渗透力 b_i^{aw}。

(四)控制方程

由连续方程及场方程，可以得到控制方程，由式(3-23)和式(3-24)可得到

$$-\overline{Q}_{i,i}^w = \alpha_{11}\dot{u}_{k,k} + \alpha_{12}\Delta\dot{p}_w \tag{3-35a}$$

$$-\overline{Q}_{i,i}^a = \alpha_{21}\dot{u}_{k,k} + \alpha_{22}\Delta\dot{p}_w + \alpha_{23}\Delta\dot{p}_a \tag{3-35b}$$

$$(\lambda + G)u_{k,ki} + Gu_{i,kk} = -(1 - \frac{\gamma}{S_r})b^w\overline{Q}_i^w + \frac{\gamma}{S_r}\rho_w\dot{\overline{Q}}_i^w + (\overline{\rho}_s + \frac{\gamma}{S_r}\overline{\rho}_w)\ddot{u}_i - b^a\overline{Q}_i^a \tag{3-35c}$$

$$-S_r\Delta p^w_{,i}=b^w\overline{Q}^w_i+\rho_w\dot{\overline{Q}}^w_i+\overline{\rho}_w\ddot{u}_i \tag{3-35d}$$

$$-(1-S_r)\Delta p^a_{,i}=b^a\overline{Q}^a_i+\rho_a\dot{\overline{Q}}_i^a+\overline{\rho}_a\ddot{u}_i \tag{3-35e}$$

式中：

$$\alpha_{11}=S_rn(1+\frac{1-n}{n}\alpha_1-\alpha_2)$$

$$\alpha_{21}=S_rn(\beta_w+\frac{1-n}{n}\beta_1-\beta_2)$$

$$\alpha_{12}=S_rn(\frac{1-S_r}{S_r}+\frac{1-S_r}{S_r}\frac{1-n}{n}\alpha_1+\alpha_2)$$

$$\alpha_{22}=S_rn(\frac{1-S_r}{S_r}\frac{1-n}{n}\beta_1+\beta_2)$$

$$\alpha_{23}=(1-S_r)n/p^a$$

二、准饱和土动力控制方程

对准饱和土而言，气体含量很少（$1-S_r\ll1$），非饱和土的动力控制方程式（3-35）可以进行大幅度的简化，得到便于求解的准饱和土动力控制方程。

准饱和土中假设气体以气泡形式存在于水中，与液体共同形成各向同性的流体，液体与气体之间不存在压力差和相对位移，并做如下假设：

$$v^a_i=v^w_i,\Delta p^a=\Delta p^w=\Delta p,b^a=b^w \tag{3-36}$$

根据上述假设，由式（3-14）~式（3-17）可得

$$\Delta\sigma_{ij}=\Delta\tau_{ij}-\Delta p\delta_{ij} \tag{3-37}$$

此式在物理上与各向同性流体的假设相符。考虑上述假设，由相对位移的概念可得

$$\overline{Q}^a_i=(1-S_r)\overline{Q}^w_i \tag{3-38}$$

根据式（3-36）~式（3-38）的假设条件，结合式（3-6）可以证明式（3-35d）与式（3-35e）是等价的。由式（3-38）和式（3-35d），且考虑到 S_r 非常接近 1，式（3-35c）可简化为

$$(\lambda+G)u_{k,ki}+Gu_{i,kk}=-(1-\gamma)b^f\overline{Q}^f_i+\gamma\rho_f\dot{\overline{Q}}^f_i+(\overline{\rho}_s+\gamma\overline{\rho}_f)\ddot{u}_i \tag{3-39}$$

由于 $\alpha=\beta_p/\beta\ll1,\beta_w\ll1,\beta_s\ll1$，则 $\alpha_2\ll1,\beta_2\ll1,\alpha_{21}\ll1,\alpha_{22}\ll1$，于是联立式（3-35a）和式（3-35b）可得

$$-\overline{Q}^f_{i,i}=\overline{\alpha}_{11}\dot{u}_{k,k}+\left[\overline{\alpha}_{12}+\frac{(1-S_r)n}{P}\right]\Delta\dot{p} \tag{3-40}$$

式中

$$\left.\begin{aligned}\overline{\alpha}_{11}&=n+(1-n)\alpha_1\\ \overline{\alpha}_{12}&=n\beta_w+(1-n)\beta_1\end{aligned}\right\} \tag{3-41}$$

对饱和土而言，$1-S_r=0$，则式（3-40）可简化为

$$-\overline{Q}^f_{i,i}=\overline{\alpha}_{11}\dot{u}_{k,k}+\overline{\alpha}_{12}\Delta\dot{p} \tag{3-42}$$

对比式(3-40)和式(3-42)可以发现,对准饱和土,其饱和度的影响可以通过液体压缩系数来考虑,饱和土中液体水的压缩系数为 β_w ,因此只需将式(3-41)中 β_w 用准饱和土中气水混合流体压缩系数 β_f 替代,关于准饱和土中的方程式(3-40)即可用式(3-42)来表达,其中:

$$\beta_f = \beta_w \left[1 + \frac{(1 - S_r)n}{P\beta_w} \right] \tag{3-43}$$

式中, P 称为参考压力,亦即绝对孔压。

可以发现式(3-43)与 Koning(1963)和 Verruijt(1969)提出的不考虑溶解气体的压缩性时混合流体压缩性公式(3-42)是一致的,式中的 n 是混合物理论中初始假设不同的结果。

综合以上分析,准饱和土的动力性状可由下述动力控制方程来表达:

$$\left.\begin{aligned} (\lambda + G)u_{k,ki} + \mu u_{i,kk} &= -(1 - \gamma)b^f \overline{Q}_i^f + \gamma\rho_f \dot{\overline{Q}}_i^f + (\overline{\rho}_s + \gamma\overline{\rho}_f)\ddot{u}_i \\ -\Delta p_{,i} &= b^f \overline{Q}_i^f + \rho_f \dot{\overline{Q}}_i^f + \overline{\rho}_f \ddot{u}_i \\ -\overline{Q}_{i,i}^f &= \overline{\alpha}_{11}\dot{u}_{k,k} + \overline{\alpha}_{12}^* \Delta\dot{p} \end{aligned}\right\} \tag{3-44}$$

式中: $\gamma = \beta_s/\beta$; $\overline{\alpha}_{11} = n + (1 - n)\alpha_1$, $\alpha_1 = 1 - \alpha$, $\alpha = \beta_p/\beta$, $\beta = 1/(\lambda + 2G)$; $\overline{\alpha}_{12}^* = n\beta_f + (1 - n)\beta_1$; $\beta_1 = (1 - \alpha)\beta_s$; $\overline{\rho}_s = (1 - n)\rho_s$; $\overline{\rho}_f = n\rho_f$ 。

上式描述的准饱和土动力控制方程,考虑其中的特殊情况——完全饱和时的结果即可以退化到以往学者得出的饱和土模型,说明所建立的准饱和土模型是合理的。

岩土材料等多孔介质的力学特性主要受介质中各组成相的相互作用控制,前面已经提到,迄今为止,对流体饱和多孔介质动力特性的研究主要有两大理论体系,即混合物理论与 Biot 理论。混合物理论假设多孔介质中各相间在空间上存在相互作用,适合多孔介质微观结构描述和各种内在耦合过程等方面的研究;Biot 理论是基于宏观层面,应用与多孔介质相关的连续介质力学的基本原理建立的理论。而后来学者研究表明 Biot 理论与混合物理论存在一致性,即 Biot 理论是不考虑体积变化时的线性混合物理论的一个特例。Biot 理论中所采用描述多孔介质性质的宏观状态变量可以在实验室直接测得,这也是 Biot 理论被广泛应用的原因,但是宏观理论在描述多孔介质内部微观相互作用时是无能为力的(如非饱和土三相间的相互作用);混合物理论的优势如上所述,但在建立方程时引入介质中各组分的状态变量和相互作用项,许多材料参数不能直接通过试验测定,从而使其在工程应用中推广存在一定困难。

Vardoulakis 和 Beskos 准饱和土波动方程(简称 VB 理论)是基于混合物理论思想建立的。VB 理论与 Biot 理论的根本不同之处在于其对多孔介质的假设,Biot 理论假设为两相介质,而 VB 理论假设为三相介质。对土体假设的不同对波衰减的影响要大于对波速的影响。从上述分析可知,由于准饱和土为三相流体饱和多孔介质,VB 理论体系比 Biot 理论更合理,更为适合研究准饱和土波动等动力性质。

第三节　小　结

本章回顾了多孔介质波动理论两大理论体系发展的理论传承,分析了 Biot 理论与混合物理论的基本异同,得到如下几点认识:

(1)对三相介质准饱和土波动方程进行了系统研究,详细分析对比了两种波动理论的适用性。研究表明在特定条件下,Biot 理论和混合物理论存在一致性,但针对准饱和土三相多孔介质,混合物理论体系比 Biot 理论更合理,更为适合研究准饱和土波动等动力性质。

(2)波动理论是在对土体的适当假设基础上提出来的,确定波动理论的土体适用范围在理论应用中有重要意义,其中土体渗透性要满足 Darcy 定律层流条件及不同土体孔隙尺寸的适用频率范围尤为重要。

(3)对动力问题的研究,至关重要的一个环节是确定其动力控制方程。本章研究是今后各章研究的理论基础,后续章节中将采用本章所讨论的准饱和三相多孔介质动力模型对准饱和土中的波动特性及动力响应问题进行深入研究。

第四章　全空间准饱和土中弹性波的传播特性

第一节　波动方程及问题求解

准饱和土的动力控制方程可由下式表示：

$$\left.\begin{aligned}(\lambda+G)u_{k,ki}+Gu_{i,kk}&=-(1-\gamma)\overline{Q}_i^f+\gamma\dot{\overline{Q}}_i^f+(\overline{\rho}_s+\gamma\overline{\rho}_f)\ddot{u}_i\\-p_{f,i}&=b^f\overline{Q}_i^f+\rho_f\dot{\overline{Q}}_i^f+\overline{\rho}_f\ddot{u}_i\\-\overline{Q}_{i,i}^f&=\overline{\alpha}_{11}\dot{u}_{k,k}+\overline{\alpha}_{12}^*\dot{p}_f\end{aligned}\right\}\tag{4-1}$$

式中：$\gamma=\beta_s/\beta$；$\overline{\alpha}_{11}=n+(1-n)\alpha_1$；$\alpha_1=1-\alpha,\alpha=\beta_p/\beta,\beta=1/(\lambda+2G)$；$\overline{\alpha}_{12}^*=n\beta_f+(1-n)\beta_1$，$\beta_f=\beta_w(1+\dfrac{(1-S_r)n}{P_0\beta_w})$，$\beta_1=(1-\alpha)\beta_s$；$\overline{\rho}_s=(1-n)\rho_s$；$\overline{\rho}_f=n\rho_f$；$b^f=\dfrac{\rho_f g}{k_d}$；$n$ 为孔隙率；β_s 为土颗粒材料的压缩系数；β_w 为水的压缩系数；β_p 为由接触点上的集中力引起的土颗粒的压缩系数；β 为土骨架的排水压缩系数；$\rho_f=S_r\rho_w+(1-S_r)\rho_a$，为流体混合物质量密度；$\rho_s$、$\rho_w$ 和 ρ_a 分别表示土颗粒、水和气体的质量密度；k_d 为土体动力渗透系数。

令流体相对固体位移为 $W_i=n(w_i-u_i)$，定义

$$\frac{\mathrm{d}W_i}{\mathrm{d}t}=\overline{Q}_i^f\tag{4-2}$$

将式(4-2)代入波动方程(4-1)，并简化可以得到用位移表示的控制方程(其中各量采用本文符号)：

$$\left.\begin{aligned}G\nabla^2\boldsymbol{u}+(\lambda+G+\mu'\mu M)\nabla(\nabla\cdot\boldsymbol{u})+\mu'M\nabla(\nabla\cdot\boldsymbol{W})&=(\rho\ddot{u}+\rho_f\ddot{\boldsymbol{W}})\\\mu M\nabla(\nabla\cdot\boldsymbol{u})+M\nabla(\nabla\cdot\ddot{\boldsymbol{W}})&=\rho_2\ddot{\boldsymbol{u}}+\rho_f\ddot{\boldsymbol{W}}+b^f\dot{\boldsymbol{W}}\end{aligned}\right\}\tag{4-3}$$

式中：$\rho=\rho_2+(1-n)\rho_s$，为土体总体积密度；$\rho_2=n\rho_f$；$M=\dfrac{1}{\overline{\alpha}_{12}^*}$；$\mu'=1-\gamma$；$\mu=\overline{\alpha}_{11}$。

引入势函数 φ_s、φ_f 和 ψ_s、ψ_f，其中 φ_s 和 ψ_s 为土骨架势函数，φ_f 和 ψ_f 为流体势函数。借助 Helmholtz 分解定理可将位移张量 $\boldsymbol{u}$ 和 $\boldsymbol{W}$ 分解如下：

$$\left.\begin{aligned}\boldsymbol{u}&=\nabla\varphi_s+\nabla\times\psi_s\\\boldsymbol{W}&=\nabla\varphi_f+\nabla\times\psi_f\end{aligned}\right\}\tag{4-4}$$

将式(4-4)代入式(4-3)，并对各项进行整理可以得到分别关于压缩波势和剪切波势的两组势函数方程：

压缩波势

$$\left.\begin{aligned}(\lambda+2G+\mu'\mu M)\nabla^2\varphi_s+\mu' M\nabla^2\varphi_f&=\frac{\partial^2}{\partial t^2}(\rho\varphi_s+\rho_f\varphi_f)\\ \mu M\nabla^2\varphi_s+M\nabla^2\varphi_f&=\frac{\partial^2}{\partial t^2}(\rho_2\varphi_s+\rho_f\varphi_f)-b^f\frac{\partial\varphi_f}{\partial t}\end{aligned}\right\}\tag{4-5}$$

剪切波势

$$\left.\begin{aligned}G\nabla^2\psi_s&=\frac{\partial^2}{\partial t^2}(\rho\psi_s+\rho_f\psi_f)\\ \frac{\partial^2}{\partial t^2}(\rho_2\psi_s+\rho_f\psi_f)+b^f\frac{\partial\psi_f}{\partial t}&=0\end{aligned}\right\}\tag{4-6}$$

设波动方程的平面波解为

$$\left.\begin{aligned}\varphi_s&=A_s\exp(i(\omega t-\boldsymbol{l}_{\mathrm{P}}\cdot\boldsymbol{r}))\\ \varphi_f&=A_f\exp(i(\omega t-\boldsymbol{l}_{\mathrm{P}}\cdot\boldsymbol{r}))\end{aligned}\right\}\tag{4-7}$$

$$\left.\begin{aligned}\psi_s&=B_s\exp(i(\omega t-\boldsymbol{l}_{\mathrm{S}}\cdot r))\\ \psi_f&=B_f\exp(i(\omega t-\boldsymbol{l}_{\mathrm{S}}\cdot\boldsymbol{r}))\end{aligned}\right\}\tag{4-8}$$

式中：$\boldsymbol{l}_{\mathrm{P}}$、$\boldsymbol{l}_{\mathrm{S}}$ 分别为 P 波和 S 波的波矢量；$\boldsymbol{r}$ 表示位置矢量；A_s、A_f、B_s、B_f 为势函数幅值。

分别将式(4-7)和式(4-8)代入式(4-5)和式(4-6)，并利用非零解条件，求解并化简后可得准饱和土中压缩波和剪切波的弥散方程为

$$A\left(\frac{l_{\mathrm{P}}}{\omega}\right)^4+B\left(\frac{l_{\mathrm{P}}}{\omega}\right)^2+C=0\tag{4-9}$$

$$D\left(\frac{l_{\mathrm{S}}}{\omega}\right)^2+C=0\tag{4-10}$$

式中

$$A=(\lambda+2G)M$$

$$B=(\rho_f\mu+\rho_2\mu'-\rho)M-(\lambda+2G+\mu'\mu M)\left(\rho_f-\mathrm{i}\frac{b^f}{\omega}\right)$$

$$C=\rho\left(\rho_f-\mathrm{i}\frac{b^f}{\omega}\right)-\rho_f\rho_2$$

$$D=-G\left(\rho_f-\mathrm{i}\frac{b^f}{\omega}\right)$$

由弥散方程式(4-9)和式(4-10)可知，在准饱和土中同样有三种体波、两个压缩波和一个剪切波，根据式(4-9)可求得两个压缩波的波矢量 $\boldsymbol{l}_1$、$\boldsymbol{l}_2$，由式(4-10)可求得剪切波波矢量 $\boldsymbol{l}_{\mathrm{S}}$，从而可得准饱和土中三种体波的传播速度及衰减。

压缩波速度与衰减分别为

$$V_j=\frac{1}{\mathrm{Re}\left(\frac{l_j}{\omega}\right)},Q_j^{-1}=2\frac{\mathrm{Im}(l_j)}{\mathrm{Re}(l_j)}\quad(j=1,2)\tag{4-11}$$

剪切波速度与衰减分别为

$$V_S = \frac{1}{\mathrm{Re}(\frac{l_S}{\omega})}, Q_S^{-1} = 2\frac{\mathrm{Im}(l_S)}{\mathrm{Re}(l_S)} \tag{4-12}$$

以上各式中下标1,2和S分别对应于P_1波、P_2波和S波;Re( )和Im( )分别表示对复数取实部及虚部。

第二节　土体特性参数影响分析

根据第三章的分析知道,土体渗透性与孔隙特征对准饱和土波动特性有重要影响,本节将通过几种极限情况分析它们在土体波动研究中的重要性。

一、渗透性

土体渗透性反映了孔隙流体在土孔隙中流动的难易程度,其大小必然影响孔隙流体相对固体骨架的相对位移,从而影响流体与固体骨架的相互耦合作用。因此,渗透性对准饱和土中波传播特性的重要影响不言而喻,我们这里通过讨论两种极限情况(孔隙流体可以自由流动和孔隙流体无渗流)下渗透性对波传播影响进行理论分析。在后面的数值分析中还将对这一问题进行数值讨论。为了讨论简便,考虑不计土颗粒压缩,两种极限情况下波动方程求解如下。

(一)孔隙流体自由流动

在这种情况下,渗透系数趋于无穷大,流体在孔隙中不受阻碍,可以自由流动,可近似应用于大孔隙且孔隙连通性好的无黏性土体,如准饱和砂卵石、砾石等。此时有$k_d \to \infty$,则$b^f \to 0$,代入压缩波势函数方程式(4-5),推导可得到相应的压缩波速度为

$$V_{P_1} = \sqrt{\frac{\lambda + 2G}{\rho_1}}, V_{P_2} = \sqrt{\frac{K_f}{\rho_2}} \tag{4-13}$$

式中:K_f为流体体积模量,$K_f = 1/\beta_f$。同样,由剪切波势函数方程式(4-6)可得到剪切波速度为

$$V_S = \sqrt{\frac{G}{\rho_1}} \tag{4-14}$$

由波速表达式可知孔隙流体自由渗流时准饱和土中有三种体波:两种压缩波和一个剪切波,压缩波中一个仅与土骨架参数有关,可称为固体体波(P_1波);一个仅与流体(水、气混合物)参数有关,可称为流体体波(P_2波),说明流体与固体完全解耦,无相互作用。且三种体波速度表达式均与频率无关,不具弥散性。

(二)孔隙流体无渗流

这种情况可视土体为封闭系统,如软黏土等。孔隙中流体无渗流,流体与固体间无相对位移,有$k_d \to 0$,$b^f \to \infty$,同样代入式(4-5)和式(4-6)中,此时有一种压缩波和一种剪切波,速度表达式为

$$V_P = \sqrt{\frac{\frac{K_f}{n} + (\lambda + 2G)}{\rho}}, V_S = \sqrt{\frac{G}{\rho}} \tag{4-15}$$

说明流体与固体骨架完全黏性耦合,两相间无惯性作用,类似于单相介质中的波,但此时压缩波同时受孔隙流体和土骨架的影响,两种体波在这种情况下亦不具弥散性。由饱和土中波的传播特性知道在介于上述两种极限条件之间,土中三种体波均为弥散波和衰减波,说明土体渗透性对准饱和土中波的传播及弥散性均有重要影响。

二、孔隙率

土体孔隙率是指土中孔隙所占体积与总体积之比。对于流体饱和土体来讲,确定孔隙率实际上也就确定了土中流体组分的含量,如在石油工业中的主要研究兴趣就是要探明地层中流体(油和气)含量,利用波速法现场测定土层中孔隙率已成为便捷有效的勘察手段。在准饱和土中,孔隙率的变化直接影响土体密度和土中的流体组分,孔隙率为 0 时,土体为纯固体,颗粒紧密联结,无孔隙存在,如致密的岩石,此时土体密度即土颗粒密度,土体中仅有固体波;当孔隙率为 1 时,土体中无固体成分,为纯流体。

近年来,孔隙率对岩土体特性(如弹性常数等)和波传播速度的影响引起了许多研究者的重视,在试验和理论方面进行了研究,也有人给出了理论公式和经验公式,这些研究表明,岩土材料的弹性模量大小主要与土体孔隙率、固结状态和围压的大小有关,在不同孔隙率范围内,速度或有效弹性常数随孔隙率变化遵循不同的规律。

如图 4-1 所示,Nur 提出了临界孔隙率(n_{cr})的概念,指出实际上岩土体的有效弹性常数随孔隙率的变化规律主要在两个孔隙率范围内,称为固结岩石域和悬浮岩石域。临界孔隙率是指悬浮颗粒到固结岩石的一个临界点,也就是岩土介质从等应力状态到固体负载变化的一个临界点。临界孔隙率是孔隙介质中的一个重要常数,其大小取决于岩石的矿物成分和成岩作用过程。

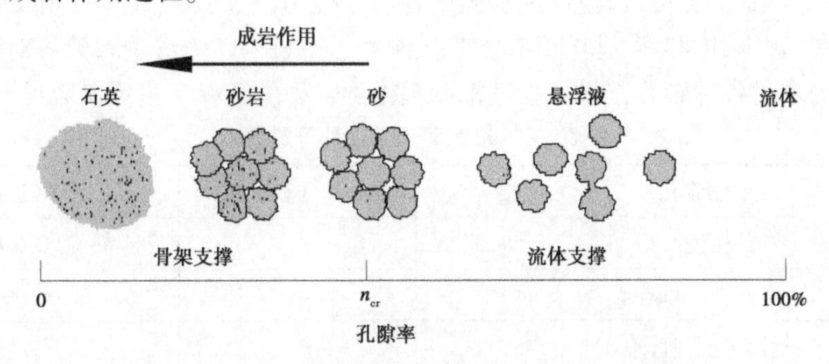

图 4-1　临界孔隙率物理意义图解(Nur 等,1992)

当孔隙率大于临界孔隙率时,由于土体中固体颗粒组分太少而不足以形成骨架支撑结构,随孔隙率的减小土骨架强度逐渐增大。关于岩土体剪切模量与孔隙率相关关系,许多学者对其进行过研究,提出了理论公式和经验公式(Dvorkin,1996;Han,1986;Nur,1998),为了计算和讨论简单,我们采用剪切模量与孔隙率的线性关系,可以用下式描述:

$$G = G_{cr} + (1 - n/n_{cr})(G_s - G_{cr}) \tag{4-16}$$

式中：G_{cr} 为临界剪切模量；G_s 为土颗粒的剪切模量。

如图 4-2 所示，与砂岩中的试验结果相比，式(4-16)的剪切模量与孔隙率的线性关系曲线基本符合试验结果的变化趋势，可近似用来描述孔隙率与剪切模量的相关关系，在数值分析部分将利用这一关系进一步分析准饱和土中波传播与孔隙率和剪切模量的关系。

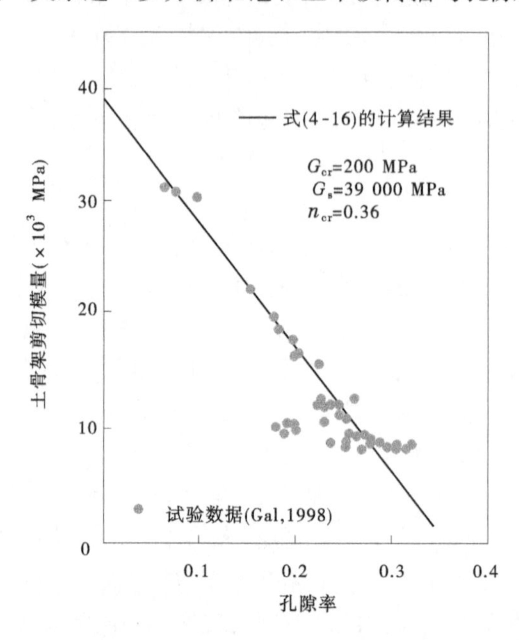

图 4-2　剪切模量与孔隙率理论计算曲线与试验数据的对比

第三节　准饱和土中弹性波传播特性分析

本节将通过具体算例，讨论准饱和土中各项参数对波速及衰减的影响及相互作用关系。主要考虑频率、饱和度、孔隙率和土骨架刚度、泊松比、动力渗透系数等对波速及衰减的影响，并力求对各种影响结果在物理机制上得到合理的解释。主要参数见表 4-1。

表 4-1　准饱和土特性计算参数

基本量	符号	数值
土颗粒密度/(kg/m³)	ρ_s	2 650
水密度/(kg/m³)	ρ_w	1 000
气体密度/(kg/m³)	ρ_a	1.29
土骨架剪切模量/MPa	G	26.1
水的压缩系数/Pa⁻¹	β_w	4.5×10^{-10}
绝对孔隙压力/kPa	P_0	100
土颗粒压缩系数/Pa⁻¹	β_s	2.8×10^{-11}
粒间应力引起的压缩系数/Pa⁻¹	β_p	2.8×10^{-12}

一、波速、衰减与饱和度、频率的关系

取准饱和土中孔隙率 $n=0.45$，泊松比 $\nu=0.23$，渗透系数 $k_d=4\times10^{-4}$ m/s，频率 $f=10^{-2}\sim10^7$ Hz，饱和度 $S_r=0.9\sim1.0$。

饱和度对波速的重要影响已经被许多试验结果所证实，作为对本书准饱和土模型描述饱和度对波速影响正确性的验证，图 4-3 给出了本书理论计算结果与 Murphy 和 Zhuping Liu 实测结果的对比，计算中取频率 $f=1.5$ kHz，剪切模量 $G=900$ MPa，由图中可知，本书计算结果与 Zhuping Liu 在非固结砂土中的实测结果是基本一致的，压缩波在接近完全饱和状态时随饱和度的减小迅速降低，当饱和度约在 97.5%时，达到最低，而后随饱和度的降低略有增加；剪切波则随着饱和度的降低而略有增加。

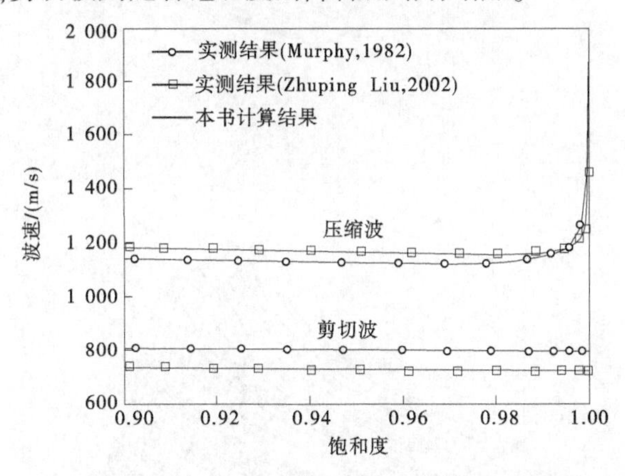

图 4-3　准饱和土中波速与饱和度关系的理论与实测曲线

图 4-4 为准饱和土中频率与饱和度对波速影响的三维数值曲线，由图可见，在整个频率段饱和度对压缩波影响显著，而对剪切波基本无影响。如前章分析，饱和度变化主要影响土体的密度和孔隙流体压缩模量，由于准饱和土饱和度较高，因此对密度的影响不大，但是饱和度对流体压缩模量的影响是显著的。饱和度对 P_1 波速度的影响最大，随饱和度的微量减小显著降低，但当饱和度进一步减小（如 $S_r<0.98$）时 P_1 波速度逐渐趋于稳定，随饱和度变化不明显，此时 P_1 波速度约为完全饱和时的 1/10。P_2 波速度受饱和度的影响程度亦比较显著，不同的是土体由完全饱和状态向准饱和状态变化时，饱和度的微量减小（$1>S_r>0.99$）对 P_2 波速度影响不大，但随着饱和度的进一步减小，P_2 波速度降低显著，当 $S_r<0.95$ 时，P_2 波受饱和度影响变化不明显，速度约为完全饱和时的 1/3。这一结果说明在饱和土中 P_1 波主要受流体控制，P_2 波主要受土骨架控制，而在准饱和土中刚好与此相反，主要是因为土骨架在饱和土中相对于水为弱骨架而在准饱和土中相对于气水混合流体则为刚性骨架，图 4-3 中的试验结果也证明了这一特性，这一结果亦表明了准饱和土与饱和土波动特性的本质区别。由于孔隙流体不能承受剪力，剪切波主要在固体骨架中传播，其速度基本不受饱和度的影响，说明了剪切波主要反映土骨架特性的事实。上述结果也说明，饱和度对准饱和土中波速的影响主要反映了饱和度对孔隙流体压缩性及土体体变影响的结果。图 4-3 中结果没有反映出准饱和土的密度变化对波速的影响，可以这样分析：密度随饱和度的减小而减小，从而波速增加，但由于密度变化量非常小，这一作用

被由压缩模量减小引起的波速减小所抵消。

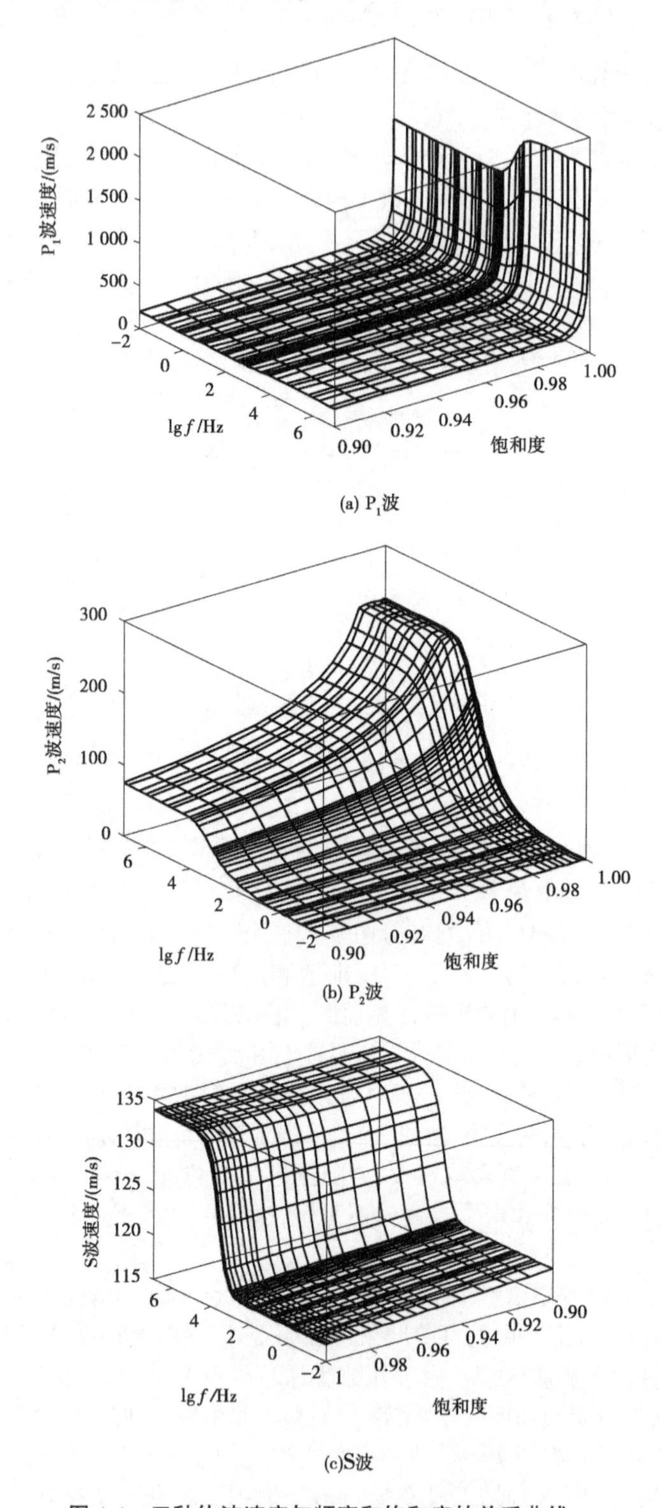

(a) P_1波

(b) P_2波

(c)S波

图 4-4　三种体波速度与频率和饱和度的关系曲线

图4-4中亦表明,在准饱和土中三种体波速度随频率的变化规律与在饱和土中的规律基本相同,在高频段和低频段各模态波速度基本不随频率变化,中间存在一个速度变化相对显著的频率段。在准饱和土中,P_1 波的频散度受饱和度影响显著,随着饱和度的减小而迅速降低,至 $S_r<0.98$ 时 P_1 波频散度很小,基本趋于稳定。P_2 波的频散度与其波速受饱和度影响规律类似,当 $0.95<S_r<0.99$ 时,P_2 波的频散度随饱和度的减小而减小。而 $S_r<0.95$ 和 $S_r>0.99$ 时 P_2 波的频散度随饱和度的变化不明显。准饱和土中 P_2 波仅在高频时才为真实波,低频段由于孔隙流体和固体骨架的高黏性耦合作用而无 P_2 波传播。在准饱和土中剪切波仍然为低频散波,且频散度基本不随饱和度变化而改变。

图4-5显示了准饱和土中各模式波的衰减受频率与饱和度的影响关系。图中表明,准饱和土中波衰减受频率的影响规律与在饱和土中的情况基本一致。P_1 波和S波衰减存在一个明显的衰减峰值,该峰值对应的频率与Biot定义的特征频率($f_c=\eta n/(2\pi\rho_f k)$)(Biot,1956)相一致。当频率离开特征频率时,P_1 波和S波衰减迅速减小逐渐趋于零。P_2 波衰减随频率的增加而减小,在低频段 P_2 波有很高的衰减,其衰减远远大于 P_1 波和S波衰减。

饱和度对 P_1 波衰减影响显著,在特征频率段随着饱和度的减小,P_1 波衰减迅速减小,而后略有增加。P_2 波和S波衰减随饱和度的变化不大,随着饱和度的减小,P_2 波衰减略有增加而S波衰减略有减小。

二、波速、衰减与孔隙率、饱和度的关系

由第二章的分析可知,准饱和土与饱和土的区别主要在于孔隙流体的不同,准饱和土中由于气体的进入,大大增加了流体的压缩模量,从而使流体相对于固体骨架的模量减小,波的传播特性亦因此与饱和土中不同。由前面第二节的分析知道,孔隙率减小意味着准饱和土中孔隙流体减少,土体总密度增加,同时土骨架模量增加。一方面波速将随着土体密度增加而减小,另一方面土骨架刚度的增加又会引起波速的增加。讨论波速随孔隙率的变化规律,要综合考虑土体总密度和土骨架模量同时变化对波速和衰减的影响规律,本节将通过数值算例讨论这一问题。

已有试验研究结果表明,在饱和土中波速随孔隙率的增加而减小,然而若忽略孔隙率对土骨架模量的影响,单纯讨论波速与孔隙率的关系,则得到与实际相反的结果,即波速随孔隙率的增加而增加,显然与事实不符。取 $n_{cr}=0.7$,$G_{cr}=2$ MPa,$G_s=3\ 000$ MPa,利用本书公式与Wyllie(1956),Woods(1968)等提出理论公式的计算结果与Marion(1992)的试验结果进行对比,如图4-6所示,可以看出由于试验结果的离散性,理论结果与实测数据没有很好的拟合,Woods公式计算结果偏小,Wyllie公式计算结果偏大,本书结果与前人理论结果相比,与试验结果更为接近一些。

取准饱和土中频率 $f=1$ kHz,$n=0.1\sim0.7$,泊松比 $\nu=0.23$,渗透系数 $k_d=4\times10^{-4}$ m/s,饱和度 $S_r=0.9\sim1.0$,同时考虑孔隙率对土骨架刚度的影响,准饱和土中波速随孔隙率及饱和度的变化曲线见图4-7。由图4-7中可见,在准饱和土中三种体波速度均随孔隙率的增加而减小。P_1 波速度随饱和度的变化幅度随着孔隙率的减小而减小,主要是孔隙流体组分在土体中减少引起的。P_2 波速度在完全饱和时,随孔隙率的变化曲线呈上凸形,随

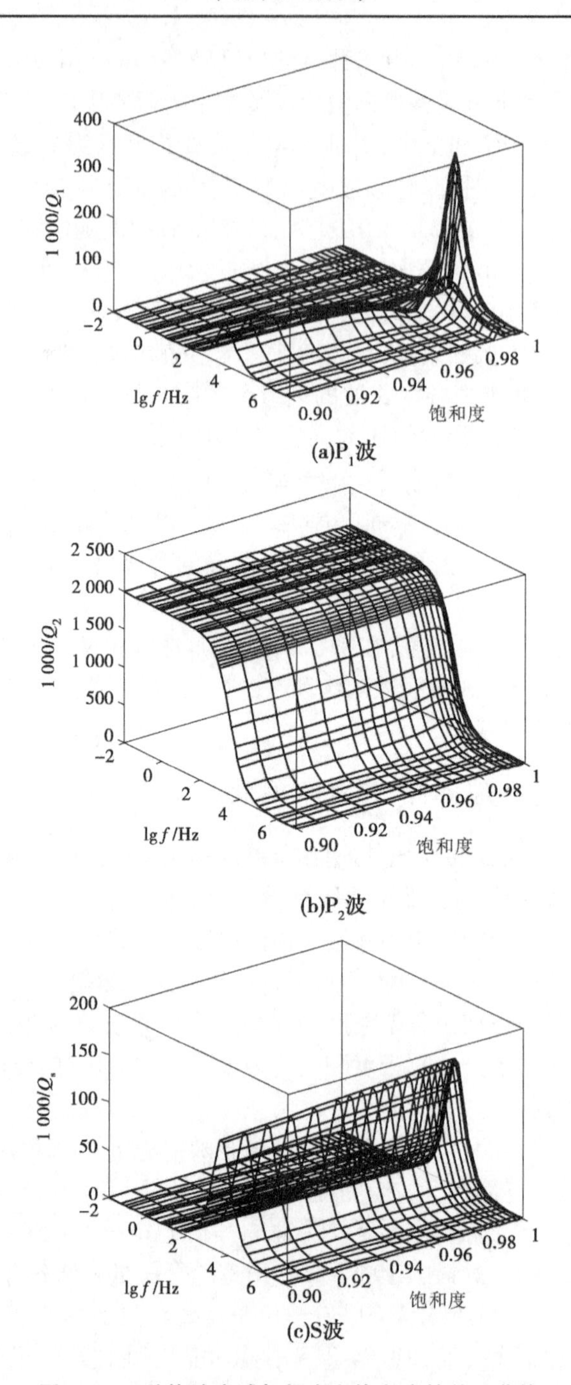

(a)P_1波

(b)P_2波

(c)S波

图 4-5　三种体波衰减与频率和饱和度的关系曲线

着饱和度的减小曲线逐渐变为下凹型,说明随着饱和度的减小,P_2 波速度受不同孔隙率段的影响程度不同。剪切波速度与孔隙率的关系基本不受饱和度影响。

图 4-8 显示了三种体波的衰减随孔隙率及饱和度的变化曲线,可以看出,三种波的衰减受孔隙率的影响各不相同。P_1 波衰减随着孔隙率变化可分为两个阶段,当 $n<0.6$ 时,接近饱和状态时 P_1 波衰减随着孔隙率的增加先是减小而后增加,随着饱和度减小,P_1 波

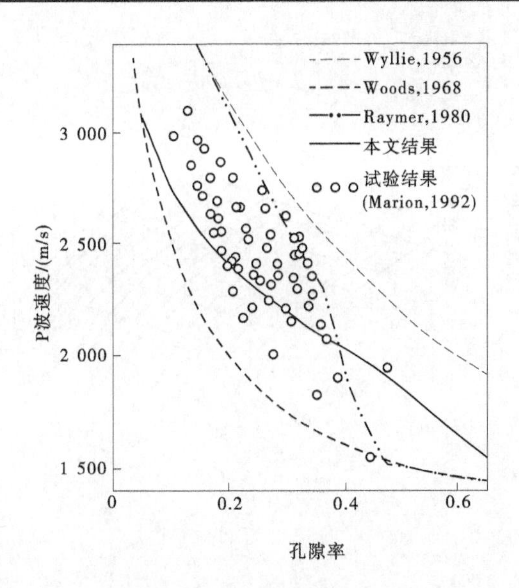

图 4-6　不同理论计算的压缩波速度与孔隙率之间的关系与试验结果的对比

衰减随孔隙率增加而增加；当 $n>0.6$ 时，P_1 波衰减随孔隙率增加而减小。P_2 波衰减在饱和度较高（$S_r>0.98$）时和孔隙率 $n>0.6$ 两个区域内受孔隙率影响显著，随着孔隙率的增加而增大，在其他区域内衰减基本不随孔隙率变化。另外，随着孔隙率的增加，两压缩波的衰减受饱和度的影响逐渐减小。剪切波衰减随着孔隙率的增加而增加，基本不受饱和度的影响。

三、波速、衰减与泊松比的关系

泊松比的变化主要反映拉梅常数 λ 的变化（$\lambda=2\nu G/(1-2\nu)$），取准饱和土中 $n=0.45$，泊松比 $\nu=0.1\sim0.4$，渗透系数 $k_d=4\times10^{-4}$ m/s，饱和度 $S_r=0.96$，两种典型频率 $f=500$ Hz 和 $f=50$ kHz 下准饱和土中各波速度和衰减与泊松比的关系曲线如图 4-9 所示。由图 4-9 中可以看出，泊松比变化对 P_1 波传播影响显著，在两种频率下 P_1 波的速度和衰减均随着泊松比的增加而增加。P_2 波速度随着泊松比的增加略有增加，而其衰减略有减小。剪切波不受泊松比的影响，原因是泊松比变化不影响土骨架剪切模量。

四、波速、衰减与动力渗透系数的关系

动力渗透系数反映了流体黏滞性和土体本身渗透性的影响，取准饱和土中孔隙率 $n=0.45$，泊松比 $\nu=0.23$，渗透系数 $k_d=10^{-2}\sim10^{-4}$ m/s，饱和度 $S_r=0.96$，频率取 $f=5$ Hz、500 Hz、50 kHz 三种典型频率。三种体波的速度和衰减与动力渗透系数的关系曲线见图 4-10。

可以看出，三种体波的速度均随 k_d 的增加而增加，且影响程度取决于频率大小，在中间特征频率段波速受 k_d 影响最大，频率向高频段和低频段变化时这一影响逐渐减小并趋于零。

P_1 波与剪切波衰减随 k_d 变化规律基本相同，两种体波在高频时随 k_d 的增大而减小，

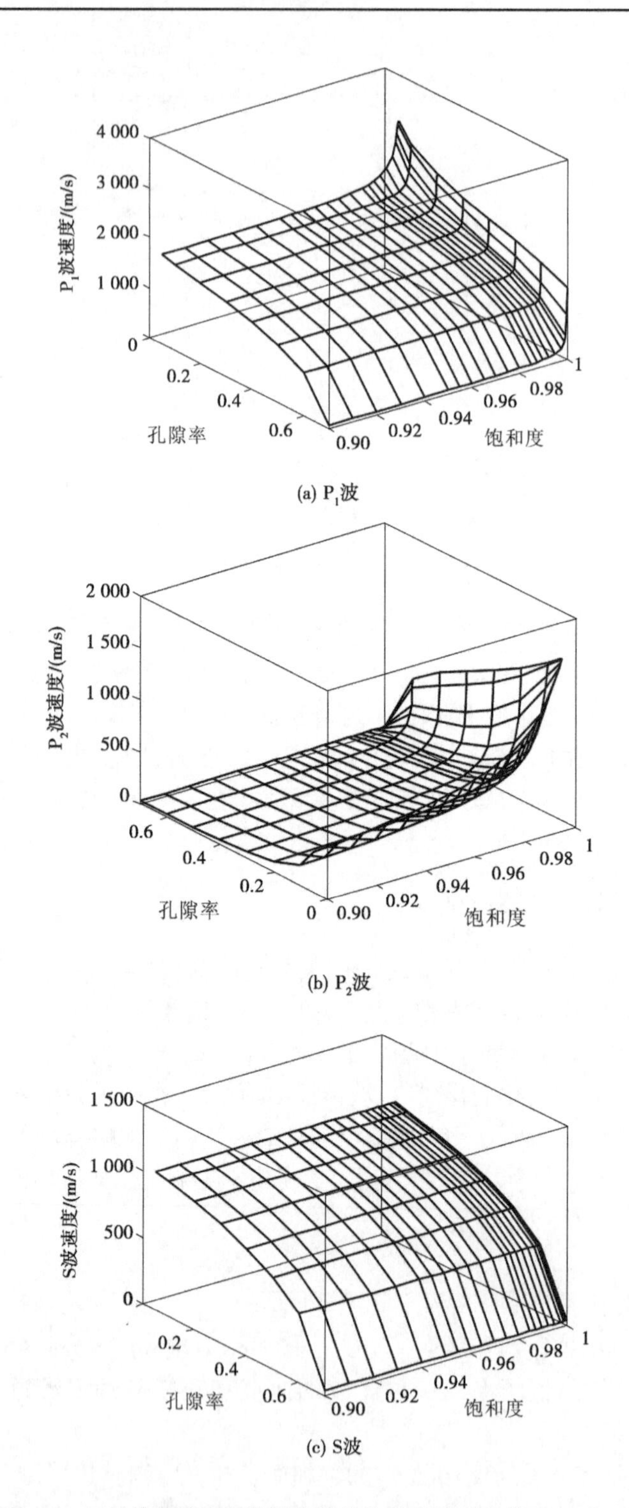

(a) P_1波

(b) P_2波

(c) S波

图 4-7　三种体波速度与孔隙率及饱和度的关系曲线(f=1 kHz)

低频时先增加而后略有减小,而当频率非常低时衰减受 k_d 影响减小。P_2 波衰减随 k_d 的增大而减小,受 k_d 的影响程度取决于频率大小,在特征频率段受 k_d 影响显著,频率向高频

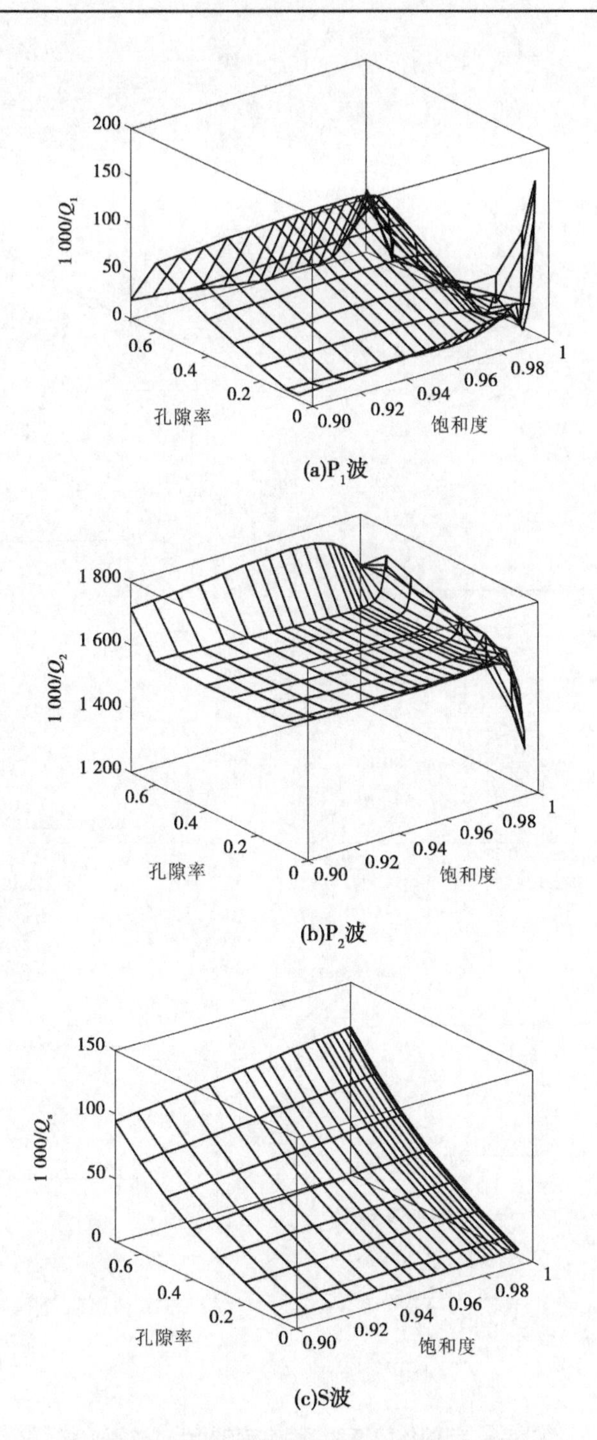

图 4-8　三种体波衰减与孔隙率和饱和度的关系曲线(f=1 kHz)

和低频变化受 k_d 影响逐渐减小。

利用式(4-13)~式(4-15),准饱和土取值同上,得到两种极限渗流条件下波速计算值如表 4-2 所示,由表 4-2 中结果与图 4-10 对比可以看出,图 4-10 中给出的渗透系数范围

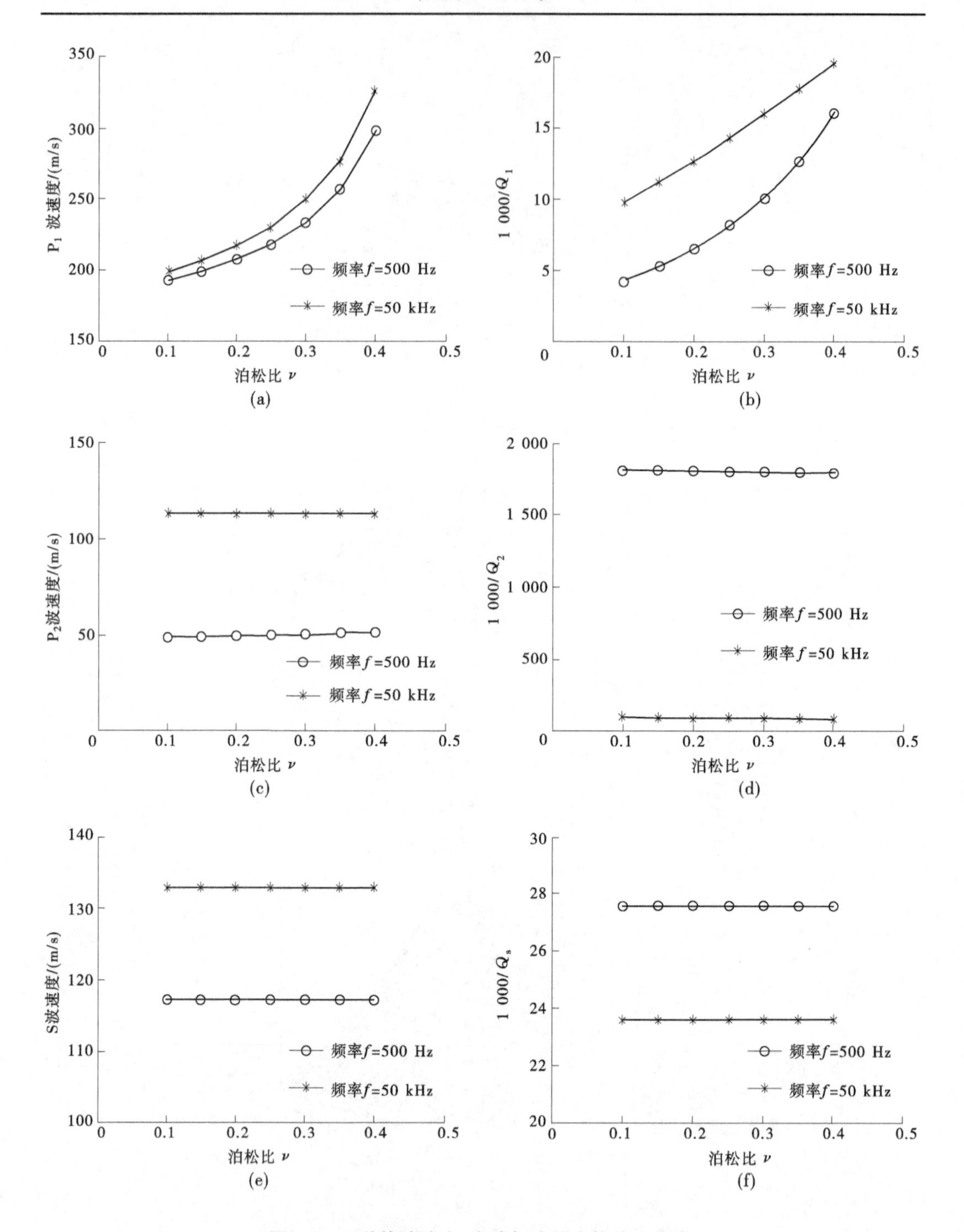

图 4-9　三种体波速度、衰减与泊松比的关系曲线

内计算所得到的 P_1 波与 S 波速度均小于它们在两种极限渗流条件下的速度，说明由孔隙流体黏滞性引起的黏性耦合作用与流体相对于固体骨架产生相对位移而引起的惯性耦合作用对准饱和土中波的传播速度有重要影响。P_2 波主要是流-固相互惯性耦合作用的结果，在孔隙自由流动时的速度大小介于图 4-10 计算的高频与低频时的速度之间。

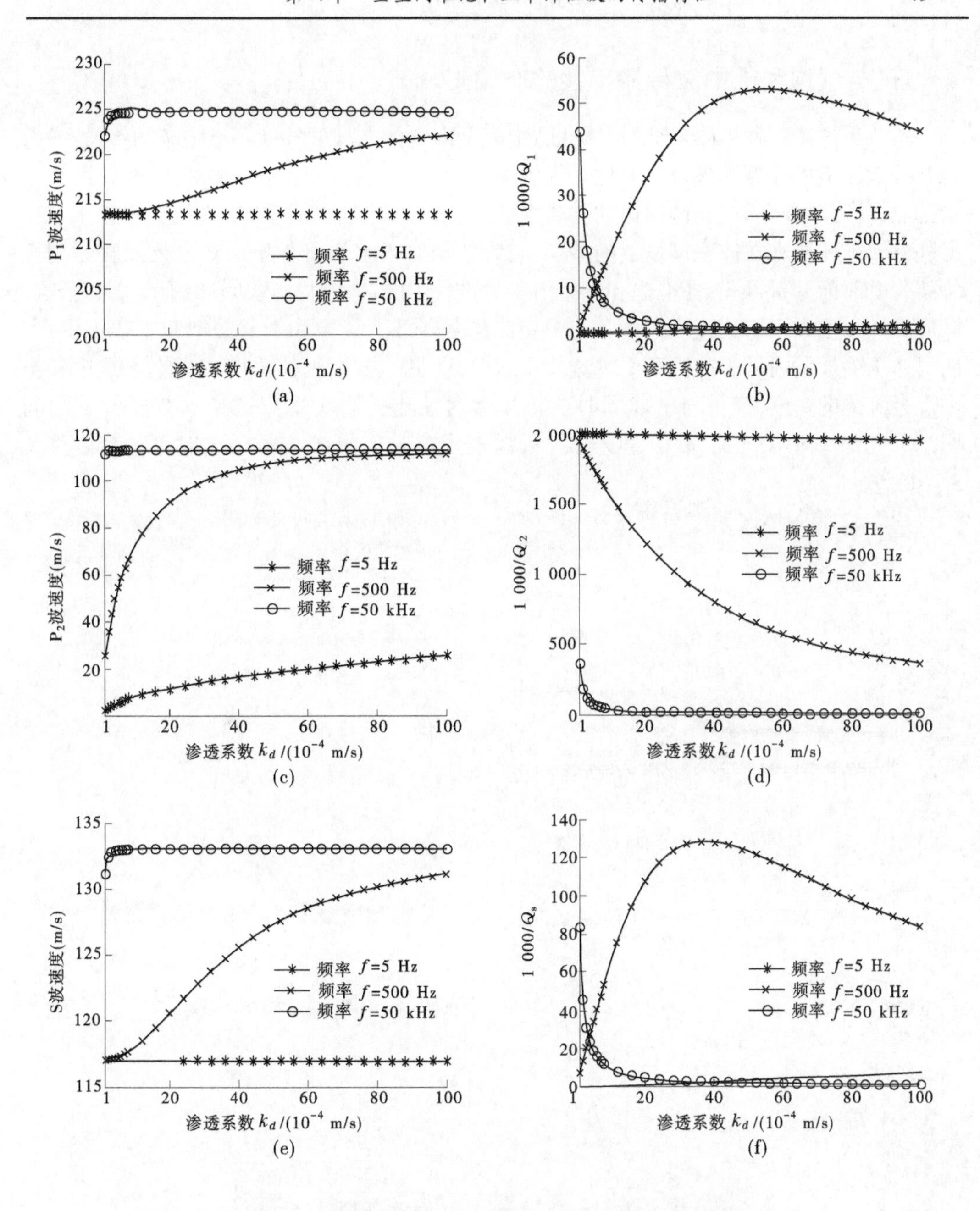

图 4-10　三种体波速度、衰减与动力渗透性的关系曲线

表 4-2　准饱和土中两种极限渗流条件下的波速计算值

渗流条件	P_1 波速度/(m/s)	P_2 波速度/(m/s)	S 波速度/(m/s)
孔隙流体自由流动	415.08	61.67	245.79
孔隙流体无渗流	214.27	—	117.53

五、与气饱和土中波传播特性的对比

本节考虑另一种极限情况,土体孔隙中完全由气体充满的气饱和土中波的传播特性,并与准饱和土中计算结果进行对比。气体与水相比,虽然其密度 ρ 和黏滞系数 η 远小于水,但从动力学观点看,气体的运动黏滞系数(η/ρ)却比水大得多,空气约比水黏 15 倍,另外由于气体和水在体积模量上的差别,土骨架相对于水为弱骨架而对气体而言为刚性骨架。由前面分析可知,在准饱和土中由于少量气体的存在对波速和衰减有显著的影响,因此准饱和土中压缩波速度与饱和土中相比显著降低。气饱和土与准饱和土相比,一方面气体压缩模量远低于准饱和土中流体压缩模量;另一方面气体密度亦远小于准饱和土中混合流体的密度,模量与密度同时变化显著对波速的影响规律正是本节要解决的问题。取孔隙率 $n=0.45$, 泊松比 $\nu=0.23$,渗透系数 $k_d=4\times10^{-4}$ m/s,准饱和土饱和度取 $S_r=0.95$。

图 4-11 为各体波速度与衰减在准饱和土和气饱和土中的计算结果。

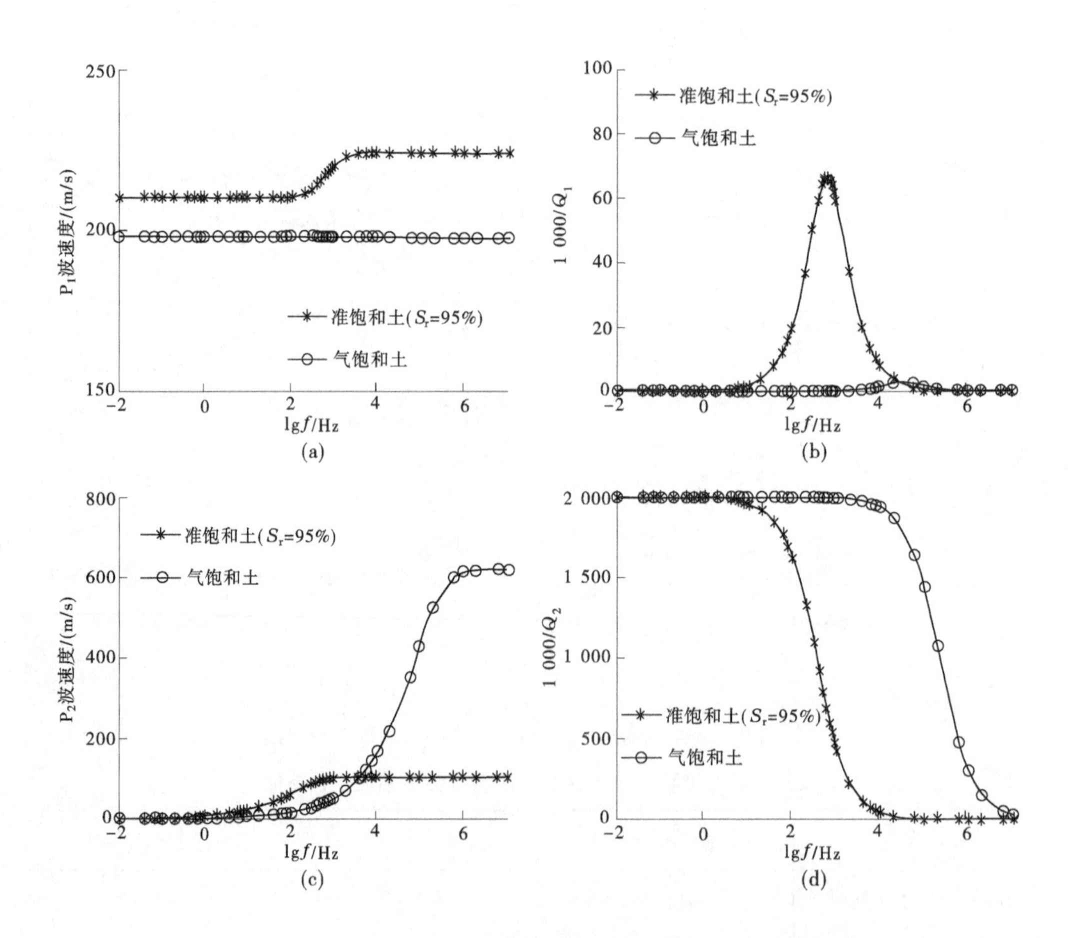

图 4-11 三种体波速度、衰减在准饱和土与气饱和土中的对比曲线

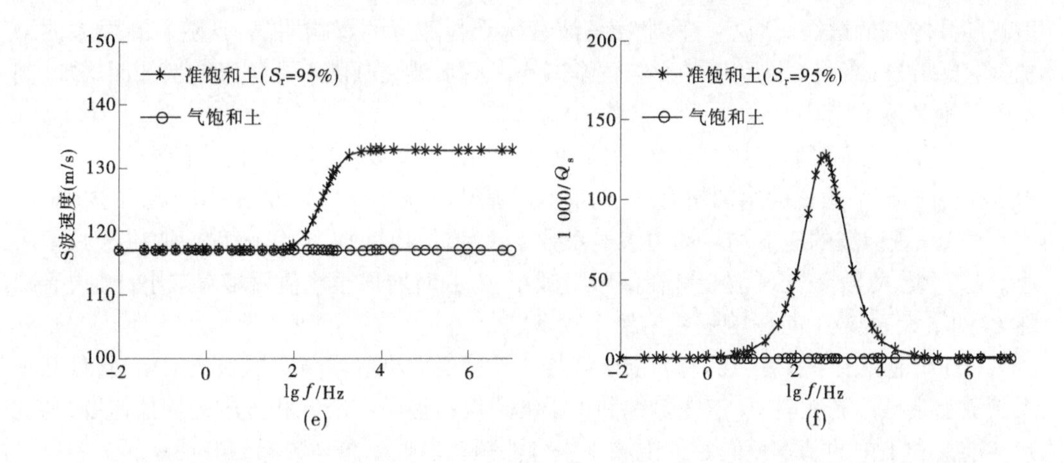

续图 4-11

由图 4-11 中可以看出,气饱和土中同样存在三种体波,P_1 波与 S 波速度大小基本与准饱和土中相当,说明由准饱和土向气饱和土的变化过程中,随着气体的增加,密度减小引起波速增加抵消了由模量减小引起的波速降低的影响。P_1 波与 S 波在气饱和土中基本无频散和衰减。值得注意的是,高频时 P_2 波在气饱和土中速度超过了在准饱和土中传播速度,其衰减与准饱和土中基本相同。在气饱和土中,由于气体密度非常小,特征频率出现了向高频漂移的现象。可以预测,饱和度介于准饱和土与气饱和土中间的非饱和土中,P_1 波与 S 波的传播速度介于准饱和土和气饱和土中的波速之间,其大小亦相差不大,衰减则介于两者之间。由此可见,若不考虑气体的共振等效应,当土体孔隙中存在气体以后,土体波动特性主要受刚性土骨架的控制,受流体影响不大,这与饱和土是截然不同的。

第四节　小　结

本章基于三相介质准饱和土波动理论,全面分析了准饱和土中三种体波的传播特性,应用数值方法研究了孔隙率、饱和度、频率和泊松比等对准饱和土中各体波传播和衰减的综合影响,并与前人试验研究成果进行了对比验证,最后讨论了气饱和土中波的传播特性。研究表明:

(1)准饱和土与饱和土在动力学中的本质区别在于土骨架在饱和土中相对于水为弱骨架而在准饱和土中相对于气水混合流体则为刚性骨架,饱和土中 P_1 波主要受流体控制,P_2 波主要受土骨架控制,而在准饱和土中刚好与此相反。

(2)气体主要对压缩波传播有显著影响,P_1 波速度随饱和度的微量减小显著降低,但饱和度进一步减小 P_1 波速度渐趋稳定;饱和度的微量减小对 P_2 波速度的影响不大,饱和度在 0.99~0.95 范围减小时,P_2 波速度降低明显。饱和度主要对 P_1 波衰减影响显著。两压缩波的频散度均随着饱和度的减小而降低;剪切波速度、衰减和频散度基本不受饱和度影响。

(3)考虑剪切模量随孔隙率的增加而减小的关系,计算得到准饱和土中三种体波速度均随孔隙率的增加而减小。两个压缩波衰减受孔隙率的影响明显,且随着孔隙率的增加,两压缩波的衰减受饱和度的影响逐渐减小。剪切波衰减随着孔隙率的增加而增加,基本不受饱和度的影响。

(4)泊松比主要影响压缩波传播性,P_1 波速度和衰减均随着泊松比的增加而增加。P_2 波速度随着泊松比的增加略有增加,而其衰减略有减小。剪切波不受泊松比的影响。

(5)三种体波的速度均随动力渗透系数 k_d 的增加而增加,且影响程度取决于频率大小。随 k_d 增大 P_1 波与 S 波衰减在高频时减小,低频时增加至峰值后略有减小;P_2 波衰减随 k_d 的增大而减小,且影响程度依赖于频率。

(6)气饱和土中存在三种体波,P_1 波与 S 波速度大小基本与准饱和土中相当,且基本无频散和衰减。高频时 P_2 波在气饱和土中的速度超过了在准饱和土中的传播速度,其衰减与准饱和土中的基本相同。气饱和土中特征频率出现了向高频漂移的现象。

第五章　半空间准饱和土中弹性波的传播特性

第一节　动力控制方程及基本解

由式(4-5)~式(4-10)可知,准饱和土中存在三种体波,两个压缩波和一个剪切波,根据式(4-10)可求得三种波的波矢量分别记为 l_1、l_2 和 l_3,以及流、固体势函数幅值之比例系数为

$$m_1 = \frac{A_{f1}}{A_{s1}} = \frac{(\lambda + 2G + \mu\mu' M)l_1^2 - \rho\omega^2}{\rho_f\omega^2 - \mu' M l_1^2} \tag{5-1a}$$

$$m_2 = \frac{A_{f2}}{A_{s2}} = \frac{(\lambda + 2G + \mu\mu' M)l_2^2 - \rho\omega^2}{\rho_f\omega^2 - \mu' M l_2^2} \tag{5-1b}$$

$$m_3 = \frac{B_f}{B_s} = \frac{G l_3^2 - \rho\omega^2}{\rho_f\omega^2} \tag{5-1c}$$

准饱和土中应力应变关系为

$$\left.\begin{aligned} \sigma_{ij} &= \lambda e\delta_{ij} + 2G\varepsilon_{ij} - \mu' p_f \delta_{ij} \\ p_f &= -(\mu M e - M\xi) \end{aligned}\right\} \tag{5-2}$$

利用第四章 Helmholtz 分解,应力和流体压力用势函数可表示为

$$\left.\begin{aligned} \sigma_z &= (\lambda + \mu\mu' M)\nabla^2\varphi_s + \mu' M\nabla^2\varphi_f + 2G\left(\frac{\partial^2\varphi_s}{\partial z^2} + \frac{\partial^2\psi_s}{\partial x\partial z}\right) \\ \sigma_x &= (\lambda + \mu\mu' M)\nabla^2\varphi_s + \mu' M\nabla^2\varphi_f + 2G\left(\frac{\partial^2\varphi_s}{\partial x^2} - \frac{\partial^2\psi_s}{\partial x\partial z}\right) \\ \tau_{xz} &= G\left(2\frac{\partial^2\varphi_s}{\partial x\partial z} + \frac{\partial^2\psi_s}{\partial x^2} - \frac{\partial^2\psi_s}{\partial z^2}\right) \\ p_f &= -\mu M\nabla^2\varphi_s - M\nabla^2\varphi_f \end{aligned}\right\} \tag{5-3}$$

研究波的传播问题,确定适当的边界条件对具体问题进行求解是至关重要的。对流体饱和多孔介质而言,在建立边界条件时不仅要考虑固体材料的性质,还应当考虑流固体之间的相互作用。Deresiewicz 和 Skalak(1963),Lovera(1987)及 de la Cruz 和 Spanos(1989)基于质量守恒和动量矩连续原理讨论了不同流体饱和多孔介质的界面边界条件问题。根据 Deresiewicz 和 Skalak(1963)的研究,地震波入射自由地表时的表面透水和不透水边界条件可由图 5-1 表示。

边界透水时孔隙中流体可以自由排出,地表垂直向正应力与剪应力为零及孔压为零;边界不透水时,孔隙流体被封闭在多孔介质中,在动荷载作用下则会引起孔隙水压力的升

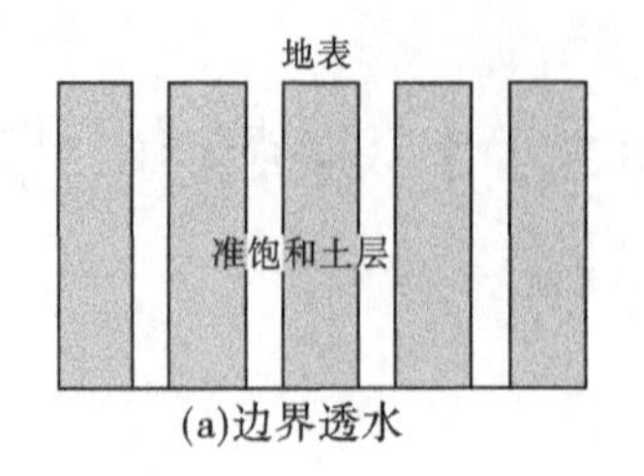

(a)边界透水

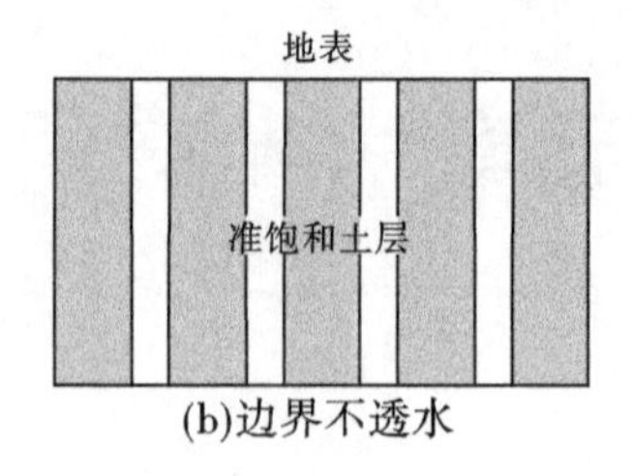

(b)边界不透水

图 5-1 准饱和半空间表面边界示意图
(图中灰色部分代表固体骨架,白色部分代表孔隙)

高以致土体液化,因此在岩土工程中不透水边界亦是重要的研究对象。这两种边界条件的公式表示见表 5-1。

表 5-1 地表透水与不透水边界条件

透水边界条件	不透水边界条件
$\sigma_z = 0$	$\sigma_z + p_f = 0$
$\tau_{xz} = 0$	$\tau_{xz} = 0$
$p_f = 0$	$W_z = 0$

注: σ_z 为垂直向正应力;τ_{xz} 为剪应力;p_f 为孔隙流体压力;W_z 为流体相对固体位移。

第二节 P_1 波入射准饱和弹性半空间表面时的传播特性

设准饱和土中一频率为 ω 的平面 P_1 波以某一任意角度 $\theta_{\alpha1}$ 入射到准饱和半空间表面时,将在地表面产生反射 P_1 波、P_2 波和 SV 波,如图 5-2 所示。各形态波的势函数如下表示。

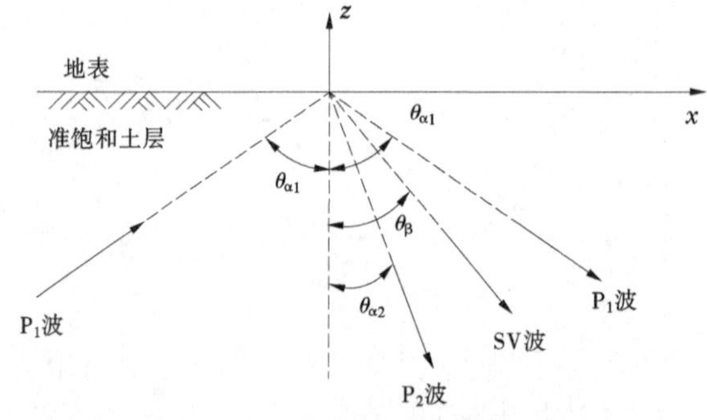

图 5-2 P_1 波入射准饱和弹性半空间表面

(1)P 波系:

$$\left.\begin{aligned} \varphi_s &= \varphi_s^i + \varphi_s^r \\ \varphi_f &= \varphi_f^i + \varphi_f^r \end{aligned}\right\} \tag{5-4a}$$

其中

$$\varphi_s^i = A_0 \exp[\mathrm{i}(\omega t - l_{1x}x - l_{1z}z)]$$
$$\varphi_f^i = m_1 A_0 \exp[\mathrm{i}(\omega t - l_{1x}x - l_{1z}z)]$$

$$\varphi_s^r = A_1\exp[\mathrm{i}(\omega t - l_{1x}x + l_{1z}z)] + A_2\exp[\mathrm{i}(\omega t - l_{2x}x + l_{2z}z)]$$
$$\varphi_f^r = m_1A_1\exp[\mathrm{i}(\omega t - l_{1x}x + l_{1z}z)] + m_2A_2\exp[\mathrm{i}(\omega t - l_{2x}x + l_{2z}z)]$$

(2)SV 波系：

$$\left.\begin{aligned}\psi_s^r &= B\exp[\mathrm{i}(\omega t - l_{3x}x + l_{3z}z)]\\ \psi_f^r &= m_3B\exp[\mathrm{i}(\omega t - l_{3x}x + l_{3z}z)]\end{aligned}\right\} \tag{5-4b}$$

式中：A_0、A_1、A_2 和 B 为势函数幅值系数；上标 i 、r 分别为入射与反射波；下标 x、z 分别为各波矢沿 x 方向和 z 方向的分量；$l_{1x} = l_1\sin\theta_{\alpha1}$，$l_{1z} = l_1\cos\theta_{\alpha1}$，$l_{2x} = l_2\sin\theta_{\alpha2}$，$l_{2z} = l_2\cos\theta_{\alpha2}$，$l_{3x} = l_3\sin\theta_\beta$ ，$l_{3z} = l_3\cos\theta_\beta$ ；m_1、m_2、m_3 分别为准饱和土参数，即流-固振幅之比例系数，由式(5-1)确定。

各波矢分量间有：$l_{1x}^2 + l_{1z}^2 = l_1^2$，$l_{2x}^2 + l_{2z}^2 = l_2^2$，$l_{3x}^2 + l_{3z}^2 = l_3^2$。由 Snell 定理可得：界面处各模式波 x 方向的波矢量相等，即 $l_{1x} = l_{2x} = l_{3x} = l_x$ 。

边界条件如下表示：

(1)透水边界条件。由表 5-1，自由表面透水时有边界条件如下：

$$\begin{bmatrix}\sigma_z\\ \tau_{xz}\\ p_f\end{bmatrix}_{z=0} = \begin{bmatrix}0\\0\\0\end{bmatrix} \tag{5-5}$$

将势函数表达式代入边界条件，整理可得

$$\begin{bmatrix}P_{11} & P_{12} & P_{13}\\ P_{21} & P_{22} & P_{23}\\ P_{31} & P_{32} & P_{33}\end{bmatrix}\begin{bmatrix}A_1\\A_2\\B\end{bmatrix} = A_0\begin{bmatrix}-P_{11}\\ P_{21}\\ -P_{31}\end{bmatrix} \tag{5-6}$$

式中系数矩阵中各量见附录 1。

(2)不透水边界条件。地表不透水时边界条件为

$$\begin{bmatrix}\sigma_z + p_f\\ \tau_{xz}\\ W_z\end{bmatrix}_{z=0} = \begin{bmatrix}0\\0\\0\end{bmatrix} \tag{5-7}$$

同样将势函数表达式代入边界条件，得

$$\begin{bmatrix}P_{11}+P_{31} & P_{12}+P_{32} & P_{13}+P_{33}\\ P_{21} & P_{22} & P_{23}\\ m_1P_{61} & m_2P_{62} & m_3P_{63}\end{bmatrix}\begin{bmatrix}A_1\\A_2\\B\end{bmatrix} = A_0\begin{bmatrix}-(P_{11}+P_{31})\\ P_{21}\\ m_1P_{61}\end{bmatrix} \tag{5-8}$$

式中系数矩阵中各量见附录 1。

由式(5-6)和式(5-8)可以解得透水边界与不透水边界条件下的势函数幅值系数 A_1、A_2 和 B 。

一、地表面动力响应

求得势函数幅值系数，便可计算地表面动力响应解析式，下面各式中系数矩阵的元素表达式见附录 1。

(一)位移

$$\begin{bmatrix} u_x \\ u_z \end{bmatrix}_{z=0} = \begin{bmatrix} P_{51} & P_{51} & P_{52} & P_{53} \\ -P_{61} & P_{61} & P_{62} & P_{63} \end{bmatrix} \begin{bmatrix} A_0 \\ A_1 \\ A_2 \\ B \end{bmatrix} \exp[\mathrm{i}(\omega t - l_x x)] \tag{5-9}$$

(二)应变

应变可以通过对位移求偏导数求得(Lee,1990):

$$\begin{bmatrix} \gamma_x \\ \gamma_z \end{bmatrix}_{z=0} = \begin{bmatrix} \partial u_x / \partial x \\ \partial u_z / \partial z \end{bmatrix}_{z=0} \tag{5-10a}$$

将式(5-9)代入式(5-10a)可得地表应变:

$$\begin{bmatrix} \gamma_x \\ \gamma_z \end{bmatrix}_{z=0} = \begin{bmatrix} P_{71} & P_{71} & P_{72} & P_{73} \\ P_{81} & P_{81} & P_{82} & P_{83} \end{bmatrix} \begin{bmatrix} A_0 \\ A_1 \\ A_2 \\ B \end{bmatrix} \exp[\mathrm{i}(\omega t - l_x x)] \tag{5-10b}$$

(三)地表转动

在强震过程中,转动与平动共同组成了地面运动,是地面运动的重要组成部分,对地面结构动力响应有不可忽视的作用,越来越得到工程研究人员的重视,转动可由下式计算(Trifunac,1982):

$$\psi_{xz} = \frac{1}{2}\left(\frac{\partial u_x}{\partial z} - \frac{\partial u_z}{\partial x}\right)_{z=0} = -\frac{1}{2}\left(\frac{\partial^2 \psi_x}{\partial x^2} + \frac{\partial^2 \psi_s}{\partial x^2}\right)_{z=0}$$

$$= \frac{1}{2} B l_3^2 \exp[\mathrm{i}(\omega t - l_x x)] \tag{5-11}$$

由式(5-11)可知,粒子的转动 ψ_{xz} 仅与剪切 SV 波相关。忽略时间因子,可以对转动进行无量纲化如下(Trifunac,1982;Lee and Trifunac,1987):

$$\xi_{xz} = \frac{\psi_{xz}(\lambda_\beta / \pi)}{\mathrm{i} l_1 \exp(-\mathrm{i} l_x x)} = -B(l_3 / l_1)\exp\left(\mathrm{i}\frac{\pi}{2}\right) \tag{5-12}$$

式中:λ_β 为剪切波波长;$\mathrm{i}l_1\exp(-\mathrm{i}l_x x)$ 为入射 P_1 波产生的 x 方向的位移。

由式(5-12)可知,转动的相位相对于入射波位移相位漂移了 $\pi/2$。而在弹性介质中,转动与垂直向位移之比有(Trifunac,1982):

$$\left|\frac{\xi_{xz}}{u_z}\right| = 2\frac{l_1 \sin\theta_{\alpha 1}}{l_3} \tag{5-13}$$

(四)应力

$$\begin{bmatrix} \sigma_z \\ \sigma_x \\ \tau_{xz} \\ p_f \end{bmatrix}_{z=0} = \begin{bmatrix} P_{11} & P_{11} & P_{12} & P_{13} \\ P_{41} & P_{41} & P_{42} & P_{43} \\ -P_{21} & P_{21} & P_{22} & P_{23} \\ P_{31} & P_{31} & P_{32} & P_{33} \end{bmatrix} \begin{bmatrix} A_0 \\ A_1 \\ A_2 \\ B \end{bmatrix} \exp[\mathrm{i}(\omega t - l_x x)] \tag{5-14}$$

(五)反射波各波能流密度

单位面积的能量 E 可以由应力张量 $\boldsymbol{\sigma}$ 和粒子运动速度张量 $\dot{\boldsymbol{u}}$ 来计算(Gutenberg, 1944;Dutta and Ode,1983):$E = |\boldsymbol{\sigma} \cdot \dot{\boldsymbol{u}}|$,由此可以计算地表面入射波与反射波各波的能流密度:

$$\begin{bmatrix} E_0 \\ E_1 \\ E_2 \\ E_3 \end{bmatrix}_{z=0} = \begin{bmatrix} |-\mathrm{i}\omega A_0^2(P_{11}P_{61} + P_{21}P_{51} + m_1P_{31}P_{61})|\exp[\mathrm{i}(\omega t - l_x x)] \\ |\mathrm{i}\omega A_1^2(P_{11}P_{61} + P_{21}P_{51} + m_1P_{31}P_{61})|\exp[\mathrm{i}(\omega t - l_x x)] \\ |\mathrm{i}\omega A_2^2(P_{12}P_{62} + P_{22}P_{52} + m_2P_{32}P_{62})|\exp[\mathrm{i}(\omega t - l_x x)] \\ |\mathrm{i}\omega B^2(P_{13}P_{63} + P_{23}P_{53})|\exp[\mathrm{i}(\omega t - l_x x)] \end{bmatrix} \tag{5-15}$$

式中:E_0 为入射波能流密度;E_1、E_2 和 E_3 分别为反射 P_1 波、P_2 波和 SV 波能流密度,由能量守恒定律可知 $E_0 = E_1 + E_2 + E_3$。

二、数值计算

本小节通过数值算例详细分析 P_1 波入射准饱和半空间时地表各动力响应随入射角的变化规律,同时研究饱和度、频率、泊松比及土骨架剪切模量与流体体积模量之比对动力响应的影响。各参数取值如下:饱和度 100%,99%,95%,90%;频率 0.1 Hz,1 Hz,5 Hz,10 Hz;泊松比 0.1,0.2,0.3,0.4;模量比 0.01,0.1,1。

准饱和土中其他相关参数可见表 4-1 中土性参数。如无特别说明饱和度取为 95%,频率取 5 Hz,泊松比取 0.23,模量比取 0.01,对计算结果的复数解均取绝对值,$x = 0$ 且不考虑时间因子。下面将对透水边界与不透水边界下的响应计算结果进行分述,并对两种情况进行对比。

(一)透水边界结果

透水边界条件下位移等响应的计算结果如图 5-3~图 5-6 所示,分别显示了饱和度、频率、泊松比和模量比对各响应的影响。

1. 反射系数

饱和度、频率、泊松比和模量比对各波反射系数随入射角变化的影响分别见图 5-3~图 5-6 的(a)、(b)和(c)。图中表明,由于频率比较低,P_2 波反射系数是非常小的(10^{-6})。入射角对反射系数影响显著,P_1 波反射系数随入射角的增大而减小,尔后增大,P_2 波和 SV 波反射系数则与之相反;当 P_1 波垂直入射和掠入射时无反射 P_2 波和 SV 波。

由图 5-3 可知,P_1波反射系数随饱和度的减小显著减小,P_2 波和 SV 波反射系数随饱和度的减小而显著增加。由图 5-4 可知,除 P_2 波外,反射系数基本不受频率影响。图 5-5 显示,随着泊松比的增加,P_1 波反射系数增加而 P_2 波和 SV 波反射系数减小。图 5-6 表明,模量比增加引起剪切波反射系数增加而压缩波反射系数减小,且影响程度随模量比的增加而减小。

如图 5-3(a)所示,当饱和度为 90%时,P_1 波反射系数在入射角为 62°和 76°时为零,即无反射 P_1 波,仅有反射 P_2 波和 SV 波,P_1 波反射曲线出现跳跃,即出现波型转换现象。薛松涛等(2005)讨论了土体孔隙率、渗透系数、水压力和入射波频率对临界饱和度与波型转换角的影响,但在建立动力方程时未考虑土颗粒的压缩。由图 5-4~图 5-6 可知,频率对波型转换角和临界饱和度基本无影响,而泊松比和模量比对临界饱和度与波型转换角有重要影响,随着泊松比的减小临界饱和度增加,波型转换角减小,而模量比的影响与之相反。

2. 位移

图 5-3～图 5-6 中(d)和(e)显示了地表水平和垂直向位移随入射角的变化曲线。由图可知,水平位移在垂直入射和掠入射时为零,约在 70°达到峰值。而垂直位移在垂直入射时最大,掠入射时为零。地表处垂直向位移峰值要大于水平向位移峰值。

位移随饱和度的微小减小而显著增大,饱和度由 100%减小到 95%时,位移增大了一个数量级,而饱和度在 95%和 90%之间位移变化不大。位移与频率成正比,频率越大则地表位移越大。位移随泊松比增加而减小;入射角小于 45°时,垂向位移受泊松比影响显著,入射角大于 45°时,垂向位移则受泊松比影响很小。两个方向位移均随模量比的增加而减小。

3. 应变

地表水平向和垂直向应变如图 5-3～图 5-6 中(f)和(g)所示,由图可见,掠入射与垂直入射时两个方向的应变均为零,且应变最大值出现在入射角为 70°左右。

地表应变受饱和度等参数的影响规律基本与位移相同。不同的是:垂直向应变在低入射角时随泊松比的增加而增加,在接近掠入射时随泊松比的增加而减小。

4. 转动

地表转动与水平位移及垂直位移之比见图 5-3～图 5-6 中(h)和(i),其中垂直向转动在垂直入射时为零,在掠入射时最大,水平转动在饱和状态下基本不随入射角变化。

图中表明,P_1 波垂直入射时,水平转动不受饱和度影响,以其他角度入射时,水平转动随饱和度的减小而减小;而垂直转动随饱和度的减小而增加。P_1 波垂直入射时转动不随泊松比变化,其他角度入射时泊松比增加水平转动增加而垂直转动减小。两方向转动均随频率的增加而增加,随模量比的增加而减小。

5. 应力

边界透水条件下地表仅有水平应力如图 5-3～图 5-6(j)所示,水平应力在掠入射和垂直入射时均为零,约 70°入射时达到峰值。水平应力受饱和度、频率和泊松比的影响与水平位移相同;随模量比增加水平应力增加。

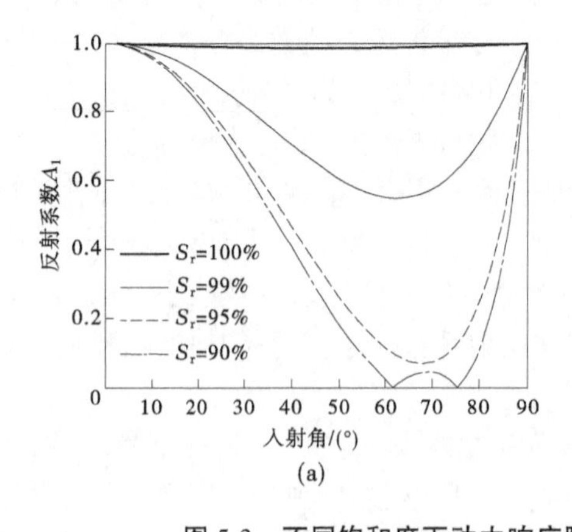

(a)

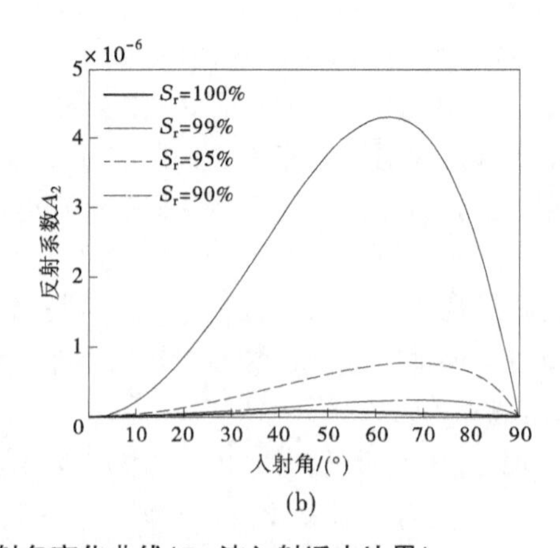

(b)

图 5-3　不同饱和度下动力响应随入射角变化曲线(P_1 波入射透水边界)

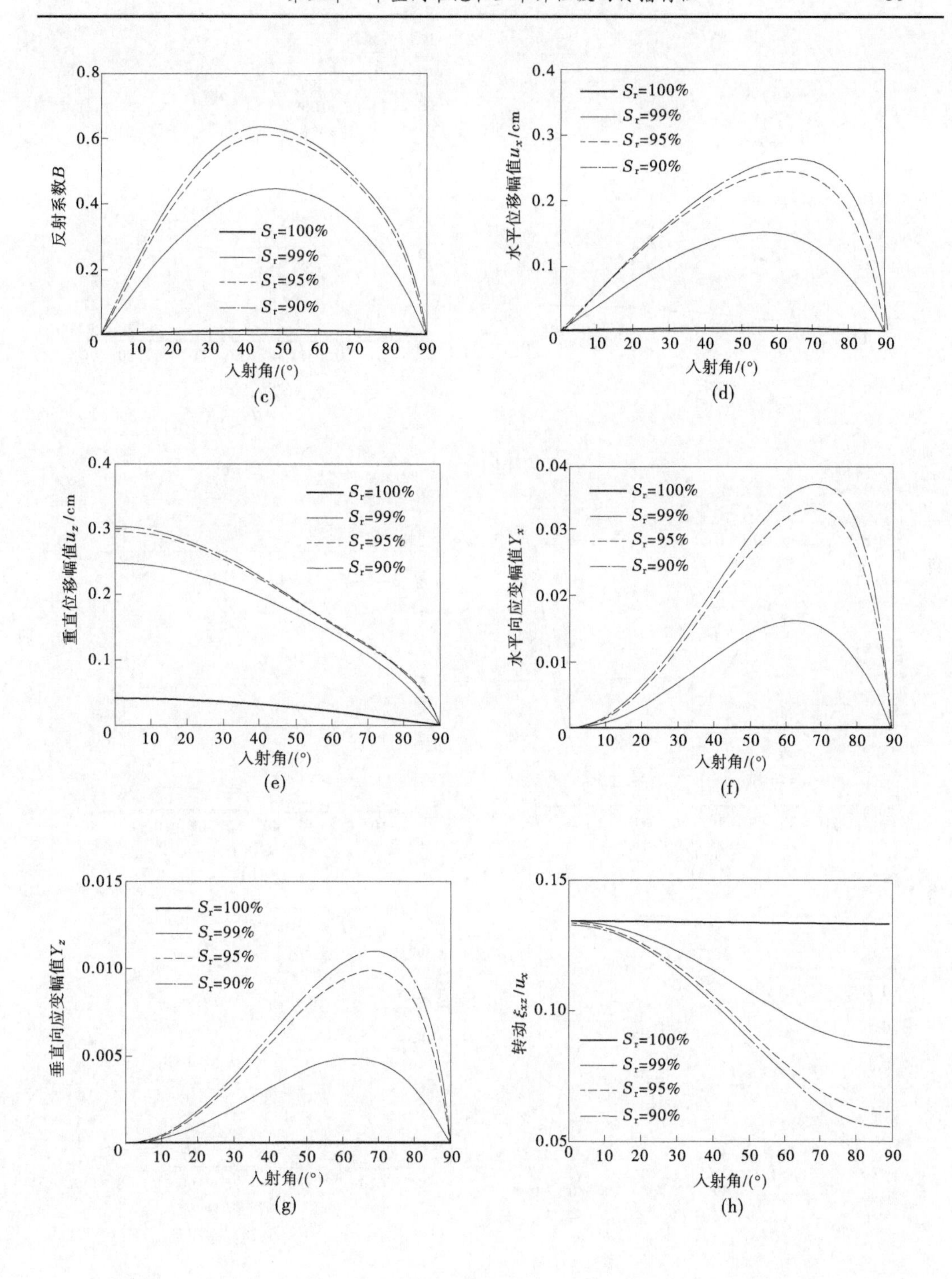
反射系数B
S_r=100%
S_r=99%
S_r=95%
S_r=90%
入射角/(°)
(c)
水平位移幅值u_x/cm
(d)
垂直位移幅值u_z/cm
(e)
水平向应变幅值Y_x
(f)
垂直向应变幅值Y_z
(g)
转动ξ_{sxz}/u_x
(h)

续图 5-3

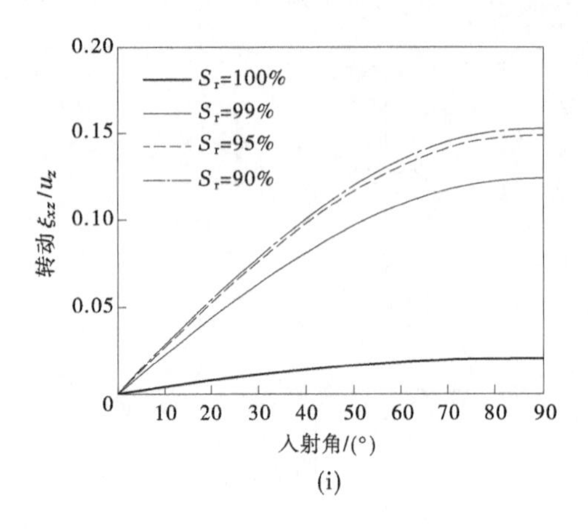

(i)

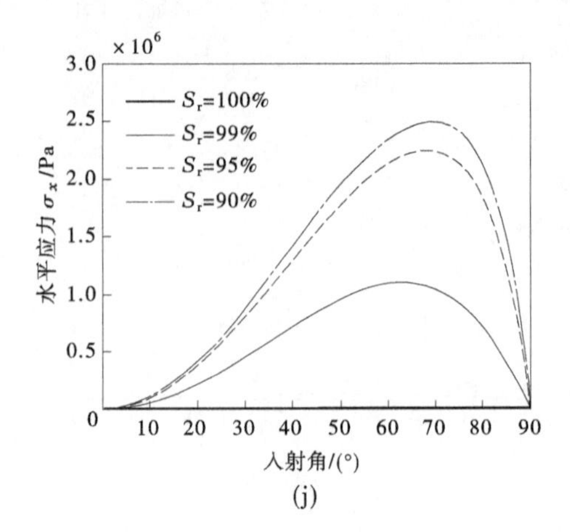

(j)

续图 5-3

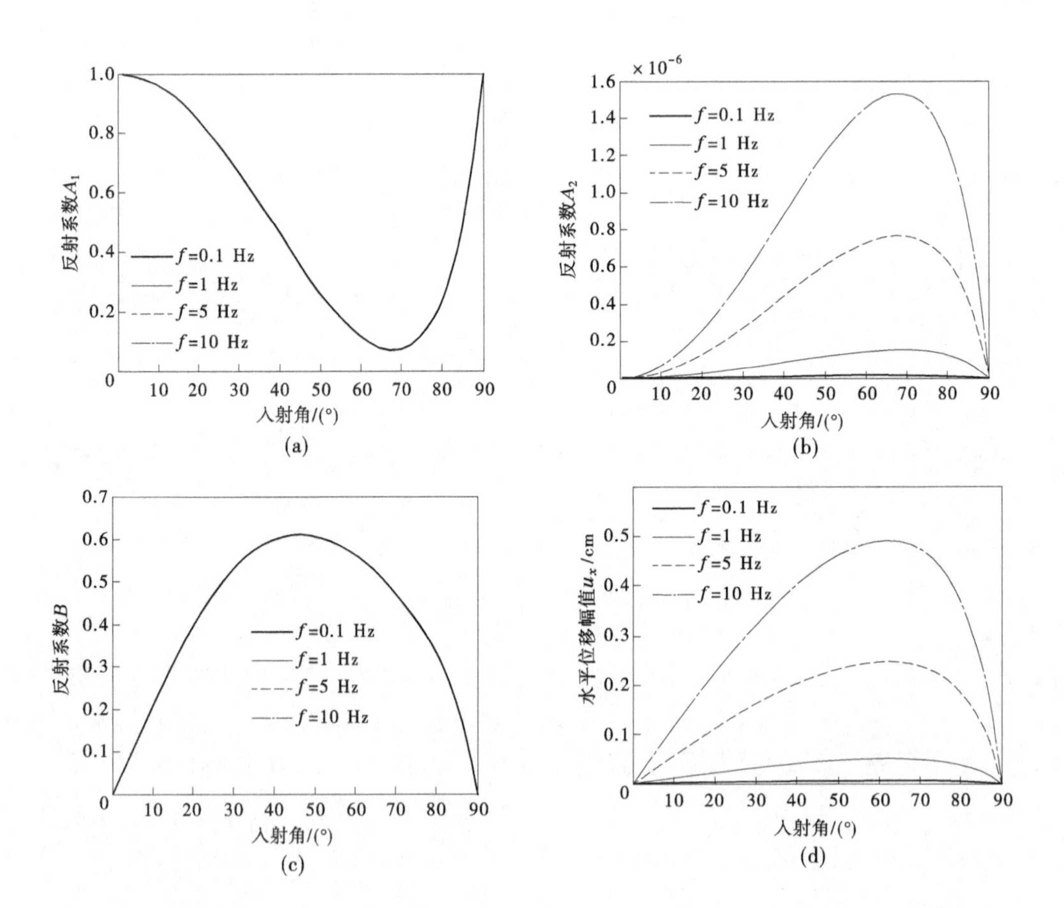

图 5-4　不同频率下动力响应随入射角变化曲线(P_1 波入射透水边界)

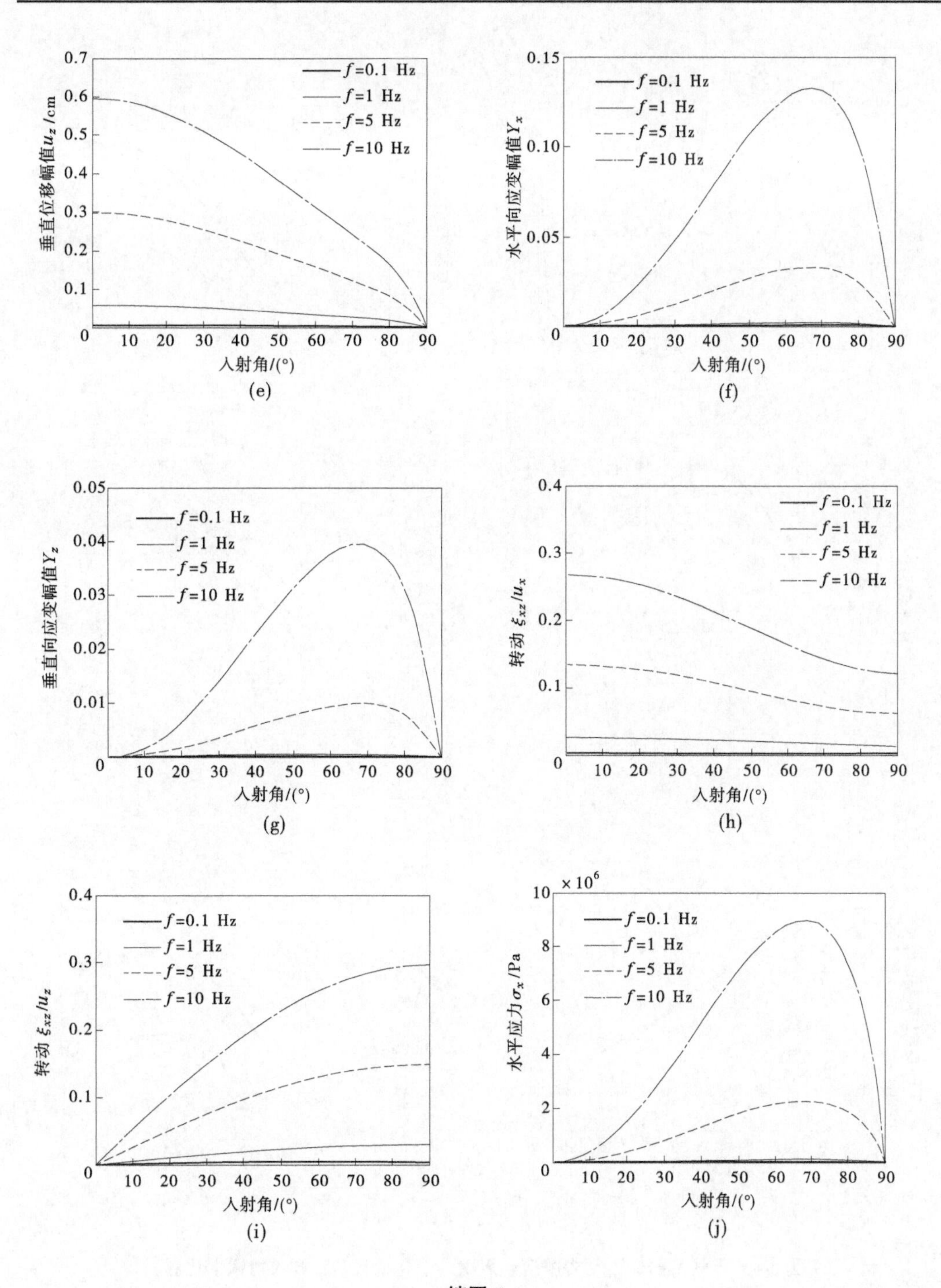
垂直位移幅值u_z/cm
入射角/(°)
(e)
水平向应变幅值Y_x
入射角/(°)
(f)
垂直向应变幅值Y_z
入射角/(°)
(g)
转动 ξ_{xz}/u_x
入射角/(°)
(h)
转动 ξ_{xz}/u_z
入射角/(°)
(i)
×10^6
水平应力σ_x/Pa
入射角/(°)
(j)
f=0.1 Hz
f=1 Hz
f=5 Hz
f=10 Hz

续图 5-4

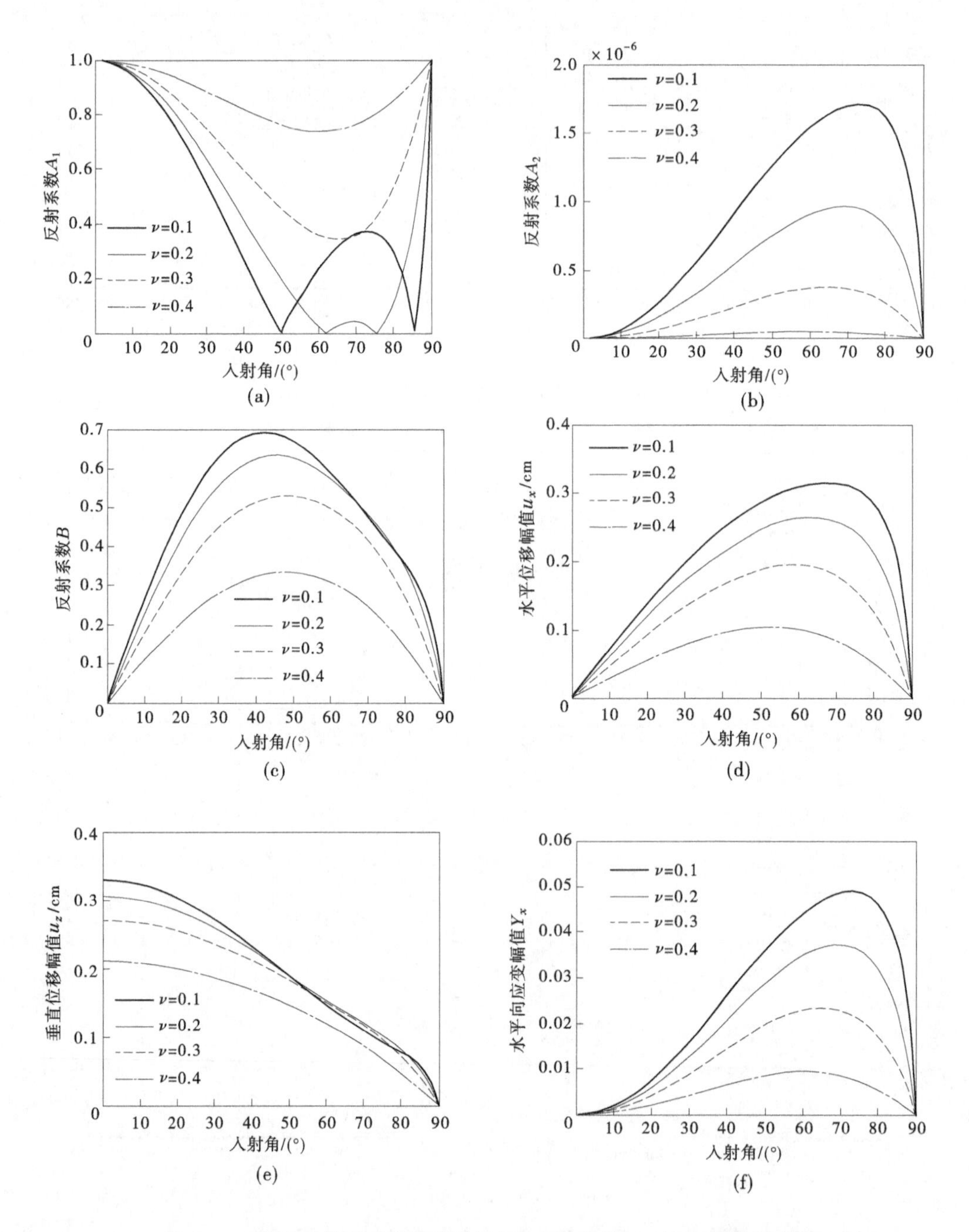

图 5-5　不同泊松比下动力响应随入射角变化曲线（P_1 波入射透水边界）

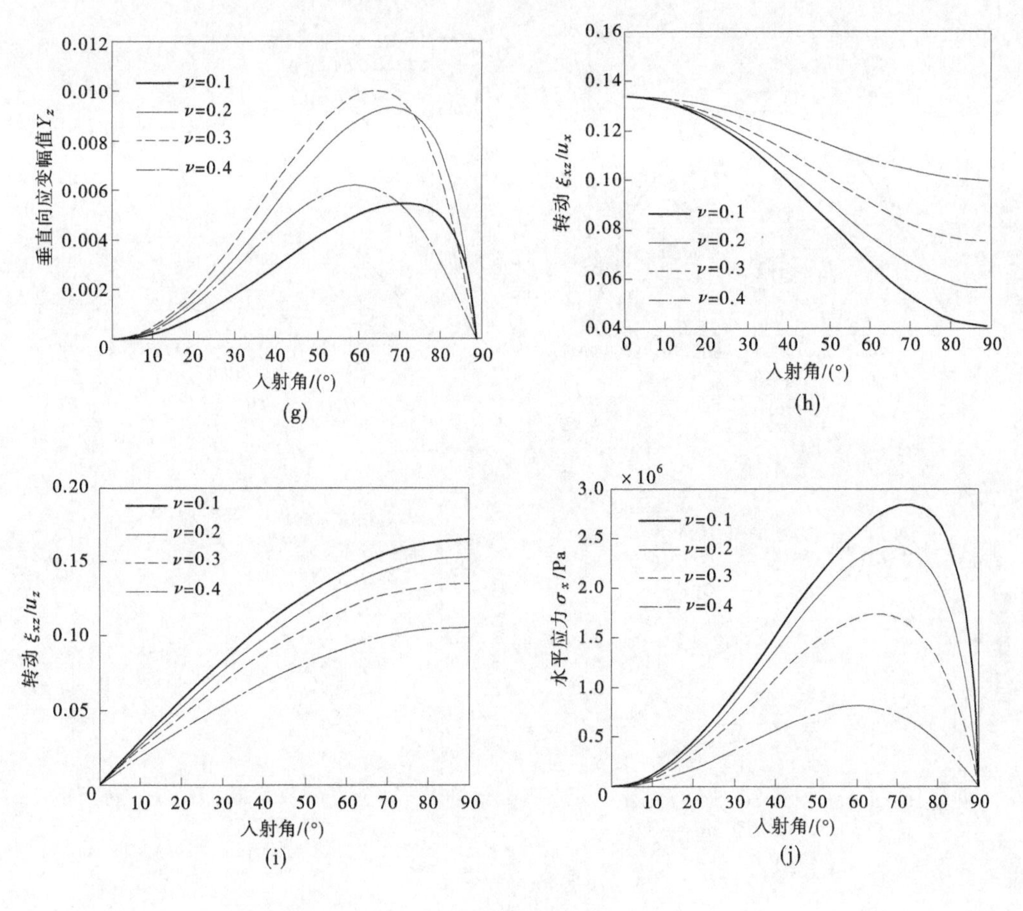

续图 5-5

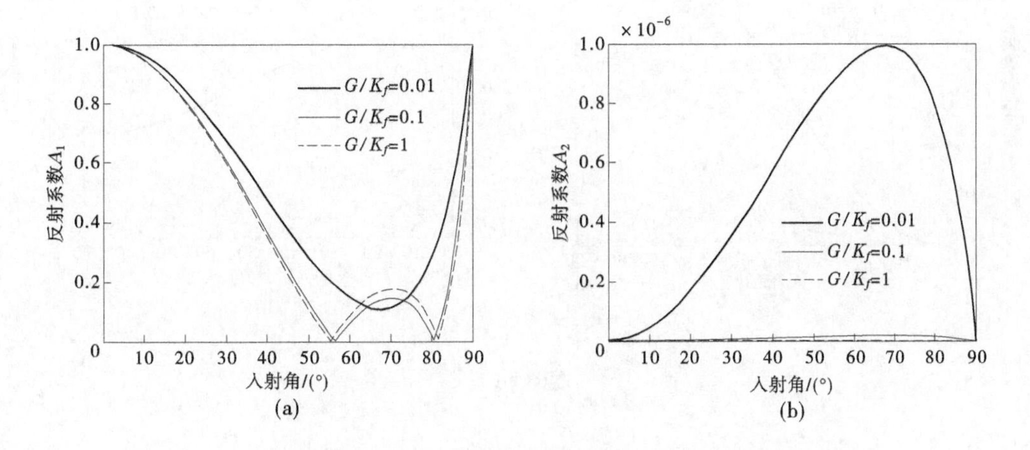

图 5-6　不同模量比下动力响应随入射角变化曲线(P_1 波入射透水边界)

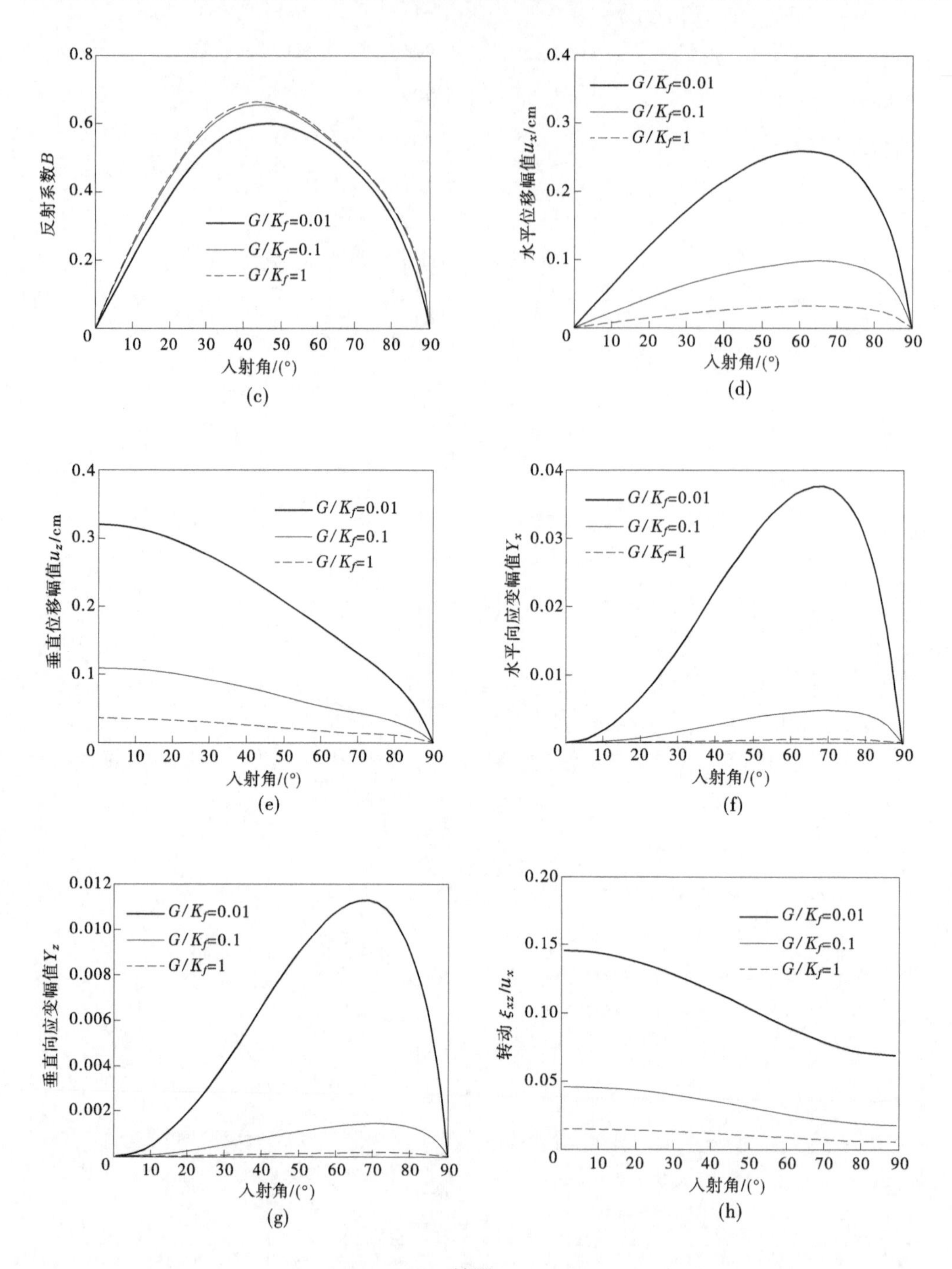

反射系数B
入射角/(°)
(c)
水平位移幅值u_x/cm
入射角/(°)
(d)
垂直位移幅值u_z/cm
入射角/(°)
(e)
水平向应变幅值Y_x
入射角/(°)
(f)
垂直向应变幅值Y_z
入射角/(°)
(g)
转动 ξ_{xz}/u_x
入射角/(°)
(h)
G/K_f=0.01
G/K_f=0.1
G/K_f=1

续图 5-6

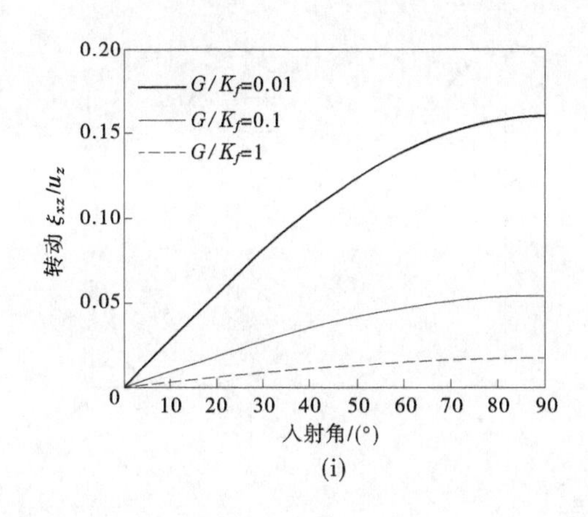

(i)

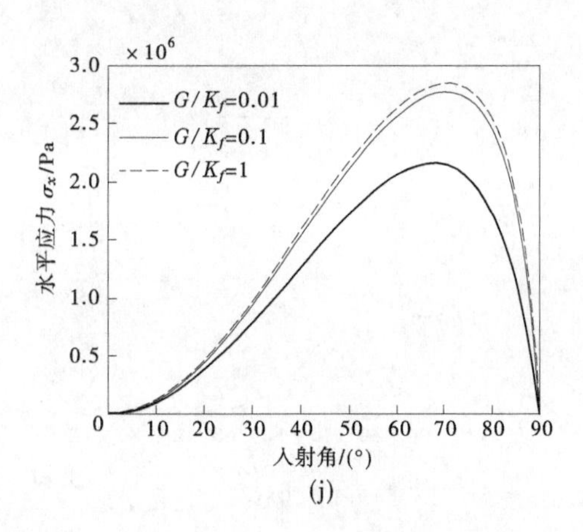

(j)

续图 5-6

6. 反射波能量

各反射波能量随入射角的变化曲线如图 5-7～图 5-9 所示，分别考虑了不同饱和度、泊松比和模量比对波能随入射角变化的影响。P_2 波所占总能量的分量非常少，当掠入射和垂直入射时，只有 P_1 波能量，其他两波能量为零。

随着饱和度减小，P_1 波能量减小而 SV 波能量增加，且当小于临界饱和度时，P_1 波以波型转换角入射时，反射 P_1 波能量出现零值。

随泊松比的增加，P_1 波能量增加而 SV 波能量减小。

模量比的增加则会引起 SV 波能量增加，P_1 波能量减小。

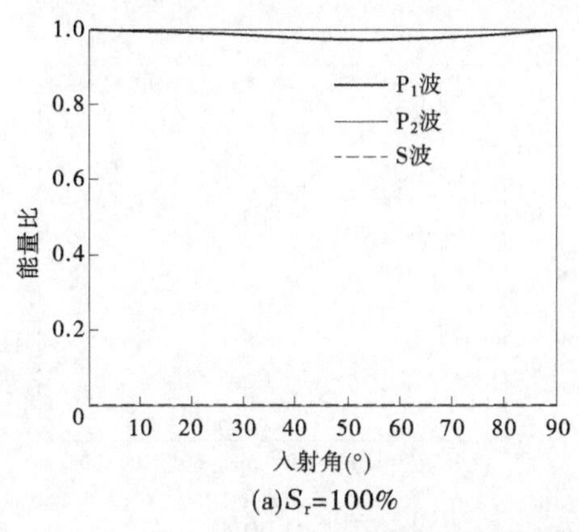

(a)S_r=100%

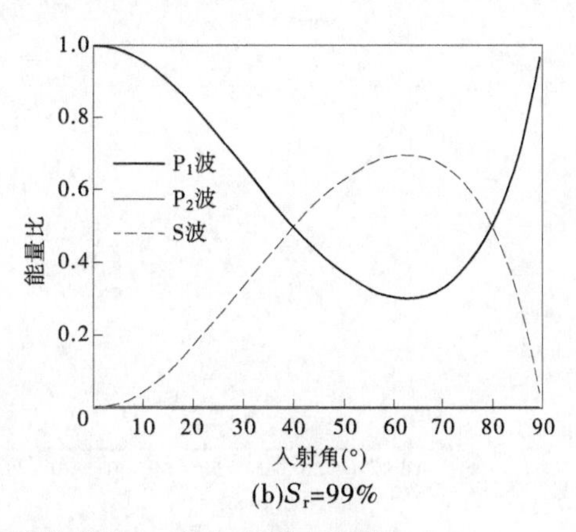

(b)S_r=99%

图 5-7　不同饱和度下波能随入射角变化曲线(P_1 波入射透水边界)

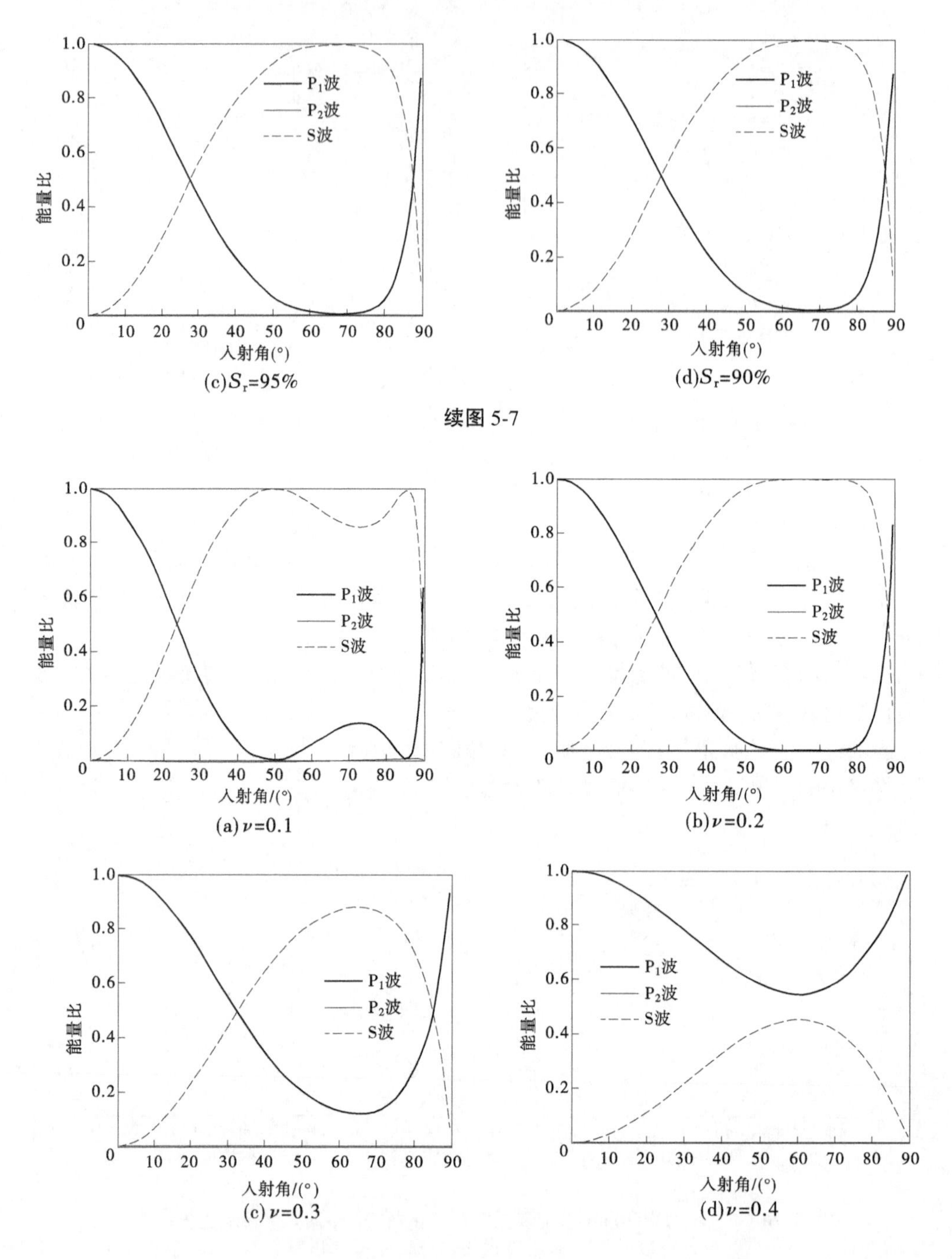

续图 5-7

图 5-8　不同泊松比下波能随入射角变化曲线(P_1 波入射透水边界)

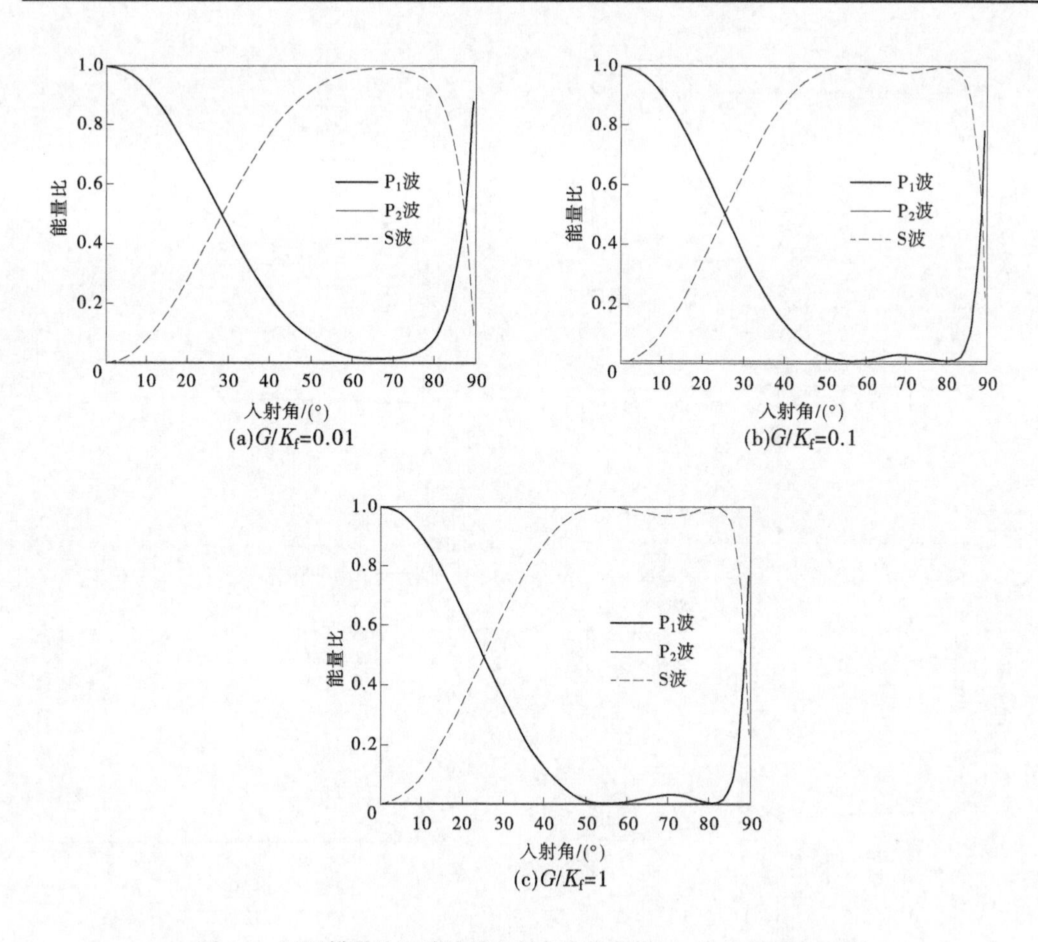

图 5-9　不同模量比下波能随入射角变化曲线(P_1 波入射透水边界)

(二)不透水边界结果

不透水边界条件下位移等响应的计算结果如图 5-10~图 5-13。

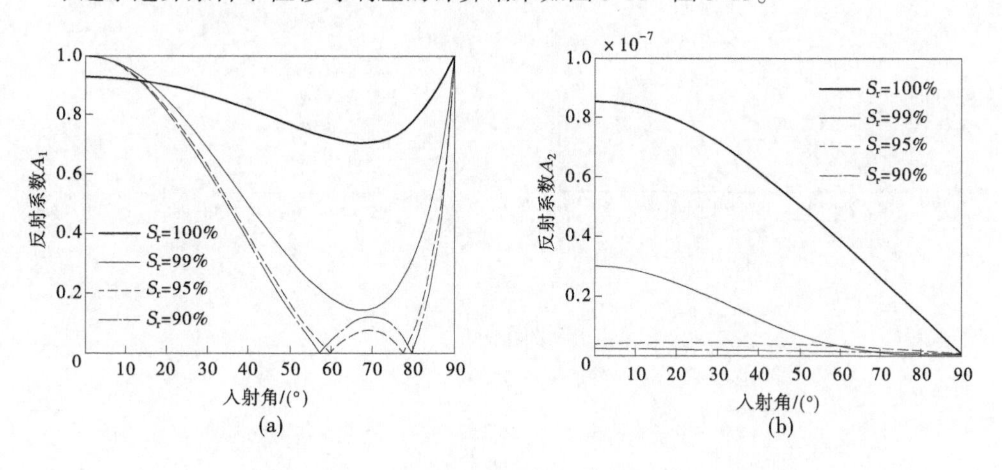

图 5-10　不同饱和度下动力响应随入射角变化曲线(P_1 波入射不透水边界)

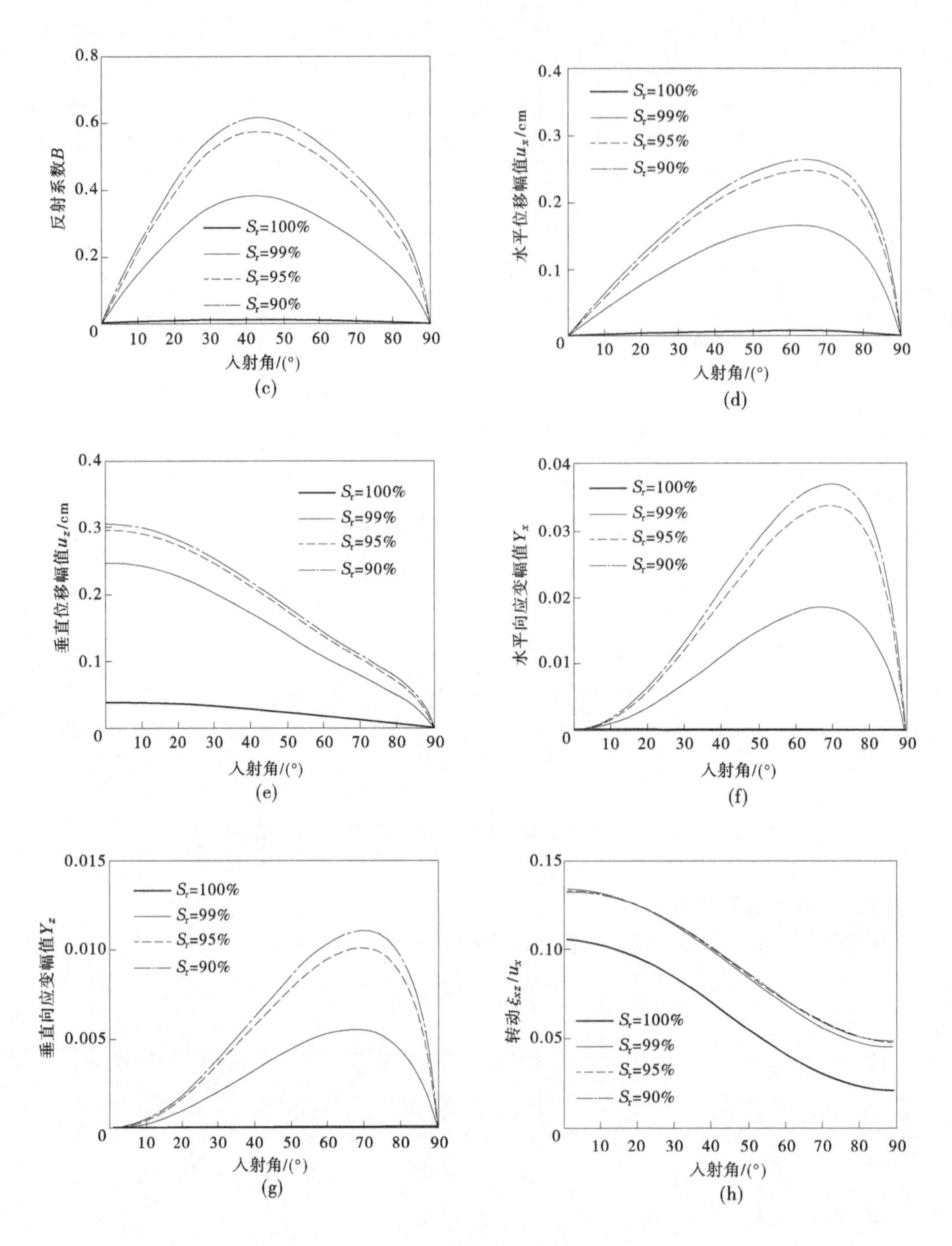
反射系数B
入射角/(°)
(c)
水平位移幅值u_x/cm
入射角/(°)
(d)
垂直位移幅值u_z/cm
入射角/(°)
(e)
水平向应变幅值Y_x
入射角/(°)
(f)
垂直向应变幅值Y_z
入射角/(°)
(g)
转动ξ_{xz}/u_x
入射角/(°)
(h)
S_r=100%
S_r=99%
S_r=95%
S_r=90%

续图 5-10

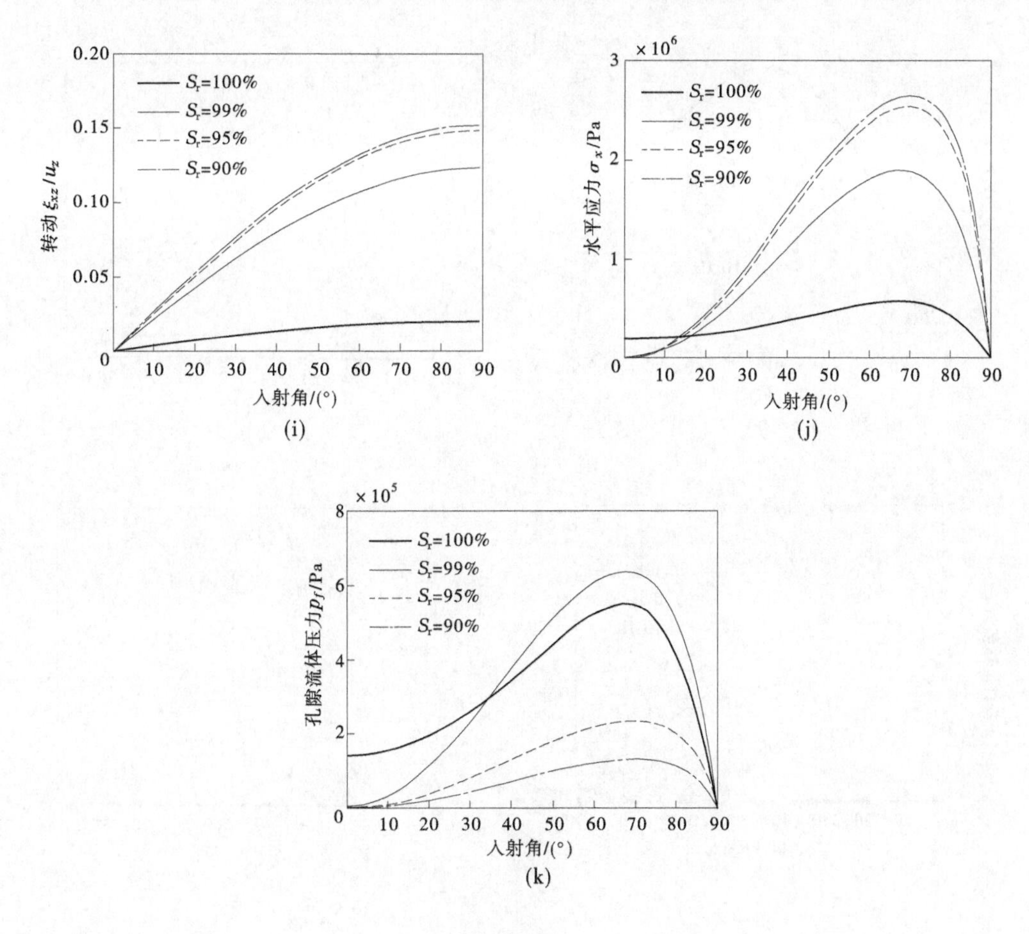

续图 5-10

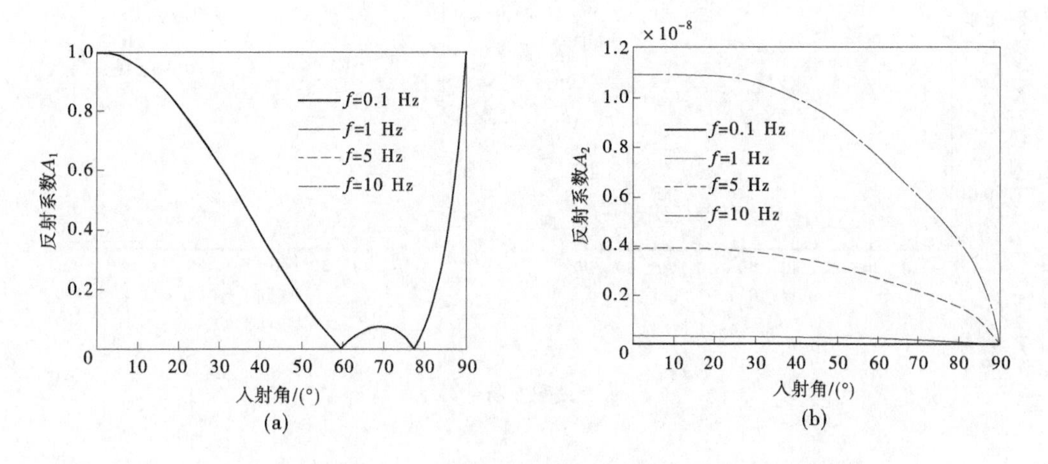

图 5-11　不同频率下动力响应随入射角变化曲线(P_1 波入射不透水边界)

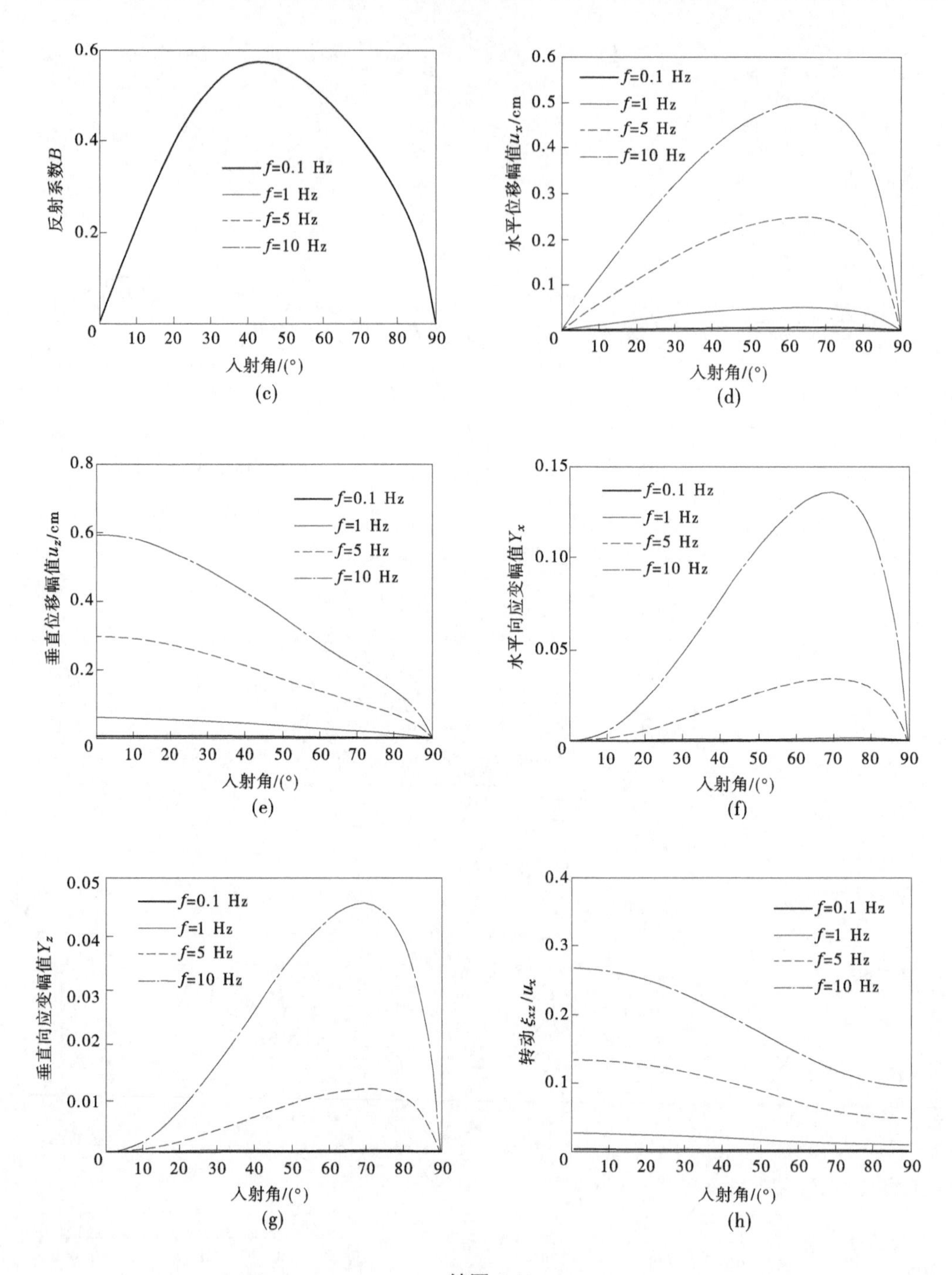
反射系数B
入射角/(°)
(c)
水平位移幅值u_x/cm
入射角/(°)
(d)
垂直位移幅值u_z/cm
入射角/(°)
(e)
水平向应变幅值Y_x
入射角/(°)
(f)
垂直向应变幅值Y_z
入射角/(°)
(g)
转动ξ_{xz}/u_x
入射角/(°)
(h)
f=0.1 Hz
f=1 Hz
f=5 Hz
f=10 Hz

续图 5-11

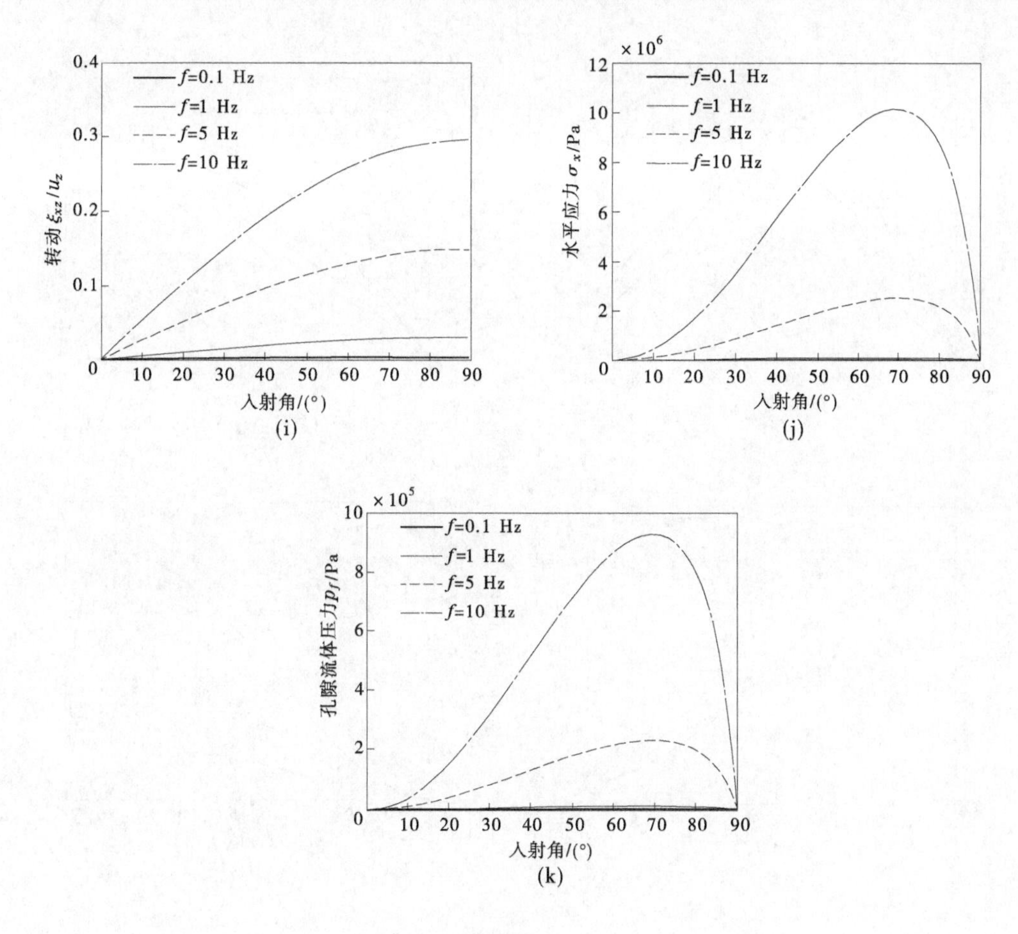

续图 5-11

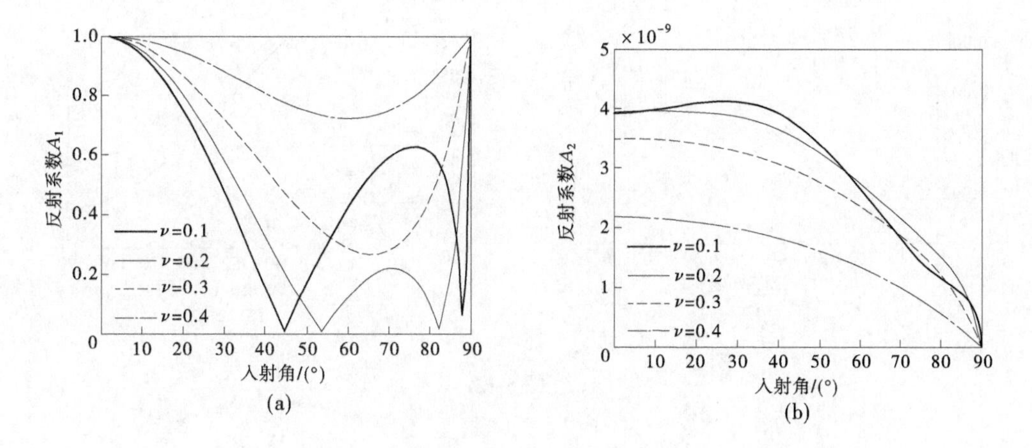

图 5-12　不同泊松比下动力响应随入射角变化曲线(P_1 波入射不透水边界)

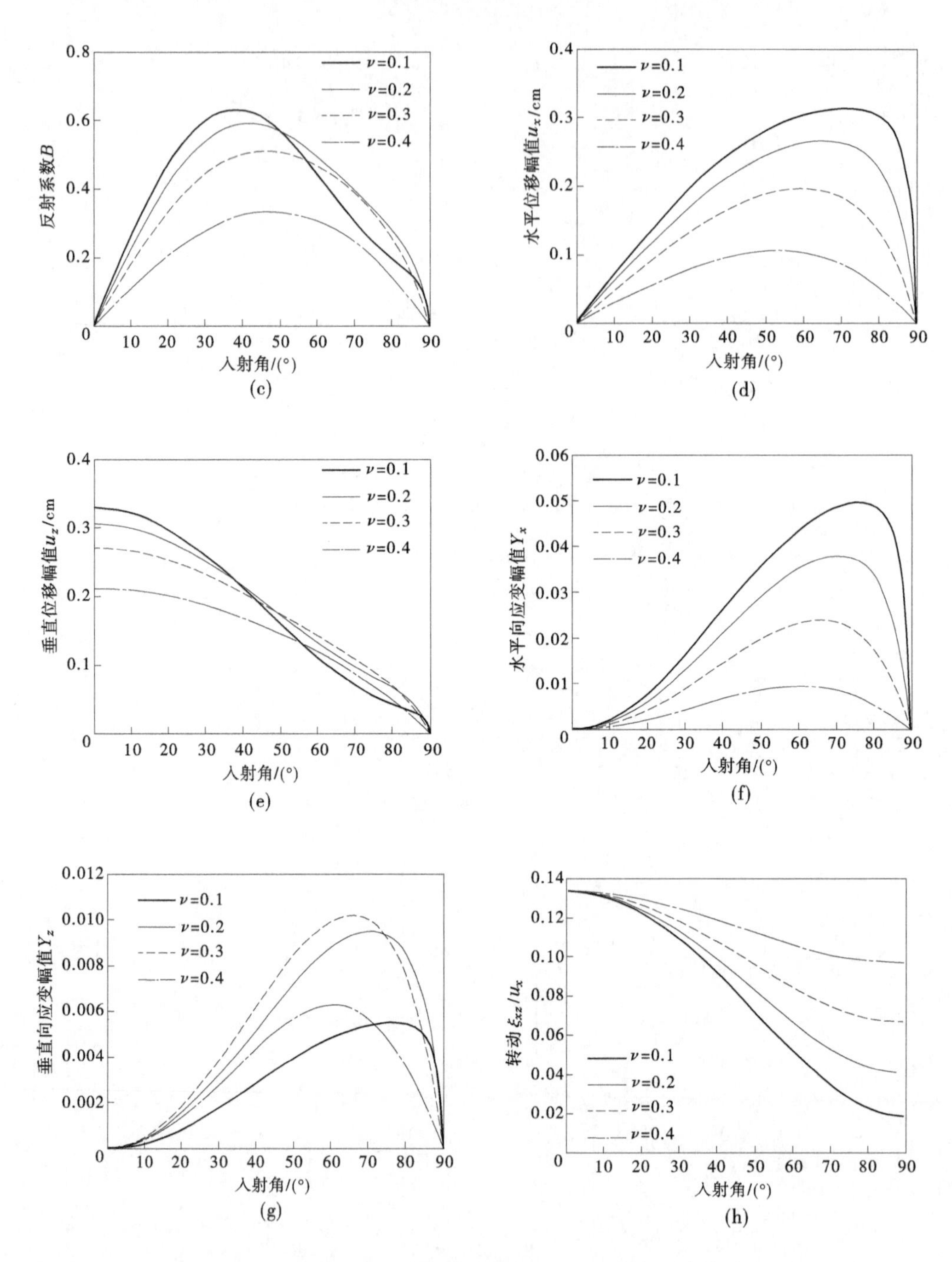

反射系数B
水平位移幅值u_x/cm
垂直位移幅值u_z/cm
水平向应变幅值Y_x
垂直向应变幅值Y_z
转动ξ_{xz}/u_x
入射角/(°)
ν=0.1
ν=0.2
ν=0.3
ν=0.4
(c)
(d)
(e)
(f)
(g)
(h)

续图 5-12

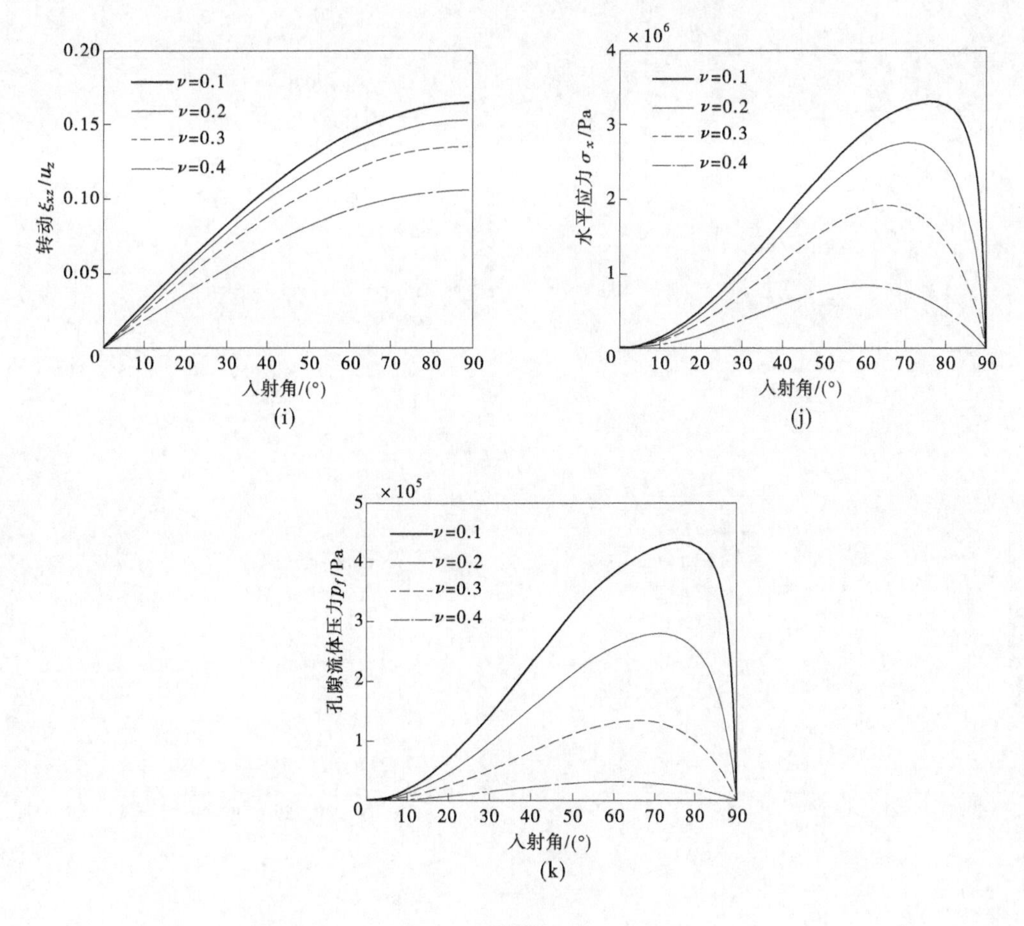

续图 5-12

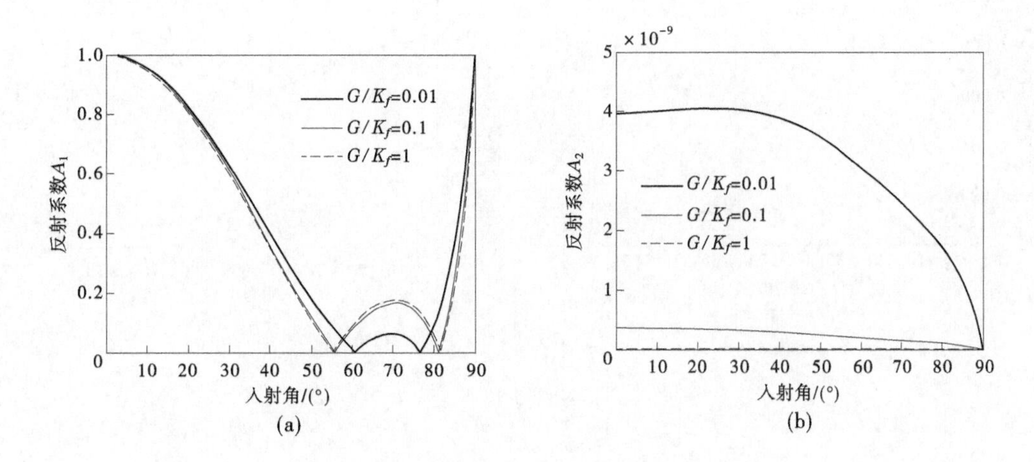

图 5-13　不同模量比下动力响应随入射角变化曲线(P_1 波入射不透水边界)

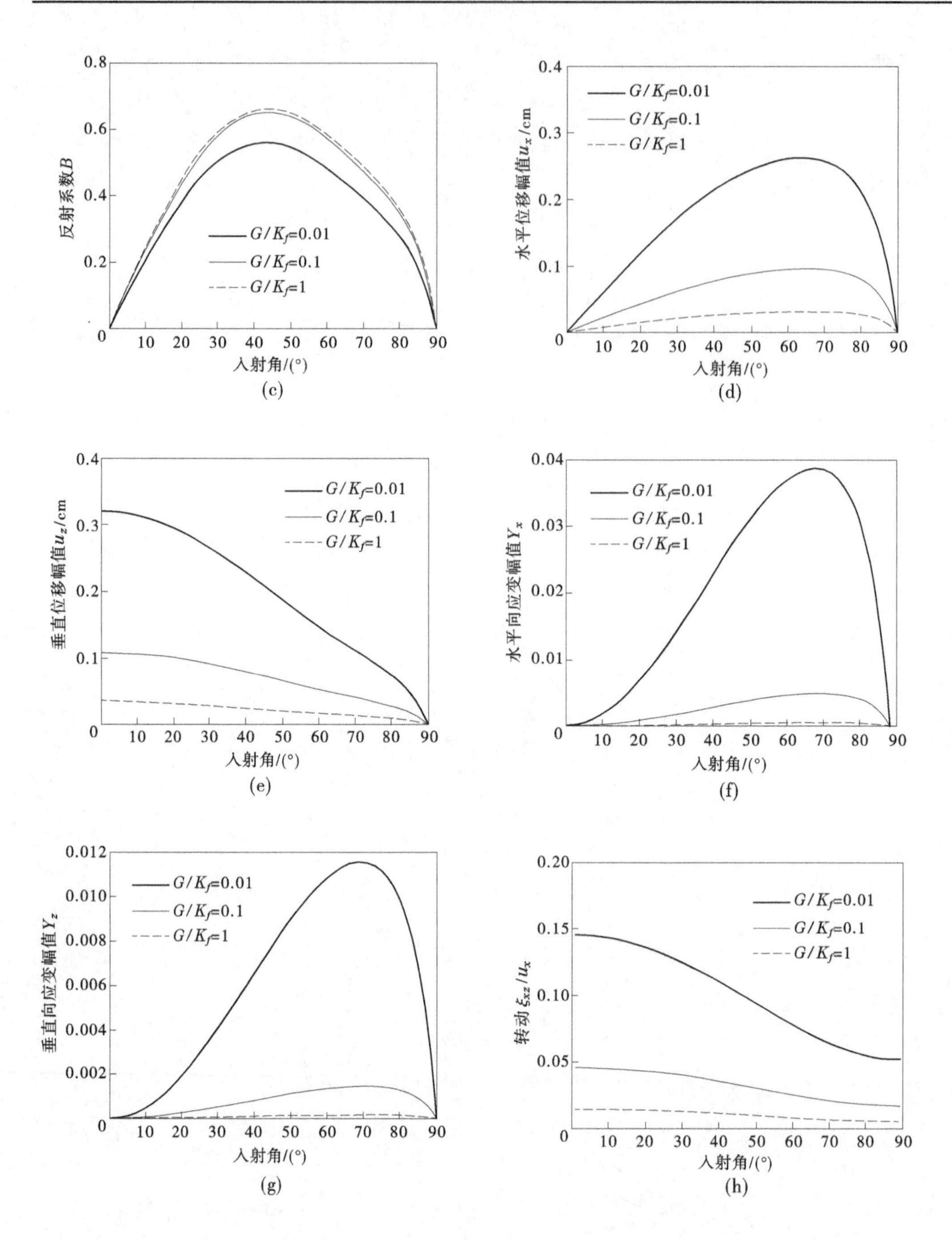

反射系数B
入射角/(°)
(c)
水平位移幅值u_x/cm
入射角/(°)
(d)
垂直位移幅值u_z/cm
入射角/(°)
(e)
水平向应变幅值Y_x
入射角/(°)
(f)
垂直向应变幅值Y_z
入射角/(°)
(g)
转动ξ_{xz}/u_x
入射角/(°)
(h)
G/K_f=0.01
G/K_f=0.1
G/K_f=1

续图 5-13

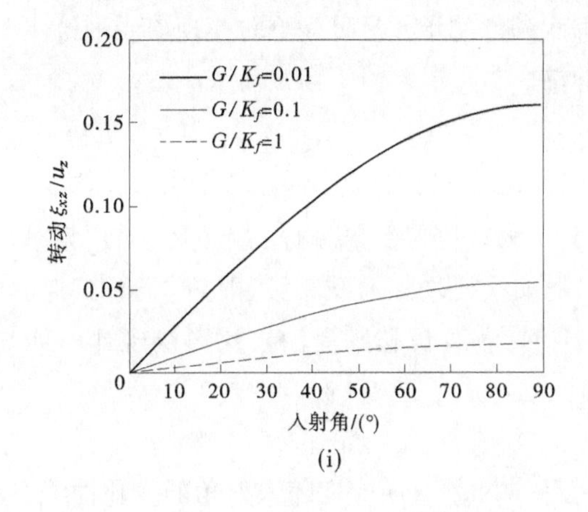

(i)

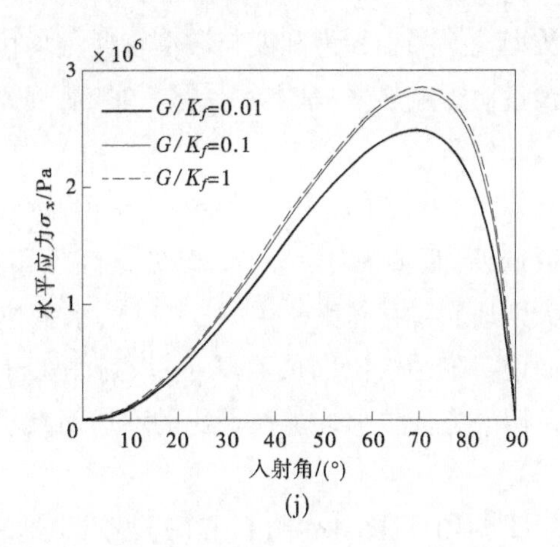

(j)

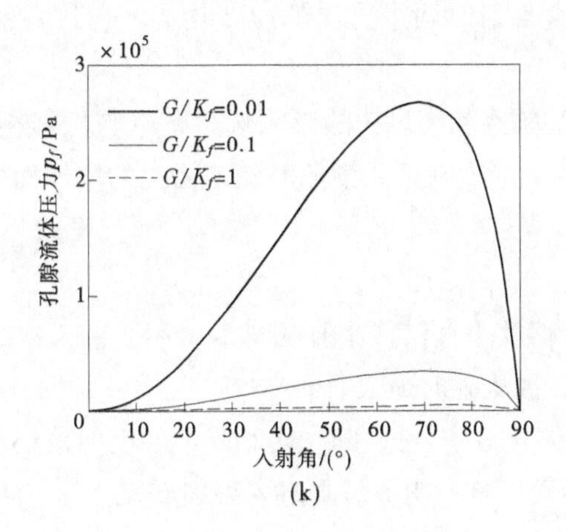

(k)

续图 5-13

1. 反射系数

饱和度、频率、泊松比和模量比对各波反射系数随入射角变化的影响分别见图 5-10~图 5-13 的(a)、(b)和(c)。图中表明，与透水条件下类似，P_2 波反射系数是非常小(10^{-7})的。P_1 波反射系数随入射角的增大而减小，而后增大；S 波反射系数则与之相反；P_2 波反射系数随入射角的增加而减小；当 P_1 波垂直入射时无反射 S 波，掠入射时无反射 P_2 波和 S 波。

随着饱和度的减小，两压缩波反射系数显著减小而 S 波反射系数增加，且影响程度随饱和度减小而减小。除 P_2 波外，反射系数基本不受频率影响。随着泊松比的增加，P_1 波反射系数增加而 P_2 波和 S 波反射系数减小。模量比增加引起剪切波反射系数增加而压缩波反射系数减小，且影响程度随模量比的增加而减小。

不透水边界条件下同样存在波型转换现象，当饱和度为 95%时，P_1 波波型转换角度为 59°和 76°，当饱和度为 90%时，波型转换角为 57°和 80°，可见在不透水边界情况下出现波型转换的临界饱和度与波型转换角均比透水条件的小。另外波型转换现象受泊松比和模量比影响显著,基本不受频率影响,规律同前。

2. 位移

如图 5-10 所示,当 $95\% \leqslant S_r \leqslant 100\%$ 时,位移随饱和度的减小而显著增大,约增大一个数量级,而在 $90\% \leqslant S_r < 95\%$ 之间位移变化不大。位移受频率的影响见图 5-11,频率越大则地表位移越大。由图 5-12 知,水平位移随泊松比增加而减小;入射角小于 45°时,垂向位移随泊松比增加而减小,入射角大于 45°时,垂直位移则受泊松比影响规律不明显。两个方向位移均随模量比的增加而减小。

3. 应变

图 5-10~图 5-13 中(f)和(g)显示了地表水平向和垂直向应变随入射角的变化曲线,由图可见,掠入射与垂直入射时两个方向的应变均为零,且应变最大值出现在入射角为 70°左右。

地表应变受饱和度、频率和模量比的影响规律基本与位移相同。泊松比的影响则不同,如图 5-12 所示,垂直向应变在低入射角时随泊松比的增加而增加,接近掠入射时随泊松比的增加而减小。

4. 转动

地表转动与水平位移及垂直位移比值见图 5-10~图 5-13 中(h)和(i),其中垂直向转动在垂直入射时为零,在掠入射时最大。

由图 5-10 可见,土体接近完全饱和时,转动随饱和度的减小而增加显著,而在不同准饱和状态下饱和度对转动影响不明显。垂直入射时转动不随泊松比变化,其他角度入射时泊松比增加水平转动增加而垂直转动减小。两方向转动均随频率的增加而增加,随模量比的增加而减小。

5. 应力

水平应力和孔隙流体压力如图 5-10~图 5-13 中的(j)和(k)所示,准饱和土中水平应力在掠入射和垂直入射时均为零,约 70°入射时达到峰值(约 10^6 Pa),而饱和土中垂直入射时地表应力不为零。孔压比水平应力低一个数量级(约 10^5 Pa),且与水平应力随入射角有相同的变化规律。随饱和度减小水平应力增加,孔压则随饱和度减小稍有增加而后显著减小。孔压和水平应力随频率的增加而增大,随泊松比的增加而减小。随模量比增加水平应力增加而孔压减小。

(三)不同边界条件下的结果比较

取频率 5 Hz、饱和度 95%、泊松比 0.23,两种边界条件下动力响应的计算结果比较如图 5-14 所示。

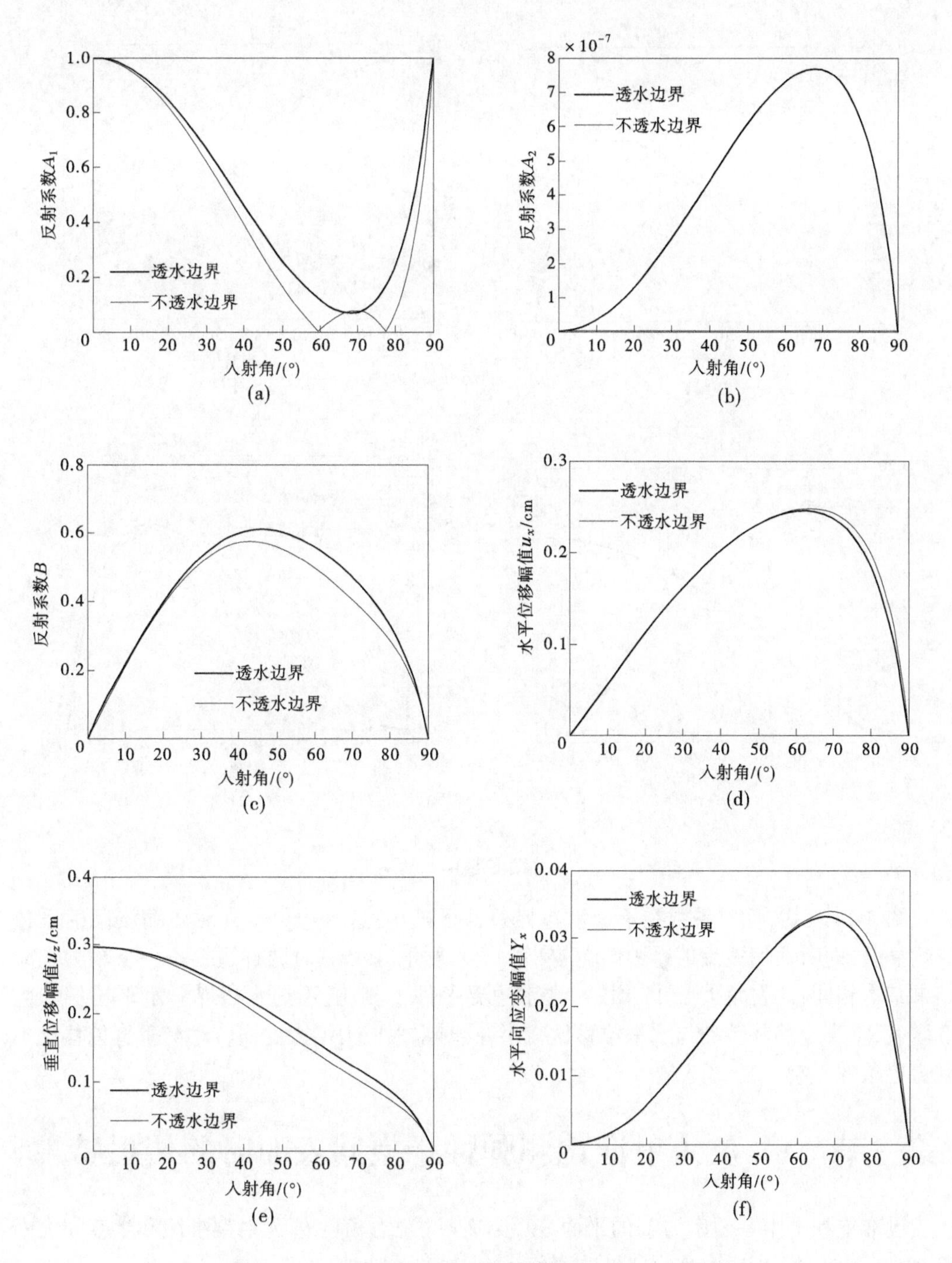

图 5-14　不同边界条件下动力响应对比曲线(P_1 波入射)

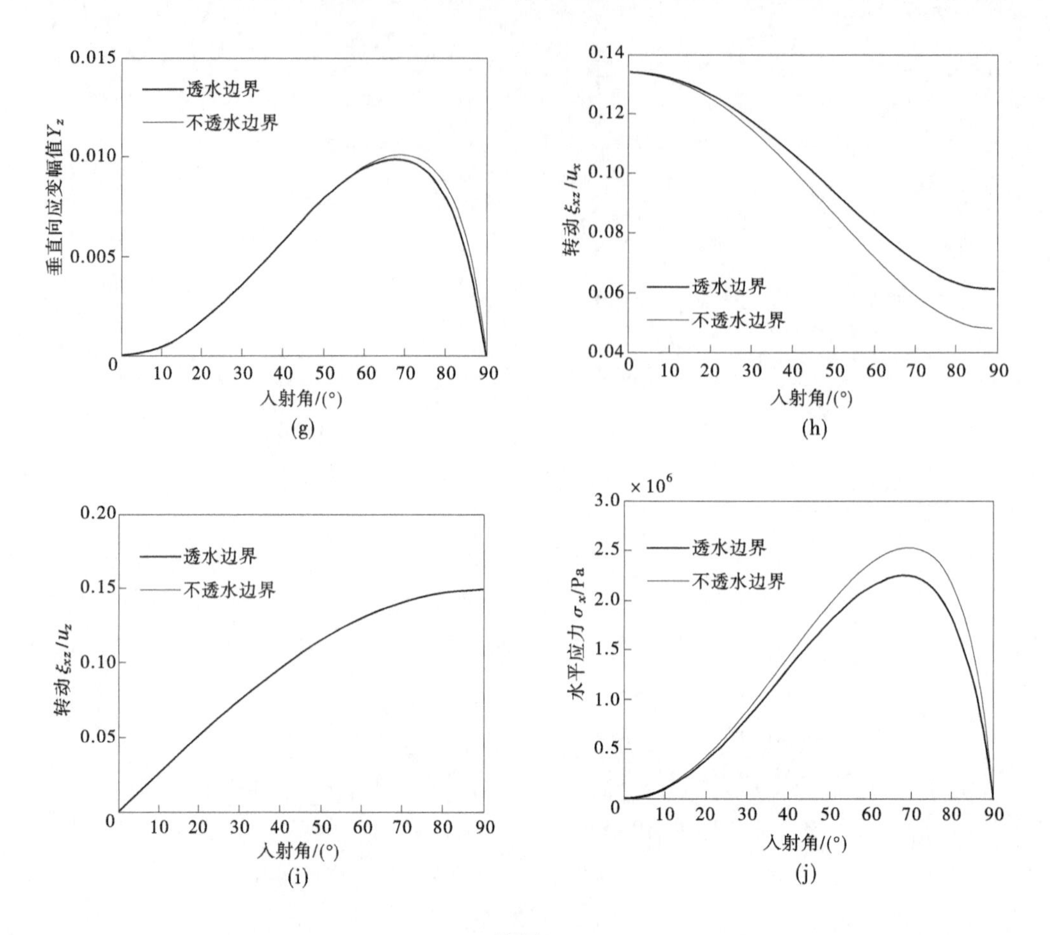

续图 5-14

图 5-14 表明，反射系数在不透水边界条件下减小；透水边界条件对压缩波反射系数影响显著，而对剪切波反射系数影响较小。低入射角(<45°)时两种边界条件下动力响应结果基本相同；入射角大于 45°时，与透水边界条件下相比，不透水边界时水平位移和应变增大，垂直位移及转动与水平位移比减小，同时水平应力增大。而转动与垂直位移比不受边界条件影响。

第三节　SV 波入射准饱和弹性半空间表面时的传播特性

设准饱和土中一频率为 ω 的平面 SV 波以某一任意角度 θ_β 入射到准饱和半空间表面时，将在地表面产生反射 P_1 波、P_2 波和 SV 波，如图 5-15 所示。

各形态波的势函数如下表示。

(1) SV 波系：

$$\left.\begin{aligned}\psi_s &= \psi_s^i + \psi_s^r \\ \psi_f &= \psi_f^i + \psi_f^r\end{aligned}\right\} \tag{5-16a}$$

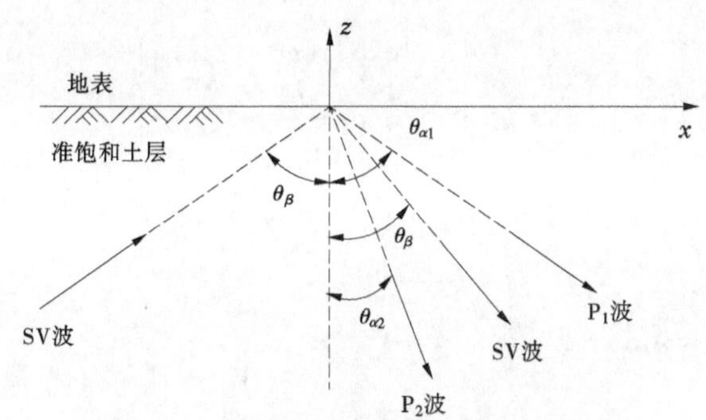

图 5-15　SV 波入射准饱和弹性半空间表面

其中

$$\psi_s^i = B_0\exp[\mathrm{i}(\omega t - l_x x - l_{3z}z)]$$
$$\psi_f^i = m_3B_0\exp[\mathrm{i}(\omega t - l_x x - l_{3z}z)]$$
$$\vdots$$
$$\psi_s^r = B\exp[\mathrm{i}(\omega t - l_x x + l_{3z}z)]$$
$$\psi_f^r = m_3B\exp[\mathrm{i}(\omega t - l_x x + l_{3z}z)]$$

(2)P 波系：

$$\left.\begin{aligned}\varphi_s^r &= A_1\exp[\mathrm{i}(\omega t - l_x x + l_{1z}z)] + A_2\exp[\mathrm{i}(\omega t - l_x x + l_{2z}z)]\\ \varphi_f^r &= m_1A_1\exp[\mathrm{i}(\omega t - l_x x + l_{1z}z)] + m_2A_2\exp[\mathrm{i}(\omega t - l_x x + l_{2z}z)]\end{aligned}\right\}\tag{5-16b}$$

式中各符号物理含义同前。

由 Snell 定理可知，地表处各形态波的视速度为

$$V_0 = \frac{V_S}{\sin\theta_\beta} = \frac{V_{P_1}}{\sin\theta_{\alpha1}} = \frac{V_{P_2}}{\sin\theta_{\alpha2}}\tag{5-17}$$

由第四章我们知道，P_1 波速度总是大于剪切波速度，因此当入射角度超过某一临界值时有：$\sin\theta_{\alpha1} = (V_{P_1}/V_S)\sin\theta_\beta > 1$，则此时反射 P_1 波的反射角将成为复数。由此可得到关于 P_1 波的临界角为

$$\theta_{cr1} = \sin^{-1}(V_S/V_{P_1})\tag{5-18}$$

临界角依赖于波速比 V_S/V_{P_1}。对 P_2 波而言，这一临界角仅在软土中会出现，即当土骨架为未固结时，才有 $V_{P_2}/V_S > 1$。可将式(5-16)的势函数改写为如下形式：

SV 波

$$\left.\begin{aligned}\psi_s &= [B_0\mathrm{e}^{-k_\beta} + B\mathrm{e}^{k_\beta}]\exp[\mathrm{i}(\omega t - l_x x)]\\ \psi_f &= [m_3B_0\mathrm{e}^{-k_\beta} + m_3B\mathrm{e}^{k_\beta}]\exp[\mathrm{i}(\omega t - l_x x)]\end{aligned}\right\}\tag{5-19a}$$

P_1 波系

$$\left.\begin{aligned}\varphi_{s1} &= A_1\mathrm{e}^{k_{\alpha1}}\exp[\mathrm{i}(\omega t - l_x x)]\\ \varphi_{f1} &= m_1A_1\mathrm{e}^{k_{\alpha1}}\exp[\mathrm{i}(\omega t - l_x x)]\end{aligned}\right\}\tag{5-19b}$$

P_2 波系

$$\left.\begin{aligned}\varphi_{s2} &= A_2 e^{k_{\alpha 1}} \exp[i(\omega t - l_x x)] \\ \varphi_{f2} &= m_2 A_2 e^{k_{\alpha 1}} \exp[i(\omega t - l_x x)]\end{aligned}\right\} \tag{5-19c}$$

其中

$$k_\beta = i l_x \cot\theta_\beta = i\sqrt{l_3^2 - l_x^2} \tag{5-20a}$$

$$k_{\alpha 1} = i l_x \cot\theta_{\alpha 1} = \begin{cases} i\sqrt{l_1^2 - l_x^2} & \text{当 } V_0 \geqslant V_{P_1}(\theta_\beta < \theta_{cr1}) \\ -\sqrt{l_x^2 - l_1^2} & \text{当 } V_0 < V_{P_1}(\theta_\beta < \theta_{cr1}) \end{cases} \tag{5-20b}$$

$$k_{\alpha 2} = i l_x \cot\theta_{\alpha 2} = \begin{cases} i\sqrt{l_2^2 - l_x^2} & \text{当 } V_0 \geqslant V_{P_2}(\theta_\beta < \theta_{cr2}) \\ -\sqrt{l_x^2 - l_2^2} & \text{当 } V_0 < V_{P_2}(\theta_\beta < \theta_{cr2}) \end{cases} \tag{5-20c}$$

由上式可见,对剪切波而言,在 $0^0 \leqslant \theta_\beta \leqslant 90^0$ 范围内 l_x 总是小于 l_3,k_β 为虚数,因此反射剪切波为简谐波。而当 $\theta_\beta \geqslant \theta_{cr1}$ 时,$k_{\alpha 1}$ 变成了负实数,反射 P_1 波变为沿深度呈指数衰减的表面波;同理,反射 P_2 波亦有相同的情况。

(1)透水边界条件:

自由表面透水时边界条件见式(5-5),将势函数表达式代入边界条件并整理得

$$\begin{bmatrix} S_{11} & S_{12} & S_{13} \\ S_{21} & S_{22} & S_{23} \\ S_{31} & S_{32} & S_{33} \end{bmatrix} \begin{bmatrix} A_1 \\ A_2 \\ B \end{bmatrix} = B_0 \begin{bmatrix} S_{13} \\ -S_{23} \\ S_{33} \end{bmatrix} \tag{5-21}$$

式中,系数矩阵中各量见附录2。

(2)不透水边界条件:

将势函数表达式代入不透边界条件式(5-7),整理得

$$\begin{bmatrix} S_{11}+S_{31} & S_{12}+S_{32} & S_{13}+S_{33} \\ S_{21} & S_{22} & S_{23} \\ m_1 S_{61} & m_2 S_{62} & m_3 S_{63} \end{bmatrix} \begin{bmatrix} A_1 \\ A_2 \\ B \end{bmatrix} = B_0 \begin{bmatrix} S_{13} \\ -S_{23} \\ -m_3 S_{63} \end{bmatrix} \tag{5-22}$$

式中系数矩阵中各量见附录2。

由式(5-21)和式(5-22)可以解得透水边界与不透水边界条件下的势函数幅值系数 A_1、A_2 和 B。

一、地表面动力响应

由上面求得的势函数幅值系数,便可计算地表面动力响应解析式,下面各式中系数矩阵的元素表达式见附录2。

(一)位移

$$\begin{bmatrix} u_x \\ u_z \end{bmatrix}_{z=0} = \begin{bmatrix} -S_{53} & S_{51} & S_{52} & S_{53} \\ S_{63} & S_{61} & S_{62} & S_{63} \end{bmatrix} \begin{bmatrix} B_0 \\ A_1 \\ A_2 \\ B \end{bmatrix} \exp[i(\omega t - l_x x)] \tag{5-23}$$

(二)应变

$$\begin{bmatrix}\gamma_x\\ \gamma_z\end{bmatrix}_{z=0}=\begin{bmatrix}-S_{73} & S_{71} & S_{72} & S_{73}\\ -S_{83} & S_{81} & S_{82} & S_{83}\end{bmatrix}\begin{bmatrix}B_0\\ A_1\\ A_2\\ B\end{bmatrix}\exp[\mathrm{i}(\omega t-l_x x)] \tag{5-24}$$

(三)地表转动

$$\psi_{xz}=\frac{1}{2}\left(\frac{\partial u_x}{\partial z}-\frac{\partial u_z}{\partial x}\right)=-\frac{1}{2}\left(\frac{\partial^2\psi_s}{\partial x^2}+\frac{\partial^2\psi_s}{\partial z^2}\right)$$

$$=\frac{1}{2}l_3^2(B_0+B)\exp[\mathrm{i}(\omega t-l_x x)] \tag{5-25}$$

由上式可知,粒子的转动 ψ_{xz} 仅与 SV 波相关。忽略时间因子,对转动进行无量纲化可得

$$\xi_{xz}=\frac{\psi_{xz}(\lambda_\beta/\pi)}{\mathrm{i}l_3\exp(-\mathrm{i}l_x x)}=-(B_0+B)\exp\left(\mathrm{i}\frac{\pi}{2}\right) \tag{5-26}$$

式中：λ_β 为剪切波波长；$\mathrm{i}l_3\exp(-\mathrm{i}l_x x)$ 为入射 SV 波产生的 x 方向的位移。

由式(5-26)可见,转动的相位亦相对于入射波位移相位漂移了 $\frac{\pi}{2}$。在弹性介质中,无量纲化转动与垂直位移之比有(Trifunac,1982):

$$\left|\frac{\xi_{xz}}{u_z}\right|=2\sin\theta_\beta \tag{5-27}$$

(四)应力

$$\begin{bmatrix}\sigma_z\\ \sigma_x\\ \tau_{xz}\\ p_f\end{bmatrix}_{z=0}=\begin{bmatrix}-S_{13} & S_{11} & S_{12} & S_{13}\\ -S_{43} & S_{41} & S_{42} & S_{43}\\ S_{23} & S_{21} & S_{22} & S_{23}\\ -S_{33} & S_{31} & S_{32} & S_{33}\end{bmatrix}\begin{bmatrix}B_0\\ A_1\\ A_2\\ B\end{bmatrix}\exp[\mathrm{i}(\omega t-l_x x)] \tag{5-28}$$

(五)反射波各波能量比

由式(5-17)可以计算 SV 波入射时入射波与反射波各波在地表处的能流密度：

$$\begin{bmatrix}E_0\\ E_1\\ E_2\\ E_3\end{bmatrix}_{z=0}=\begin{bmatrix}|-\mathrm{i}\omega B_0^2(S_{13}S_{63}+S_{23}S_{53})|\exp[\mathrm{i}(\omega t-l_x x)]\\ |\mathrm{i}\omega A_1^2(S_{11}S_{61}+S_{21}S_{51}+m_1S_{31}S_{61})|\exp[\mathrm{i}(\omega t-l_x x)]\\ |\mathrm{i}\omega B_2^2(S_{12}S_{62}+S_{22}S_{52}+m_2S_{32}S_{62})|\exp[\mathrm{i}(\omega t-l_x x)]\\ |\mathrm{i}\omega B^2(S_{13}S_{63}+S_{23}S_{53})|\exp[\mathrm{i}(\omega t-l_x x)]\end{bmatrix} \tag{5-29}$$

式中：E_0 为入射波能流密度；E_1、E_2 和 E_3 分别为反射 P_1 波、P_2 波和 SV 波能流密度,由能量守恒定律可知 $E_0=E_1+E_2+E_3$。

二、数值计算

本部分将通过数值算例详细分析 SV 波入射准饱和半空间时地表各动力响应随入射

角的变化规律,同时研究饱和度、频率、泊松比及土骨架剪切模量与水模量比对动力响应的影响,计算参数同前。

(一)透水边界结果

透水边界条件下位移等响应的计算结果如图 5-16~图 5-19 所示。

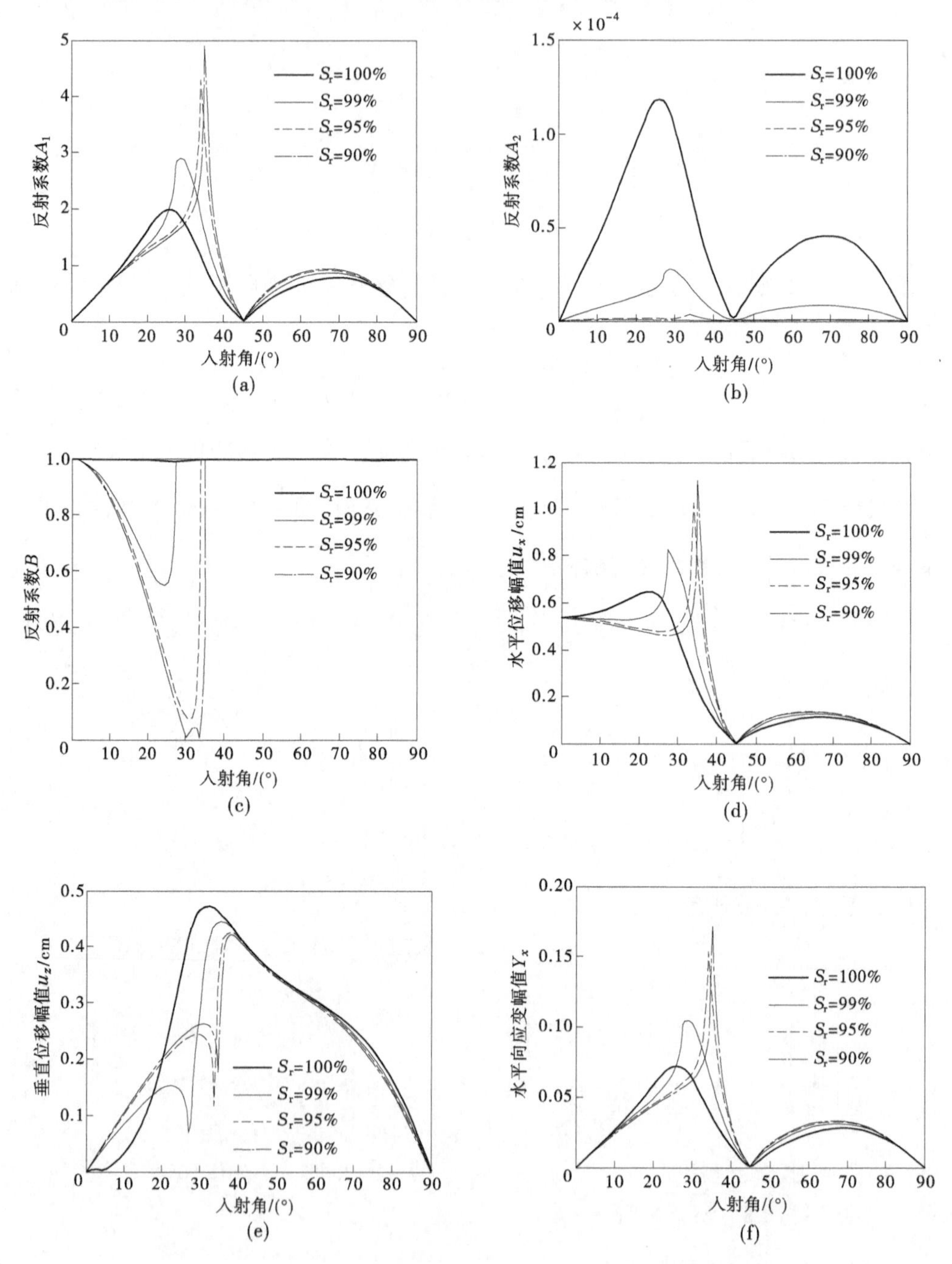

图 5-16　不同饱和度下动力响应随入射角变化曲线(SV 波入射透水边界)

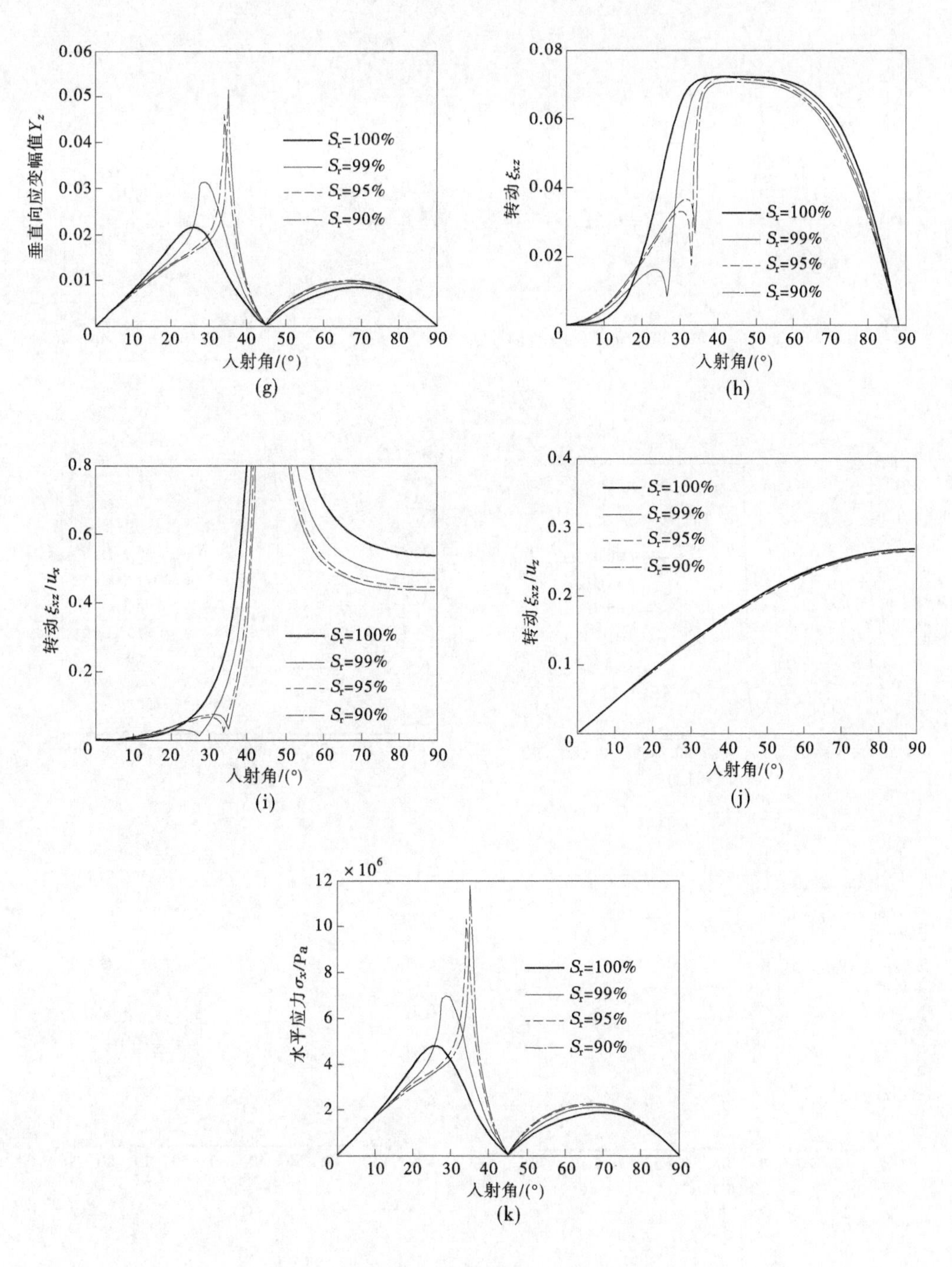

垂直向应变幅值 Y_z
入射角/(°)
(g)
转动 ξ_{xz}
入射角/(°)
(h)
转动 ξ_{xz}/u_x
入射角/(°)
(i)
转动 ξ_{xz}/u_z
入射角/(°)
(j)
$\times 10^6$
水平应力 σ_x/Pa
入射角/(°)
(k)
S_r=100%
S_r=99%
S_r=95%
S_r=90%

续图 5-16

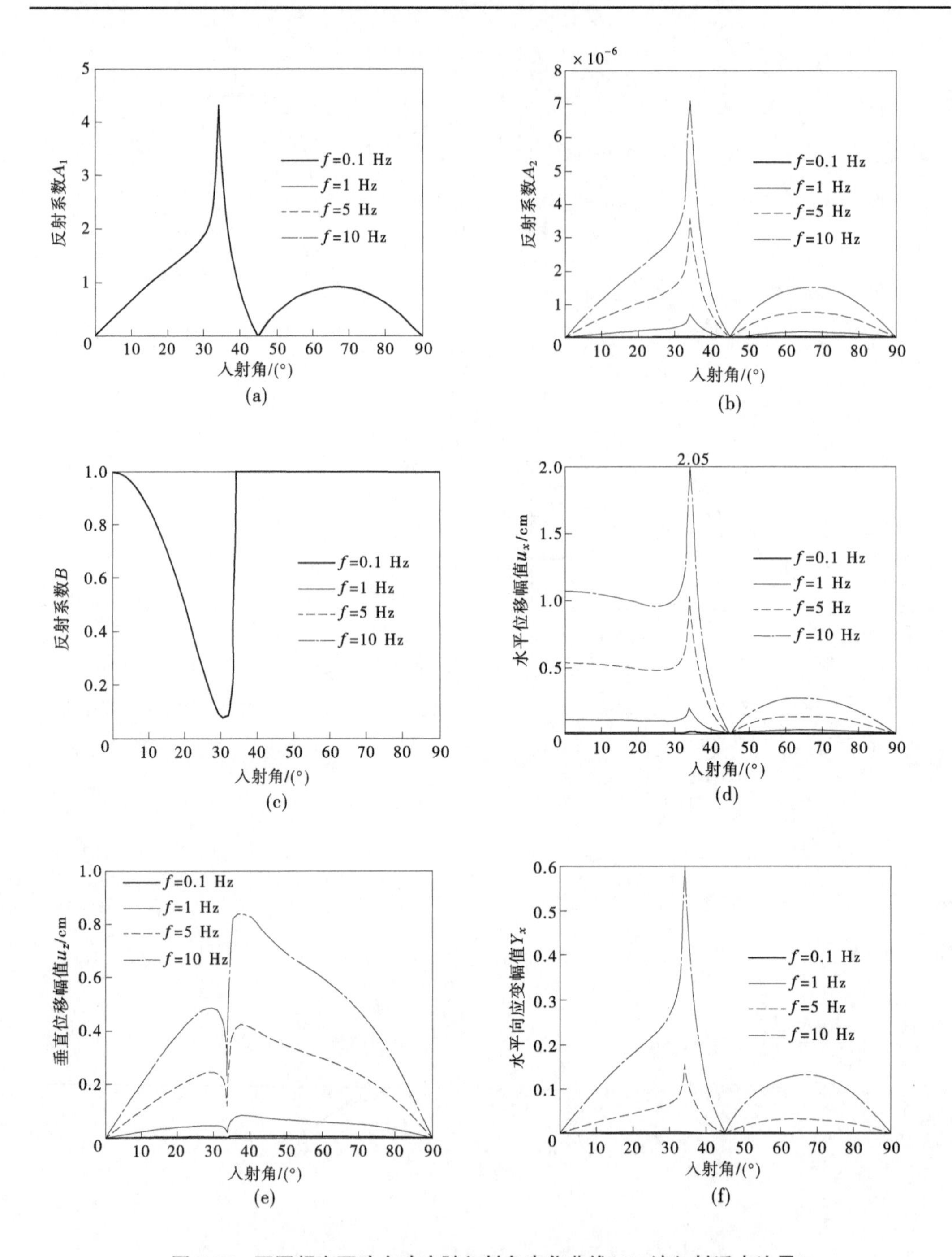

图 5-17　不同频率下动力响应随入射角变化曲线(SV 波入射透水边界)

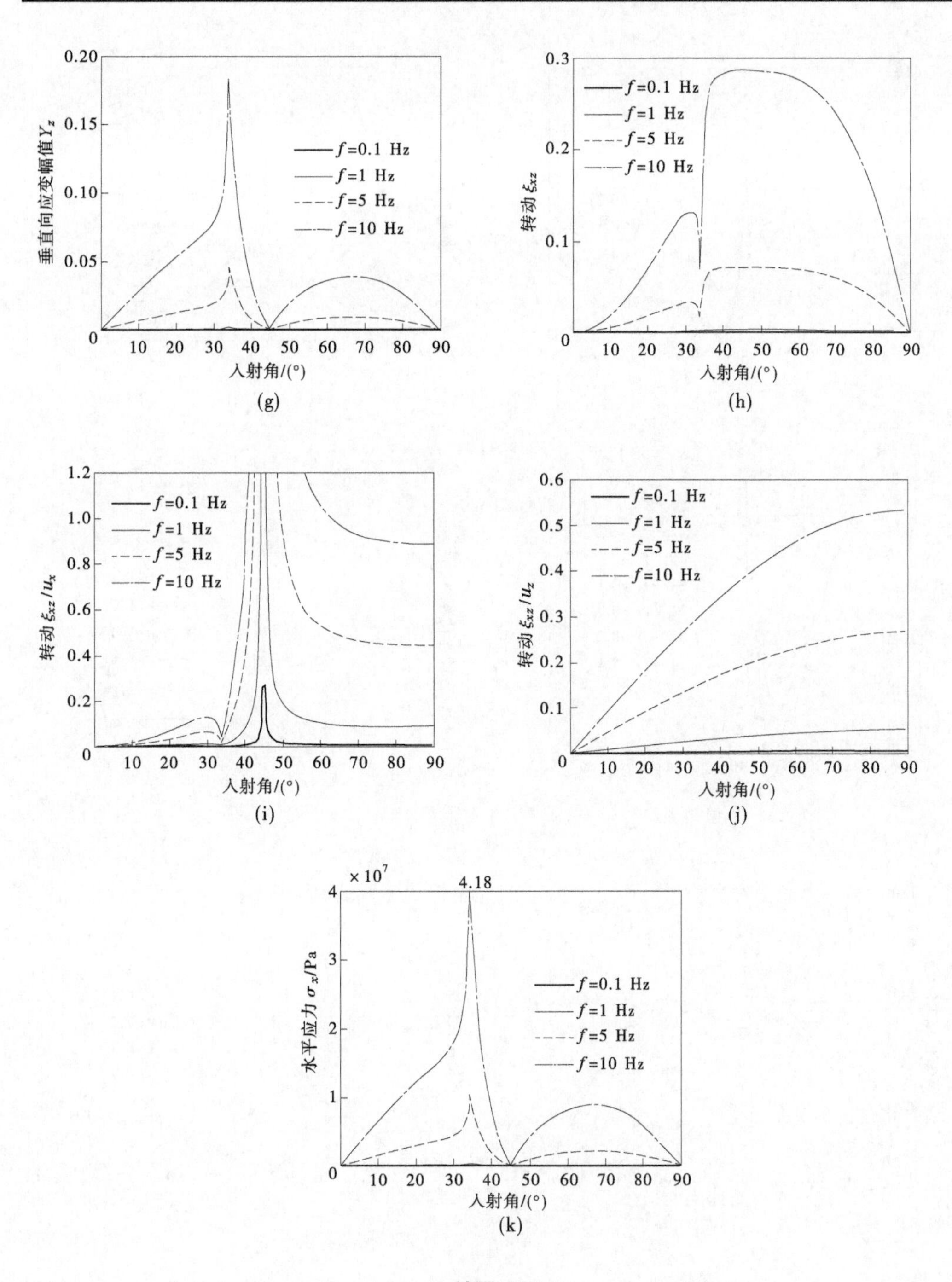
0.20
0.15
0.10
0.05
0
垂直向应变幅值Y_z
f=0.1 Hz
f=1 Hz
f=5 Hz
f=10 Hz
10 20 30 40 50 60 70 80 90
入射角/(°)
(g)
0.3
0.2
0.1
0
转动ξ_{xz}
f=0.1 Hz
f=1 Hz
f=5 Hz
f=10 Hz
10 20 30 40 50 60 70 80 90
入射角/(°)
(h)
1.2
1.0
0.8
0.6
0.4
0.2
0
转动ξ_{xz}/u_x
f=0.1 Hz
f=1 Hz
f=5 Hz
f=10 Hz
10 20 30 40 50 60 70 80 90
入射角/(°)
(i)
0.6
0.5
0.4
0.3
0.2
0.1
0
转动ξ_{xz}/u_z
f=0.1 Hz
f=1 Hz
f=5 Hz
f=10 Hz
10 20 30 40 50 60 70 80 90
入射角/(°)
(j)
×10^7
4.18
4
3
2
1
0
水平应力σ_x/Pa
f=0.1 Hz
f=1 Hz
f=5 Hz
f=10 Hz
10 20 30 40 50 60 70 80 90
入射角/(°)
(k)

续图 5-17

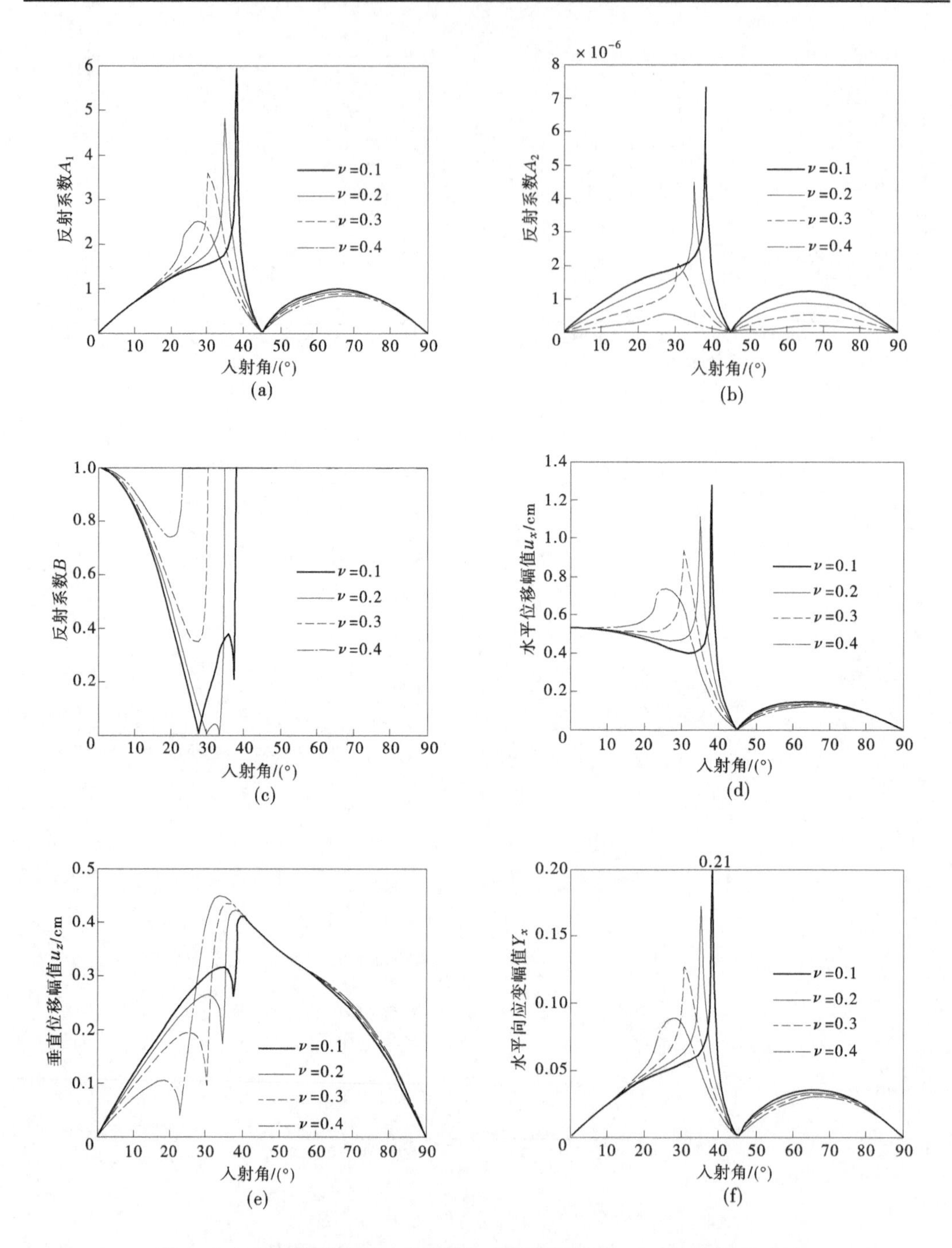

图 5-18　不同泊松比下动力响应随入射角变化曲线(SV 波入射透水边界)

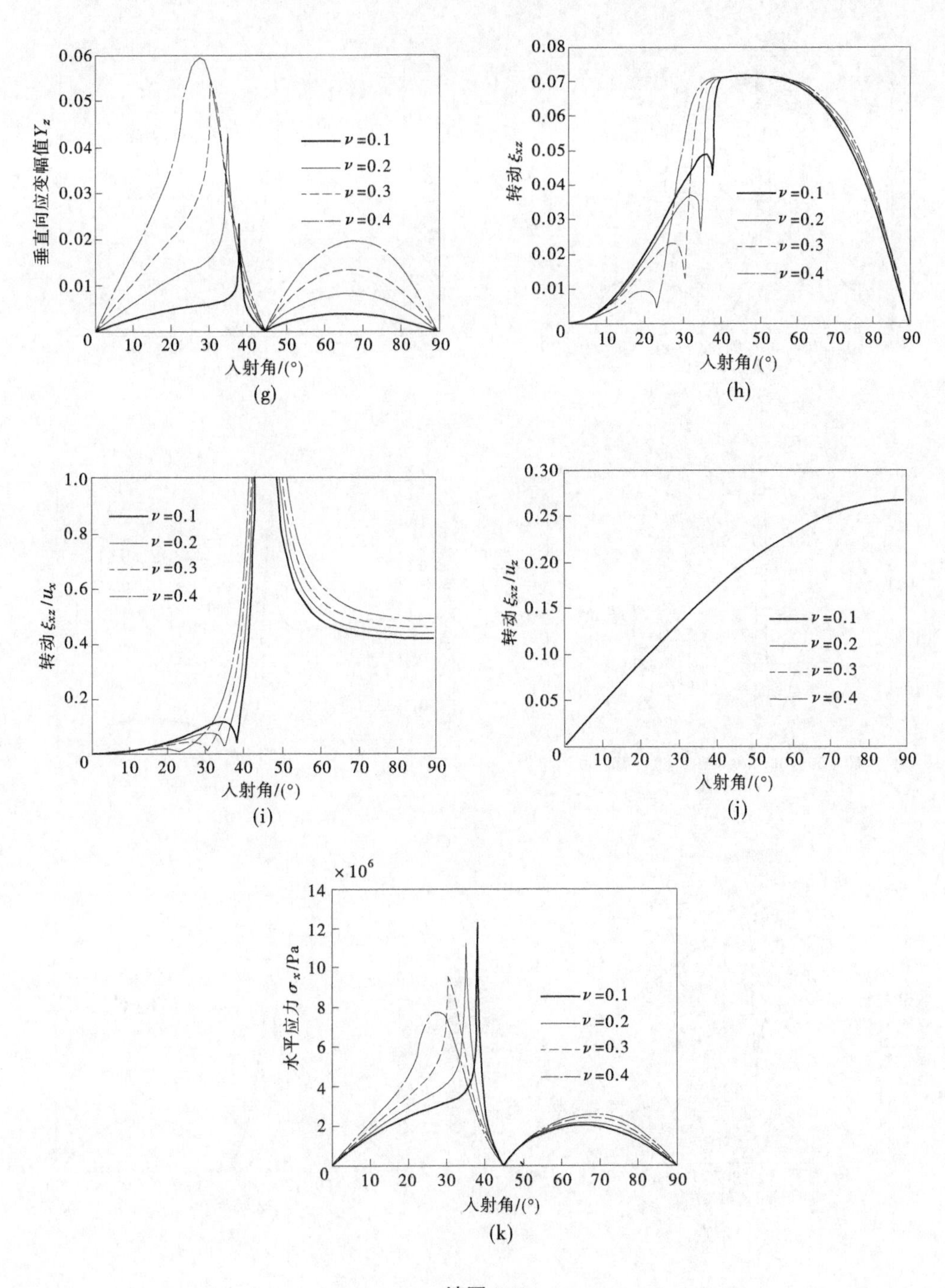
垂直向应变幅值 Y_z
$\nu=0.1$
$\nu=0.2$
$\nu=0.3$
$\nu=0.4$
入射角/(°)
(g)
转动 ξ_{xz}
$\nu=0.1$
$\nu=0.2$
$\nu=0.3$
$\nu=0.4$
入射角/(°)
(h)
转动 ξ_{xz}/u_x
$\nu=0.1$
$\nu=0.2$
$\nu=0.3$
$\nu=0.4$
入射角/(°)
(i)
转动 ξ_{xz}/u_z
$\nu=0.1$
$\nu=0.2$
$\nu=0.3$
$\nu=0.4$
入射角/(°)
(j)
$\times 10^6$
水平应力 σ_x/Pa
$\nu=0.1$
$\nu=0.2$
$\nu=0.3$
$\nu=0.4$
入射角/(°)
(k)

续图 5-18

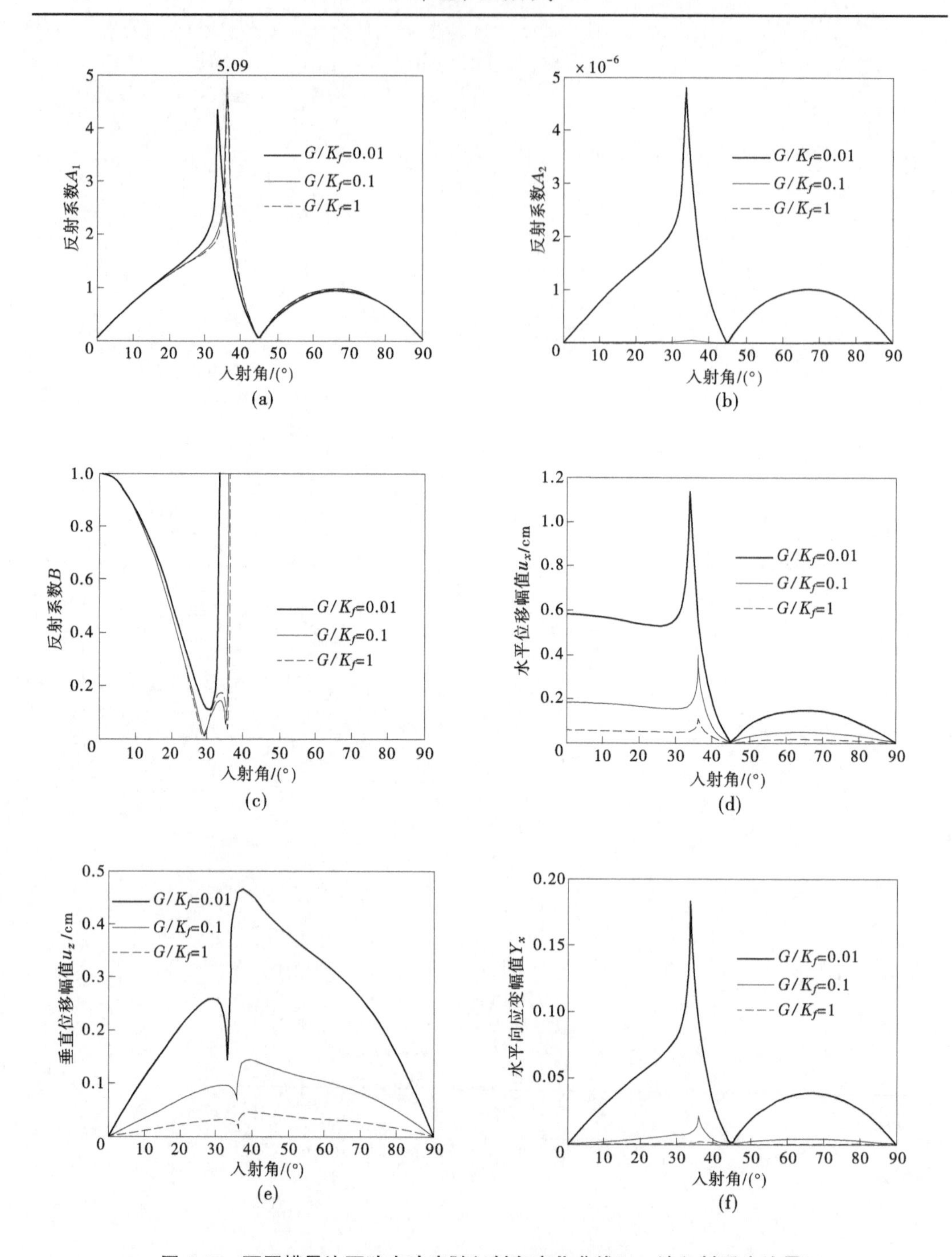

图 5-19　不同模量比下动力响应随入射角变化曲线(SV 波入射透水边界)

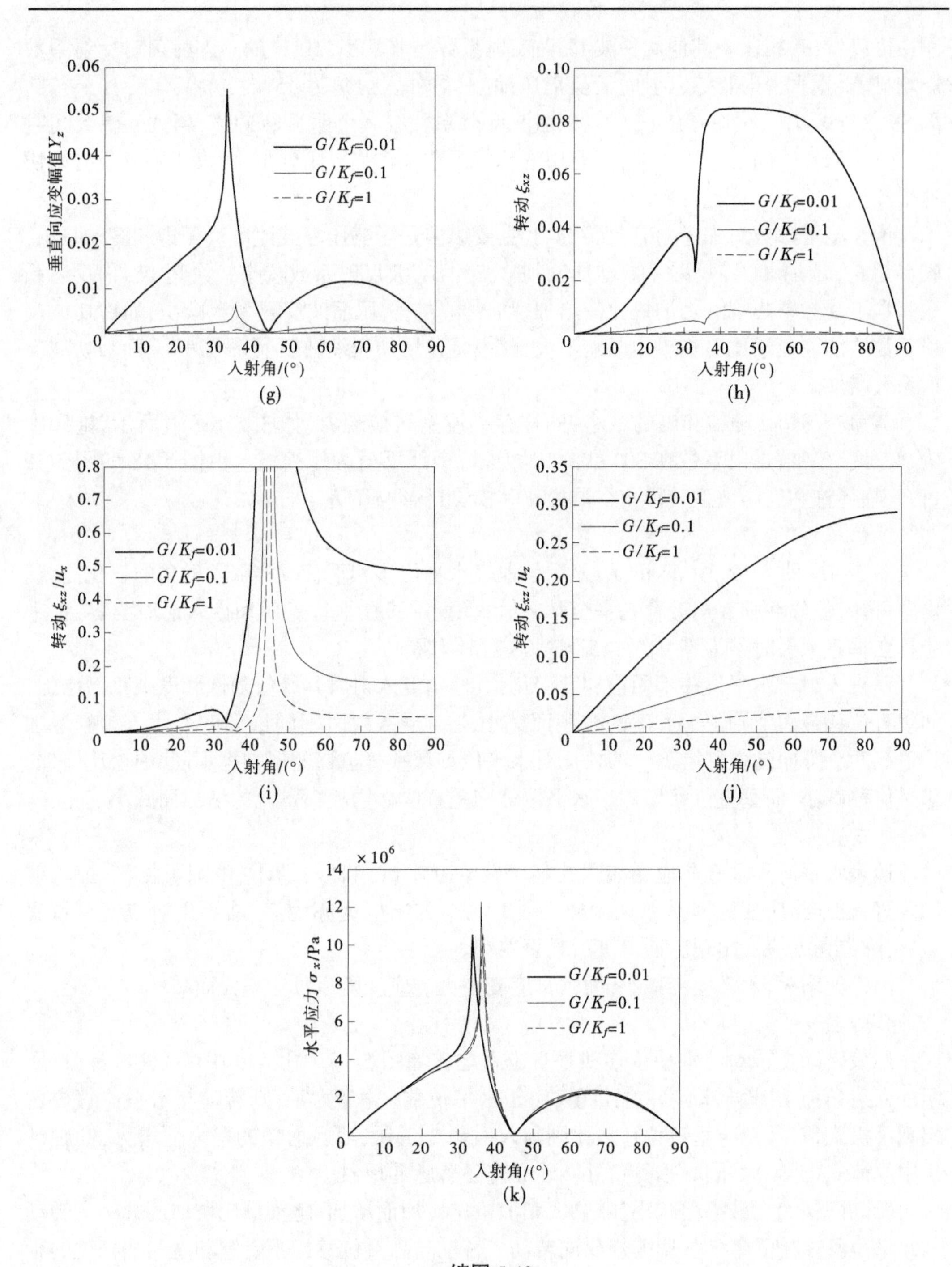

续图 5-19

1. 反射系数

三种波反射系数随入射角变化的影响分别见图 5-16~图 5-19 的(a)、(b)和(c)。由图中可以看出,相比于其他两种波 P_2 波反射系数是非常小(10^{-4})的。入射角对反射系数影响显著,垂直入射与掠入射时无反射压缩波,另外入射角为 45°时,亦仅有反射 SV 波,即 SV 波全反射。在临界角 θ_{cr1} 处,压缩波反射系数有一个明显脉冲值,当大于临界角时压缩波反射系数随之很快衰减,而剪切波反射系数则在临界角处最小,大于临界角时则快速增长至 1。

饱和度等参数对临界角有重要影响,主要原因是影响压缩波速度。随饱和度的减小,临界角 θ_{cr1} 增加,P_1 波反射系数增加,而 P_2 波和 SV 波反射系数减小。除 P_2 波外,反射系数基本不受频率影响。随泊松比的增加,临界角 θ_{cr1} 和压缩波反射系数减小,而剪切波反射系数增加。模量比对临界角影响不大,随模量比增加压缩波反射系数减小,而剪切波反射系数增加。

SV 波入射时,随饱和度的减小,同样存在波型转换现象,如图 5-16(c)所示,饱和度为 90%时,SV 波反射系数在 30°和 34°时为零,全部反射为压缩波。由图 5-18 和图 5-19 可知,临界饱和度与波型转换角受泊松比和模量比影响显著。

2. 位移

图 5-16~图 5-19 中(d)和(e)显示了地表水平位移和垂直位移随入射角的变化曲线。由图可知,位移在临界角处存在一个脉冲值,垂直位移在垂直入射和掠入射时为零,水平位移在垂直入射时不为零,而在 45°和掠入射时为零。

垂直入射时水平位移不随饱和度变化,其他角度入射时其峰值随饱和度减小而增加,而垂直位移最大值则随饱和度的减小而减小,在 45°入射时不随饱和度变化。频率增加将引起两个方向的位移增加。泊松比对水平位移和垂直位移的影响也不同,泊松比增加,水平位移减小,而垂直位移增加。水平位移和垂直位移均随模量比的增加而减小。

3. 应变

地表水平向和垂直向应变如图 5-16~图 5-19 中(f)和(g)所示,由图可见,在掠入射和垂直入射时,应变为零,另外在 45°入射时两个方向应变亦为零,临界角对应变有重要影响,临界角处应变出现脉冲值其后显著减小。

泊松比增大,水平应变减小,而垂直应变增大。应变随模量比增大而减小。

4. 转动

地表转动及转动与水平位移和垂直位移之比如图 5-16~图 5-19 中(h)、(i)和(j)所示。入射角为 45°时转动为一恒定值,由于水平位移在 45°为零,则转动与水平位移之比出现了极大值,转动与垂直位移之比则与入射角成正比,随入射角的增大而增大,同弹性土中规律式(5-30)。同时临界角处转动亦有显著脉冲现象。

转动随饱和度减小而减小,随频率和泊松比增加而增加,随模量比增加而减小。转动与水平位移之比受各参数影响规律同转动。转动与垂直位移比不受饱和度和泊松比的影响,仅随频率增加和模量比的减小而增加。

5. 应力

图 5-16~图 5-19 中(k)显示了水平应力随入射角的变化。与上述响应相同,在 45°入射时水平应力为零。在临界角处应力出现脉冲值,之后显著减小。

水平应力与饱和度呈负相关,与频率呈正相关,随泊松比减小而增大,受模量比影响不大。

6. 地表面粒子运动

分析土粒运动规律对于解释地震动数据是非常有意义的。计算水平位移与垂直位移随时间的变化曲线可以得到粒子的运动轨迹，如图 5-20～图 5-23 所示，分别是入射角为 0°、15°、30°和 45°时的计算结果，并同时讨论了饱和度对粒子运动的影响。

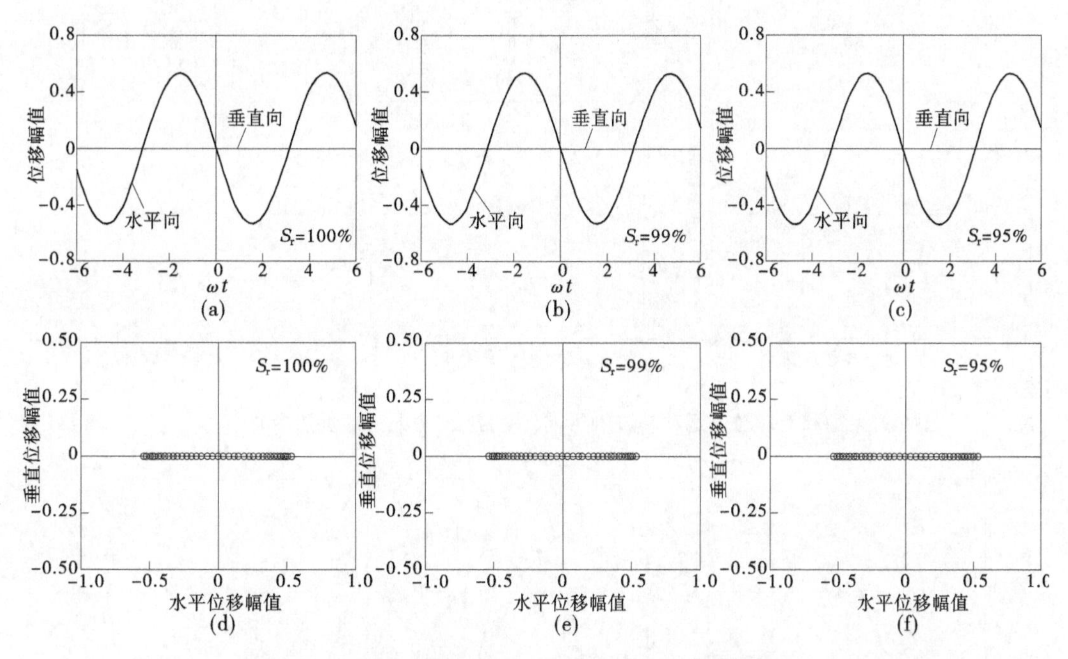

图 5-20　饱和度对粒子运动轨迹影响(SV 波垂直入射透水边界)　(单位:cm)

由图 5-20 可见，在 SV 波垂直入射地表面时，三种饱和度下土粒均没有垂直位移，仅在水平向运动。而当入射角为 15°(见图 5-21)，完全饱和时，土粒在水平位移与垂直位移的相位基本相差 90°，土粒运动轨迹为一椭圆，而当饱和度微量减小(S_r =99%)时，两个方向位移变为同相位，土粒运动轨迹为斜直线，而 S_r =95%时，土粒运动方向改变但轨迹仍为直线，且水平位移比垂直位移大得多。

入射角为 30°时的结果见图 5-22，完全饱和时，土粒的水平位移和垂直位移仍然不同相，运动轨迹为椭圆，与 15°角入射时不同的是此时椭圆长轴位于垂直方向，水平位移与垂直位移基本相同。当 S_r =99%时，水平位移则比垂直位移大得多，而有趣的是当饱和度再降低时，土粒的运动轨迹又变为直线(S_r =95%)。

由图 5-23 可知，45°角入射时土粒仅有垂直运动，因为此时水平位移为零[见图 5-16(d)]，且不随饱和度变化。

7. 反射波能量

各反射波能量随入射角的变化曲线如图 5-24～图 5-26 所示，分别显示了饱和度、模量比和泊松比对各波能量比的影响。

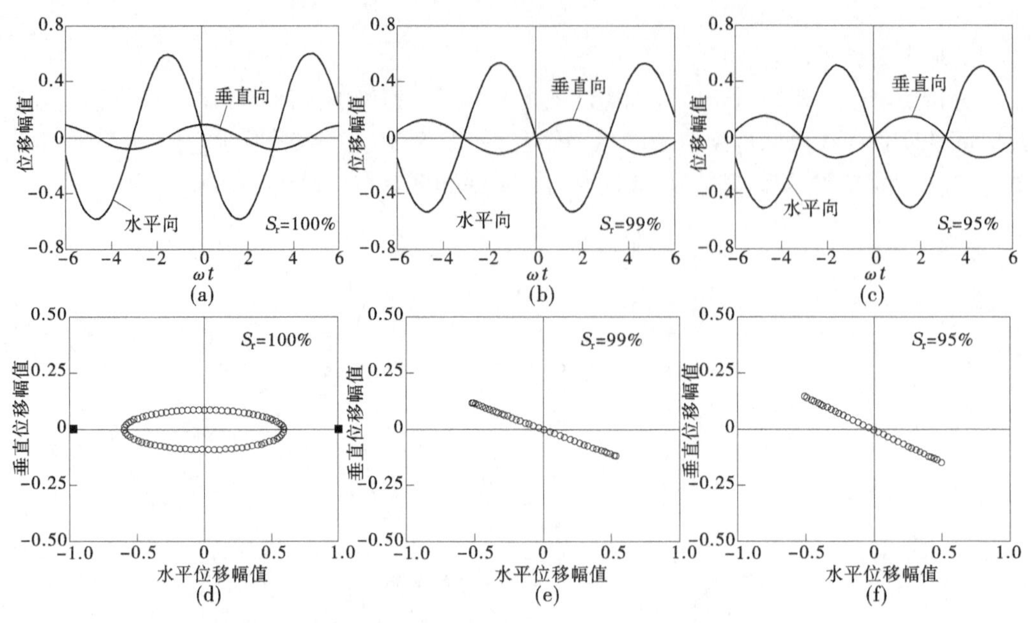

图 5-21　饱和度对粒子运动轨迹的影响(SV 波 15°角入射透水边界)　(单位:cm)

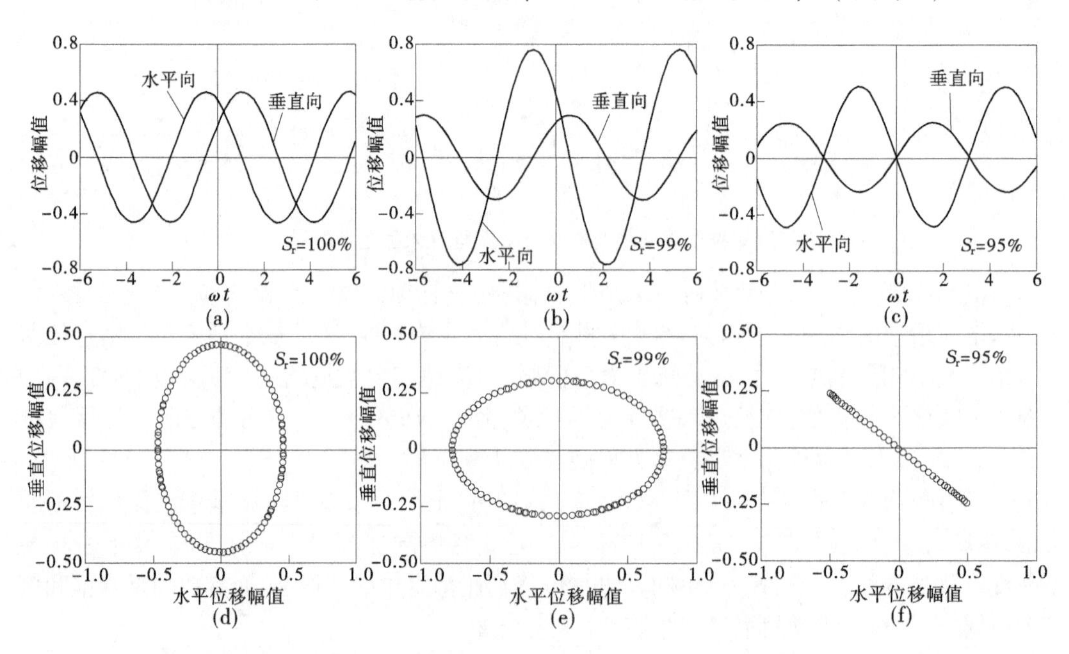

图 5-22　饱和度对粒子运动轨迹的影响(SV 波 30°角入射透水边界)　(单位:cm)

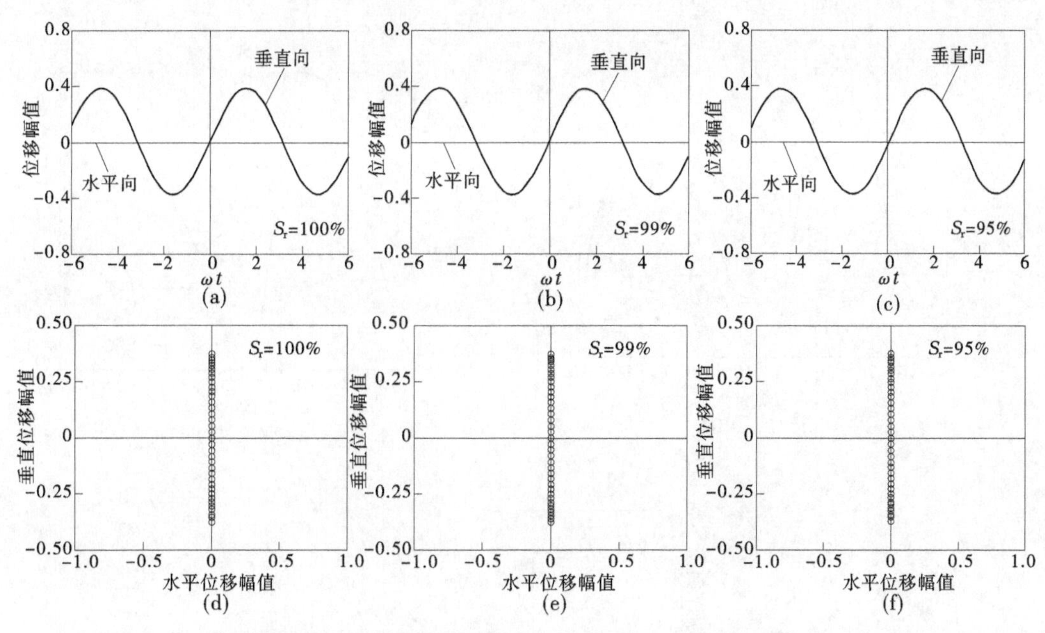

图 5-23　饱和度对粒子运动轨迹的影响(SV 波 45°角入射透水边界)　(单位:cm)

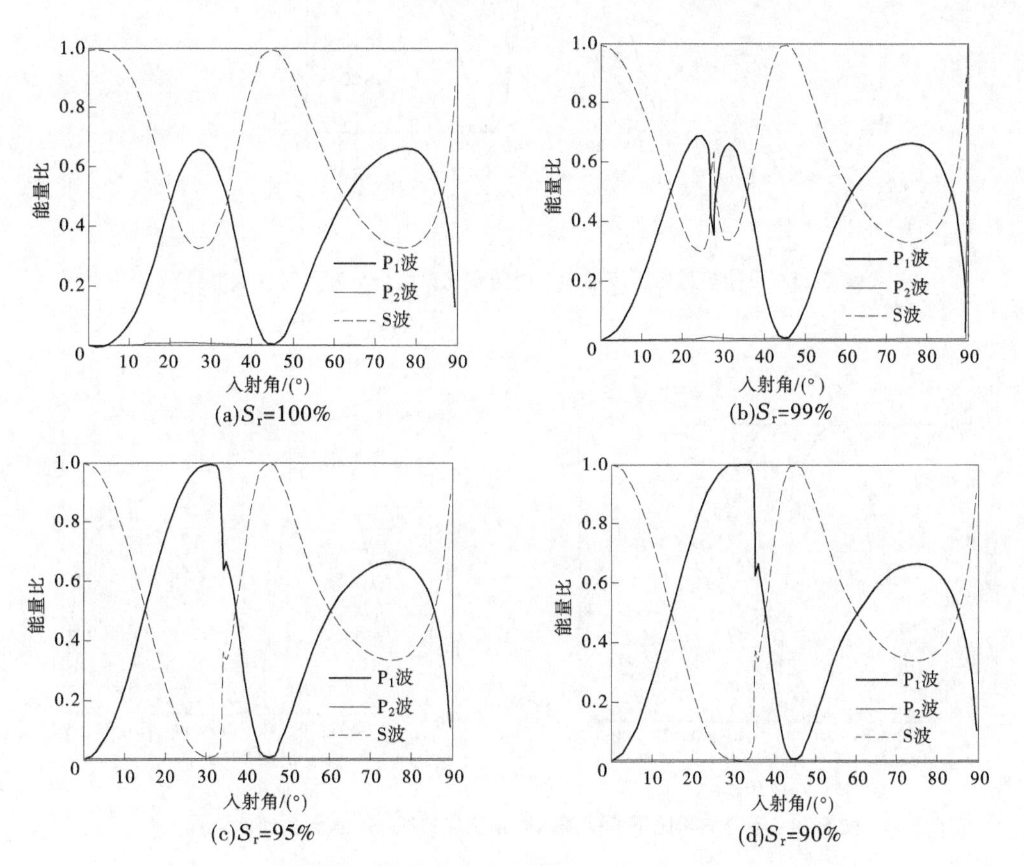

图 5-24　不同饱和度下波能随入射角变化曲线(SV 波入射透水边界)

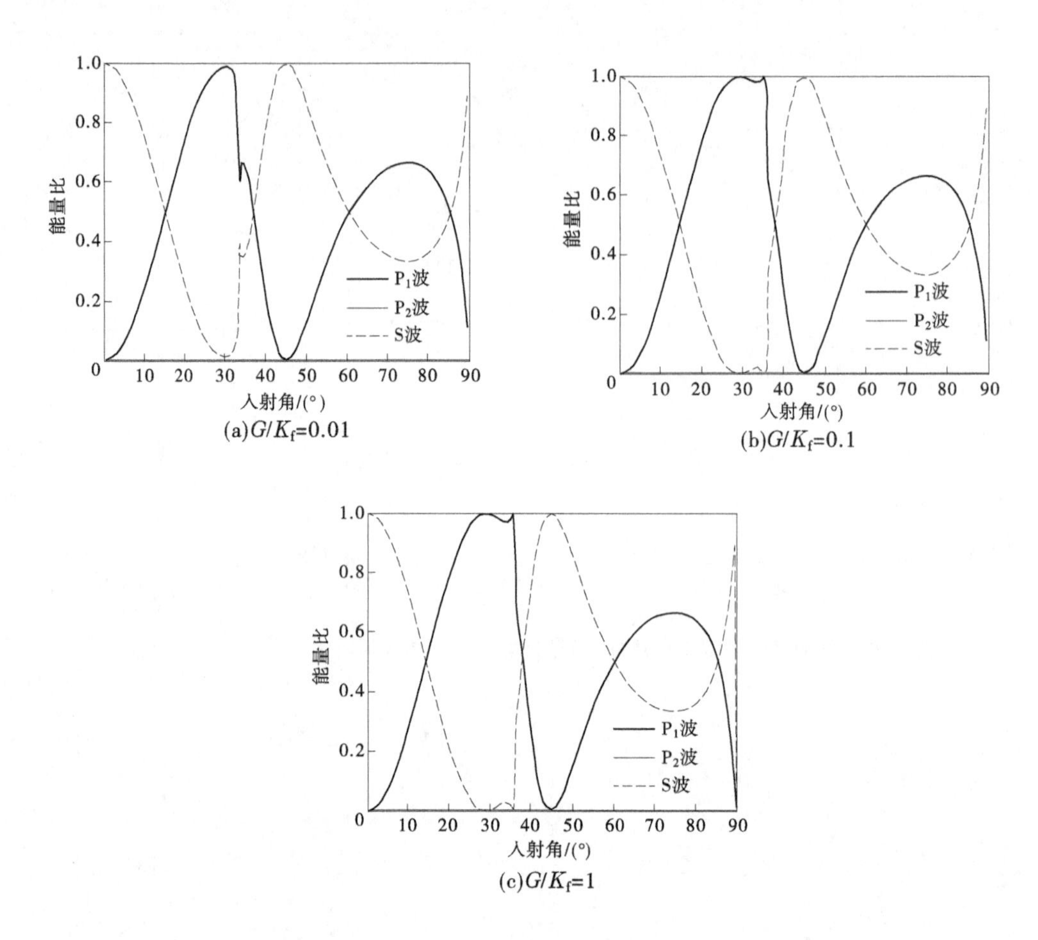

图 5-25　不同模量比下波能随入射角变化曲线(SV 波入射透水边界)

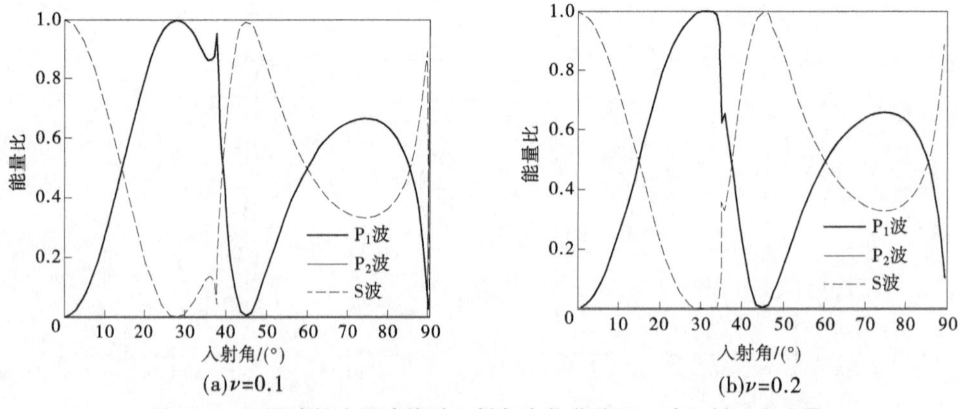

图 5-26　不同泊松比下波能随入射角变化曲线(SV 波入射透水边界)

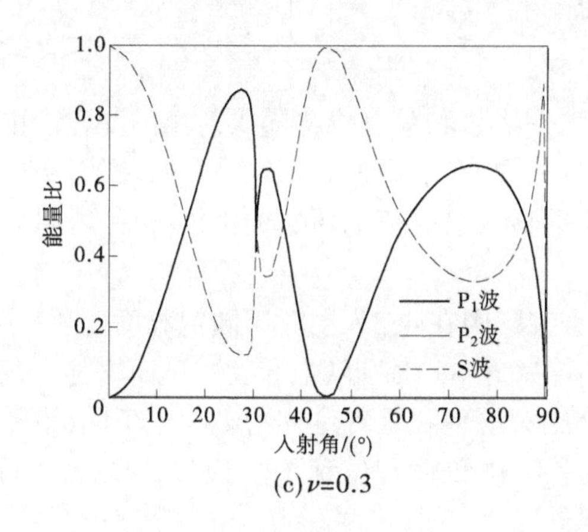

(c) $\nu=0.3$

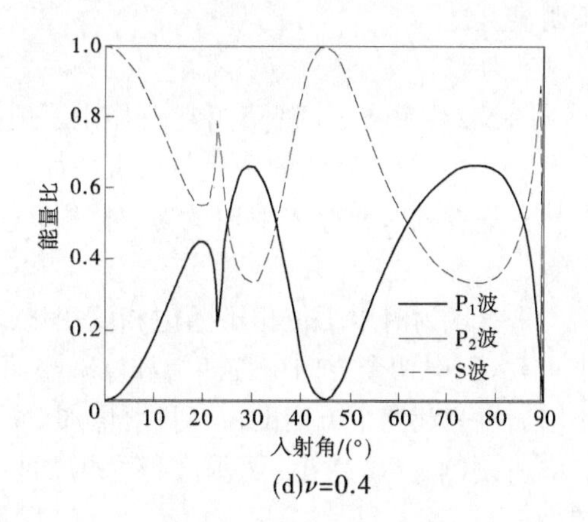

(d) $\nu=0.4$

续图 5-26

如图所示，P_2 波所占总能量的分量非常少，波能基本由 P_1 波和 SV 波占据。当掠入射和垂直入射时，只有 SV 波能量，其他两波能量为零。在入射角为 45°时，与反射系数变化规律相同，压缩波的能量为零，在临界角 θ_{cr1} 处波能曲线出现跳跃。

随着饱和度的减小，压缩波能量增加，由图 5-24(c) 和(d) 可见在波型转换角处剪切波能量为零，入射波全部反射为压缩波。

如图 5-25 所示，模量比对波能影响不大，随模量比增加压缩波能量略有增加。

如图 5-26 所示，泊松比对各反射波能量也有重要影响，低泊松比时压缩波能量与剪切波能量相当，随着泊松比增加，压缩波能量减小，剪切波携带能量增加。

(二)不透水边界结果

SV 波入射地表边界封闭条件下的动力响应随入射角的变化曲线如图 5-27～图 5-30 所示，分别显示了饱和度、频率、泊松比和模量比的影响。各响应的变化规律分述如下。

1. 反射系数

三种波反射系数随入射角的变化曲线分别见图 5-21～图 5-30 的(a)、(b) 和(c)。由图中可以看出，不透水条件下 P_2 波反射系数亦是非常小(10^{-6})的。入射角对反射系数影响显著，垂直入射与掠入射时无反射压缩波，另外入射角为 45°时，亦仅有反射 SV 波。在临界角 θ_{cr1} 处，压缩波反射系数有一个明显脉冲值，大于临界角后压缩波反射系数则很小，而剪切波反射系数则在临界角处最小，大于临界角时则快速跃增至 1。在完全饱和时临界角非常小，而且此刻压缩波反射系数出现放大现象。

与透水条件下不同，随饱和度的减小，临界角 θ_{cr1} 增加，P_1 波、P_2 波和 SV 波反射系数均减小。频率仅对 P_2 波反射系数有影响，P_2 波反射系数随频率增加而增加。随泊松比的增加，临界角 θ_{cr1} 和压缩波反射系数减小，而剪切波反射系数增加。模量比对临界角影响不大，随模量比增加压缩波反射系数减小，而剪切波反射系数增加。

不透水边界条件下，随饱和度的减小亦出现波型转换现象，临界饱和度和转换角均比在透水条件下小。如图 5-27(c) 所示，饱和度为 95%时，SV 波反射系数在 29°时为零。由图 5-29(c) 和图 5-30(c) 可见临界饱和度和波型转换角受泊松比影响显著，受模量比影响不明显。

2. 位移

图 5-27～图 5-30 中(d)和(e)显示了地表水平位移和垂直位移随入射角的变化。由图可知,位移随入射角的变化与透水条件下基本相同,在临界角处存在一个脉冲值,垂向位移在垂直入射和掠入射时为零,水平位移在垂直入射时不为零,却在 45°和掠入射时为零。

垂直入射时水平位移不随饱和度变化,垂直位移则在 45°入射时不随饱和度变化;小于 45°入射时两个方向位移随饱和度减小而减小,大于 45°时则随饱和度减小而增加。频率增加将引起两个方向的位移显著增加。泊松比对水平和垂直位移的影响也不同,泊松比增加,水平位移减小,而垂直位移增加。水平位移和垂直位移均随模量比的增加而减小。

3. 应变

地表水平向和垂直向应变如图 5-27～图 5-30 中(f)和(g)所示,由图可见,应力在完全饱和时没有放大现象,在掠入射和垂直入射时,应变为零,另外在 45°入射时两个方向应变亦为零,同透水条件下情况,临界角 θ_{cr1} 对应变亦有重要影响。应变随饱和度的减小而增大,随频率的减小而减小。泊松比增大,水平应变减小,而垂直应变增大。模量比增大,应变减小。

4. 转动

地表转动及转动与水平位移和垂直位移之比如图 5-27～图 5-30 中(h)、(i)和(j)所示。同透水条件情况一样,在 45°角处转动与水平位移之比出现了极大值,而转动与垂直位移之比则与入射角成正比,随入射角的增大而增大,同弹性土中规律[式(5-30)]。同时,临界角处转动亦有显著脉冲现象。

转动随饱和度减小而减小,随频率和泊松比增加而增加,随模量比增加而减小。转动与水平位移之比受各参数影响规律与转动基本相同。转动与垂直位移比不受饱和度和泊松比的影响,仅随频率增加和模量比的减小而增加。

5. 应力

图 5-27～图 5-30 中(k)和(l)显示了水平应力和孔隙流体压力随入射角的变化。与上述响应相同,在 45°角入射时水平应力为零。在临界角处应力出现脉冲值,之后显著减小。水平应力随饱和度与频率的减小而减小,随模量比的增加而减小。入射角小于 45°时水平应力随泊松比增加而减小,入射角大于 45°时水平应力随泊松比增加而增加。孔隙流体压力比水平应力小一个数量级,且基本与水平应力有相同的变化规律,不同的是随泊松比增加孔压在所有入射角均减小。

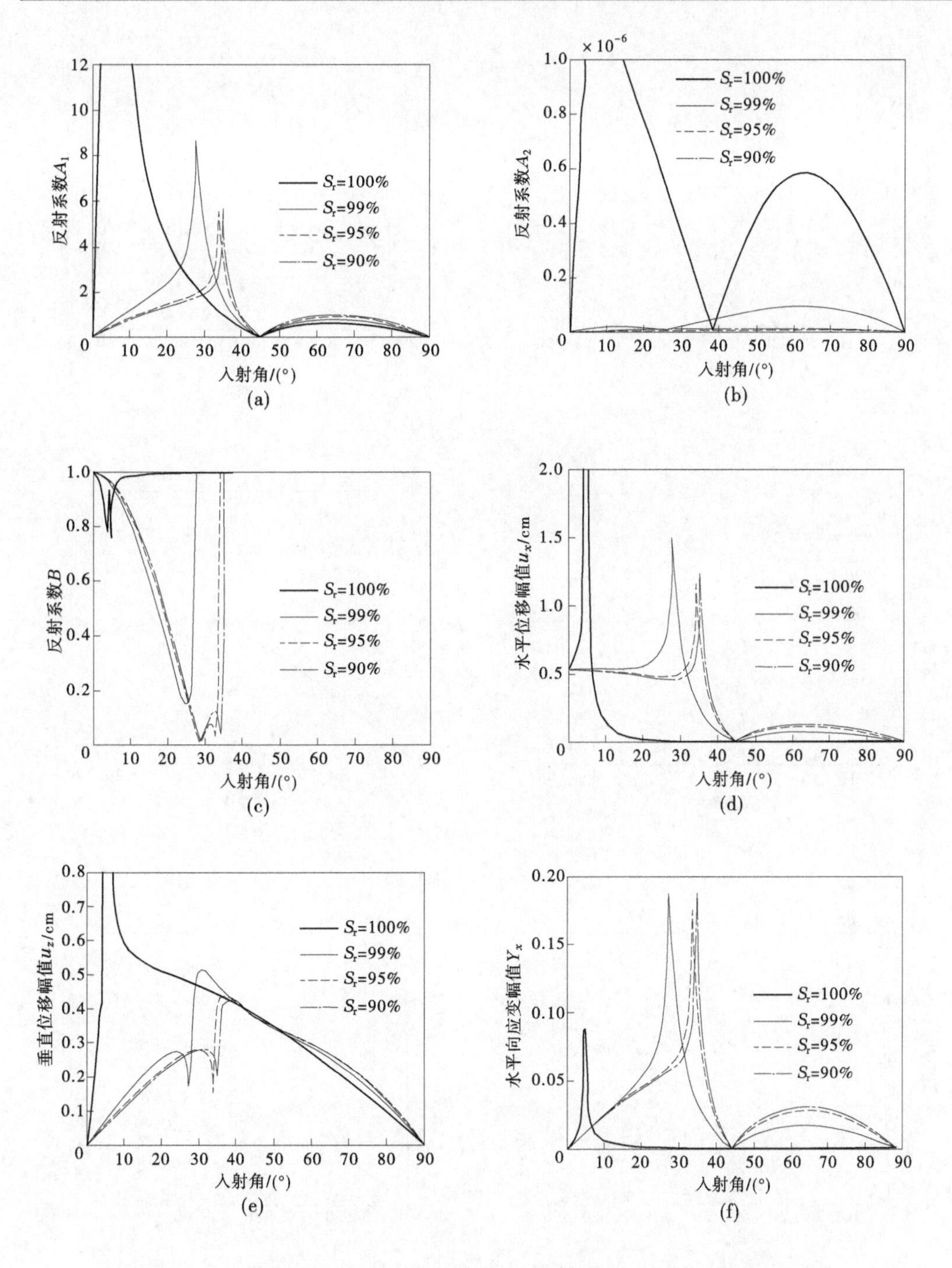

图 5-27　不同饱和度下动力响应随入射角变化曲线(SV 波入射不透水边界)

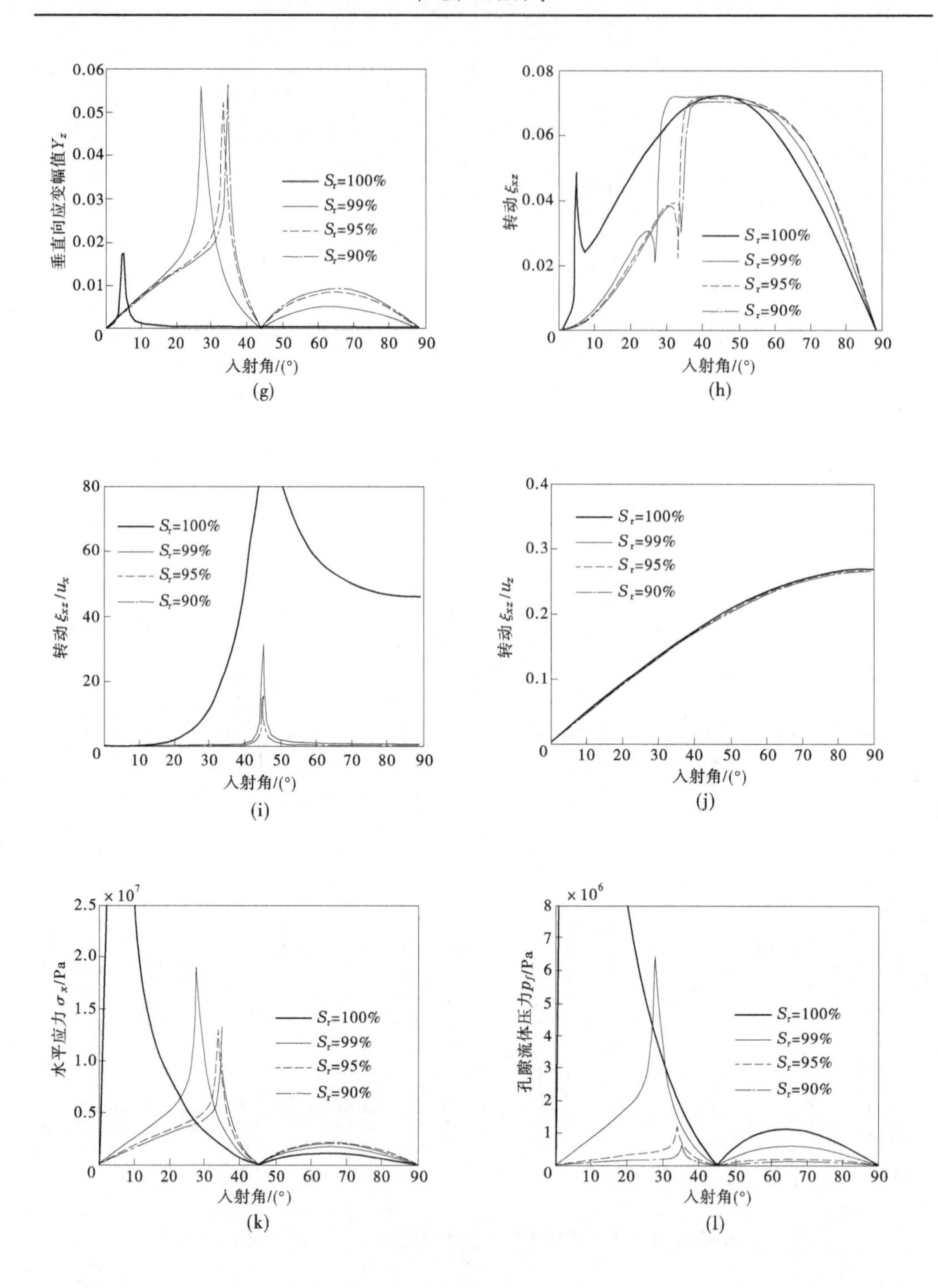

垂直向应变幅值Y_z
入射角/(°)
(g)
转动ξ_{xz}
入射角/(°)
(h)
转动ξ_{xz}/u_x
入射角/(°)
(i)
转动ξ_{xz}/u_z
入射角/(°)
(j)
$\times 10^7$
水平应力σ_x/Pa
入射角/(°)
(k)
$\times 10^6$
孔隙流体压力p_f/Pa
入射角(°)
(l)
S_r=100%
S_r=99%
S_r=95%
S_r=90%

续图 5-27

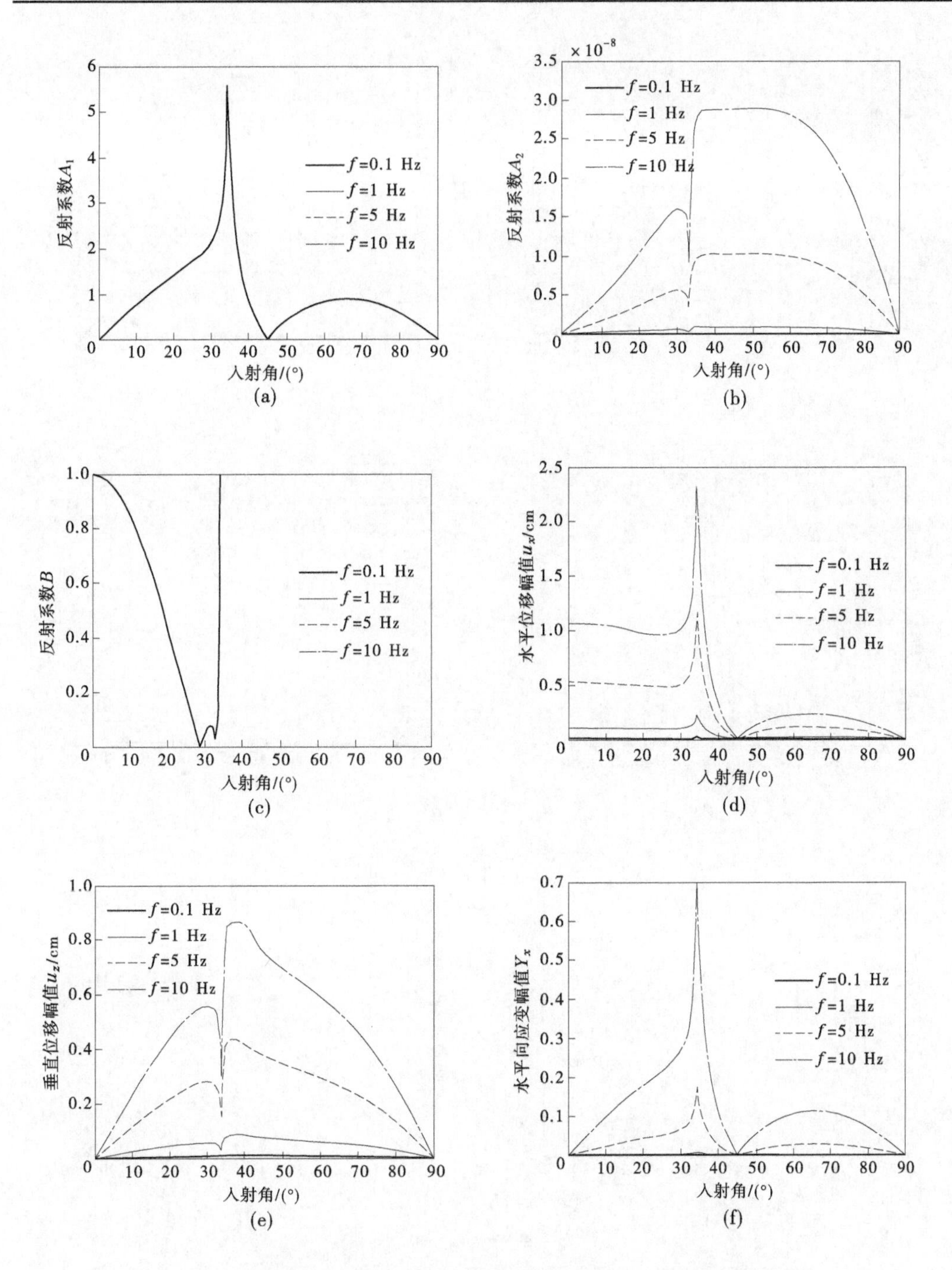

图 5-28　不同频率下动力响应随入射角变化曲线(SV 波入射不透水边界)

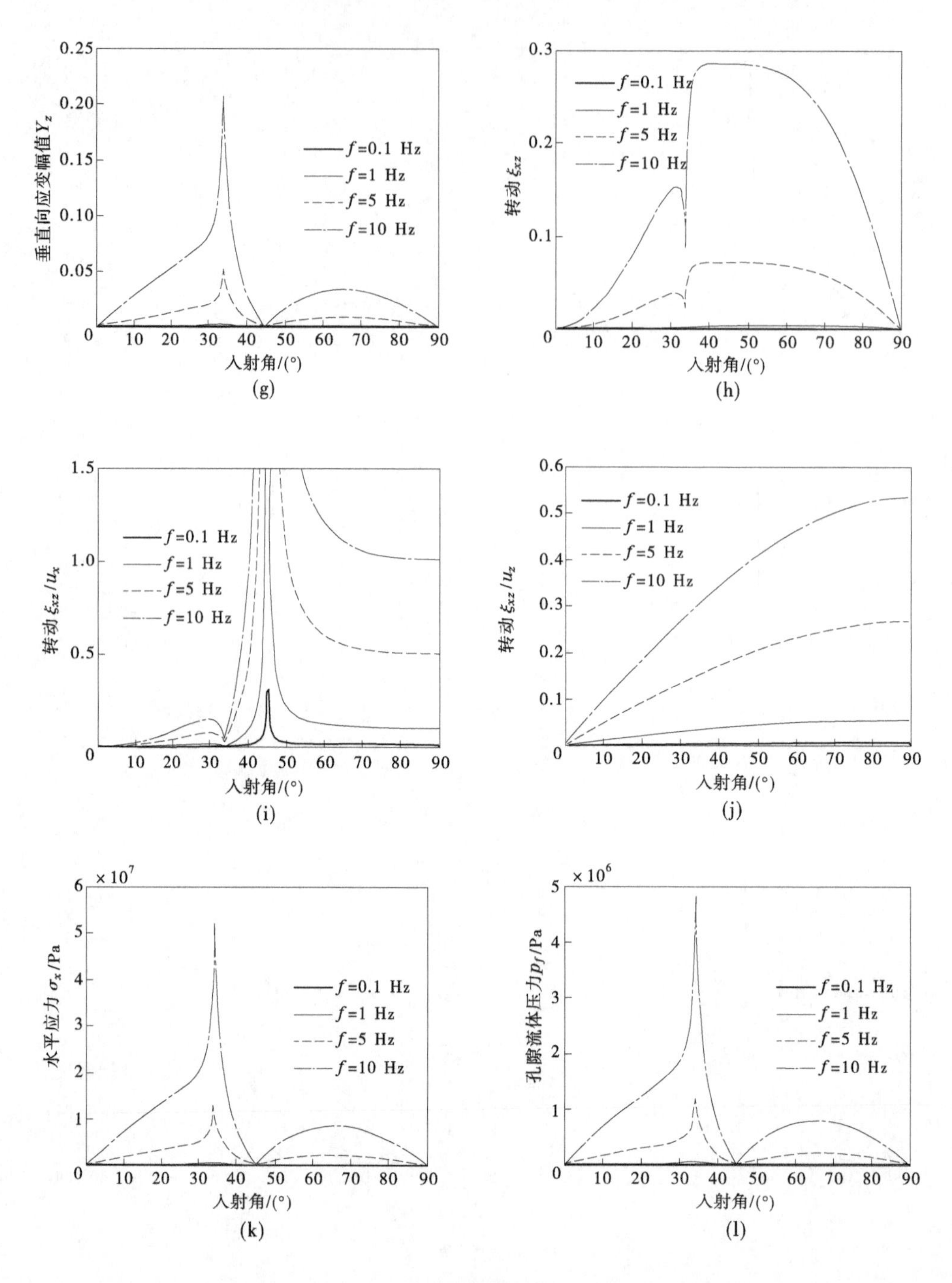

垂直向应变幅值Y_z
转动ξ_{xz}
转动ξ_{xz}/u_x
转动ξ_{xz}/u_z
水平应力σ_x/Pa
孔隙流体压力p_f/Pa
入射角/(°)
f=0.1 Hz
f=1 Hz
f=5 Hz
f=10 Hz
$\times10^7$
$\times10^6$
(g)
(h)
(i)
(j)
(k)
(l)

续图 5-28

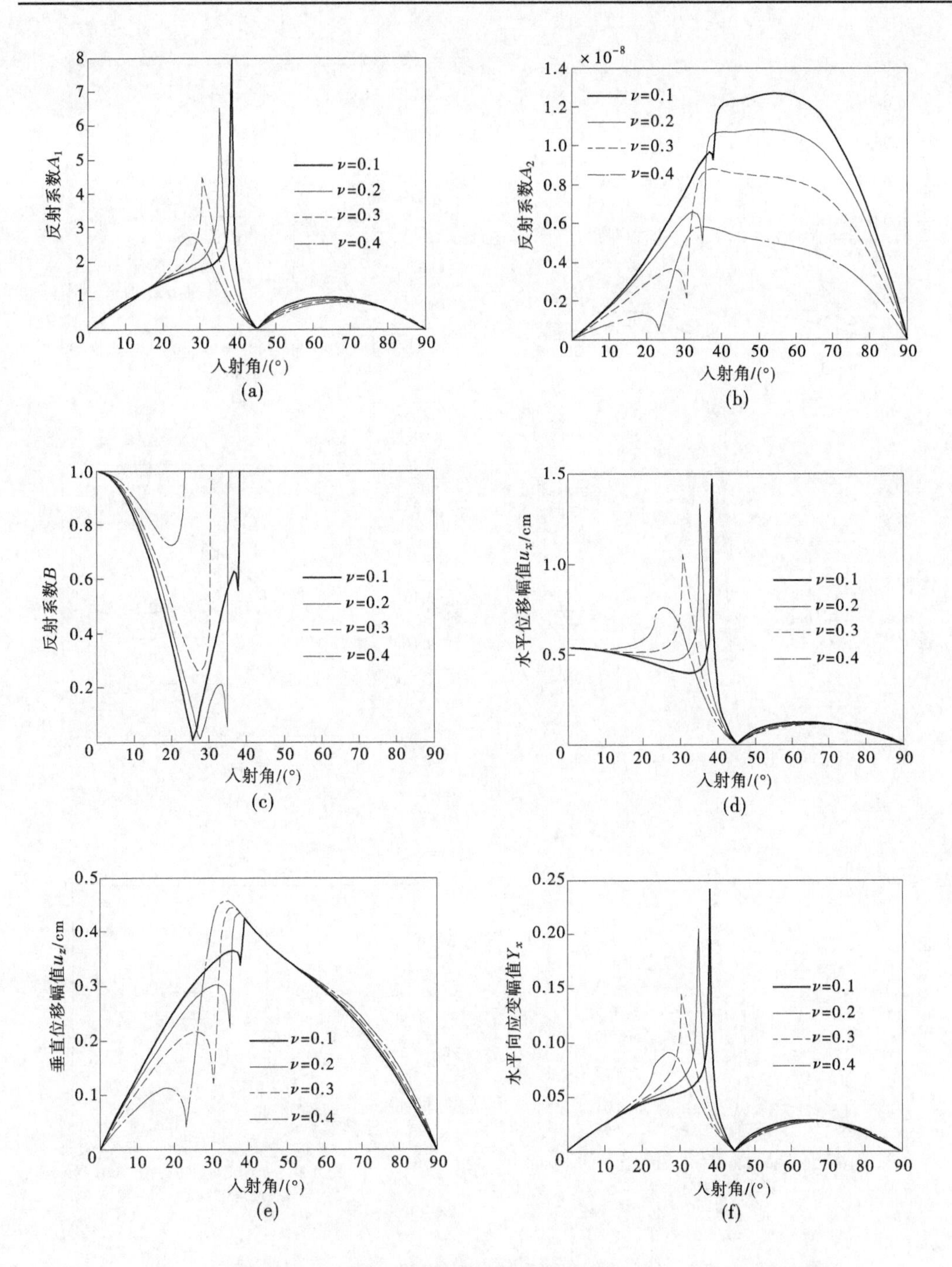

图 5-29　不同泊松比下动力响应随入射角变化曲线(SV 波入射不透水边界)

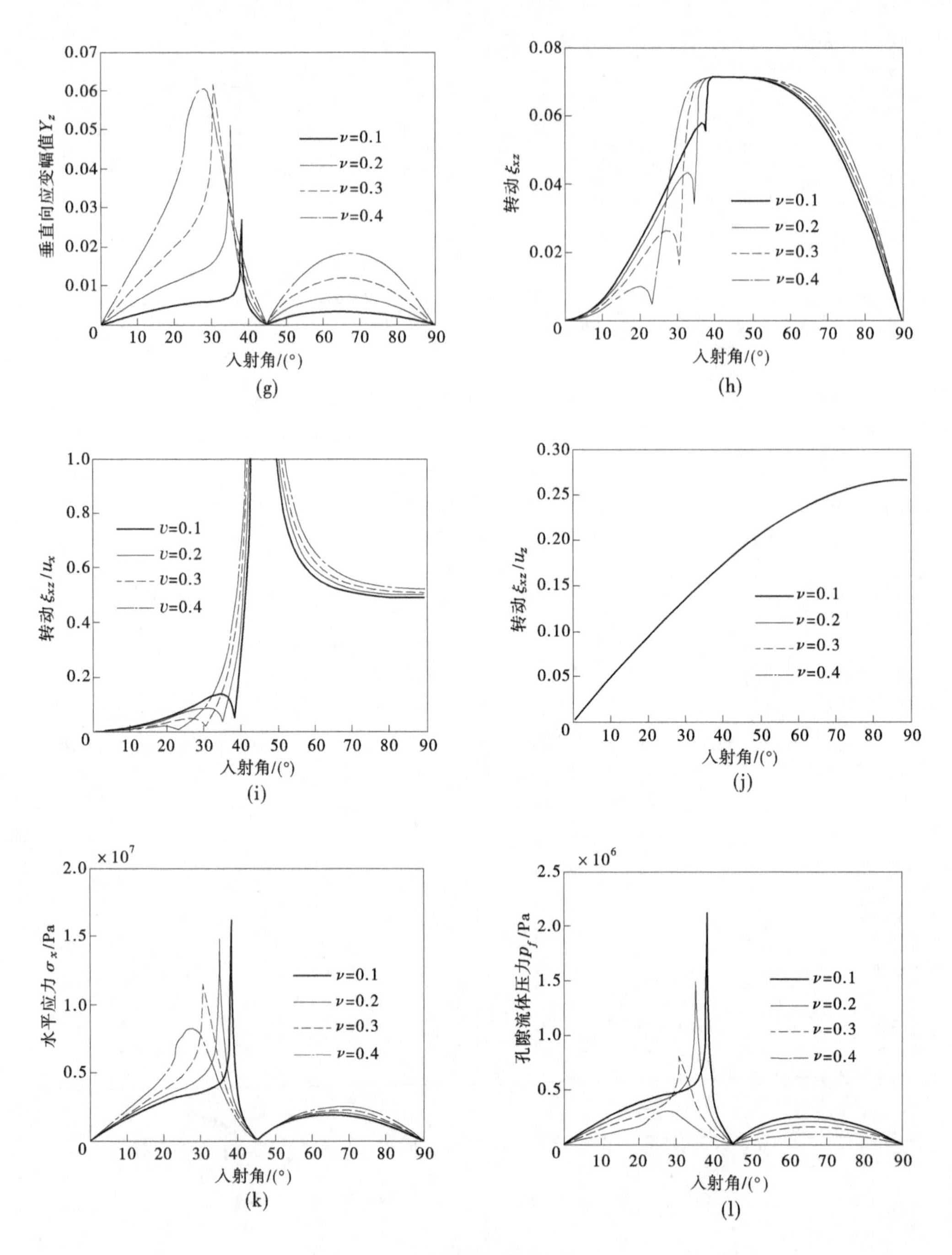
垂直向应变幅值Y_z
入射角/(°)
(g)
转动ξ_{xz}
入射角/(°)
(h)
转动ξ_{xz}/u_x
入射角/(°)
(i)
转动ξ_{xz}/u_z
入射角/(°)
(j)
水平应力σ_x/Pa
入射角/(°)
(k)
孔隙流体压力p_f/Pa
入射角/(°)
(l)
ν=0.1
ν=0.2
ν=0.3
ν=0.4

续图 5-29

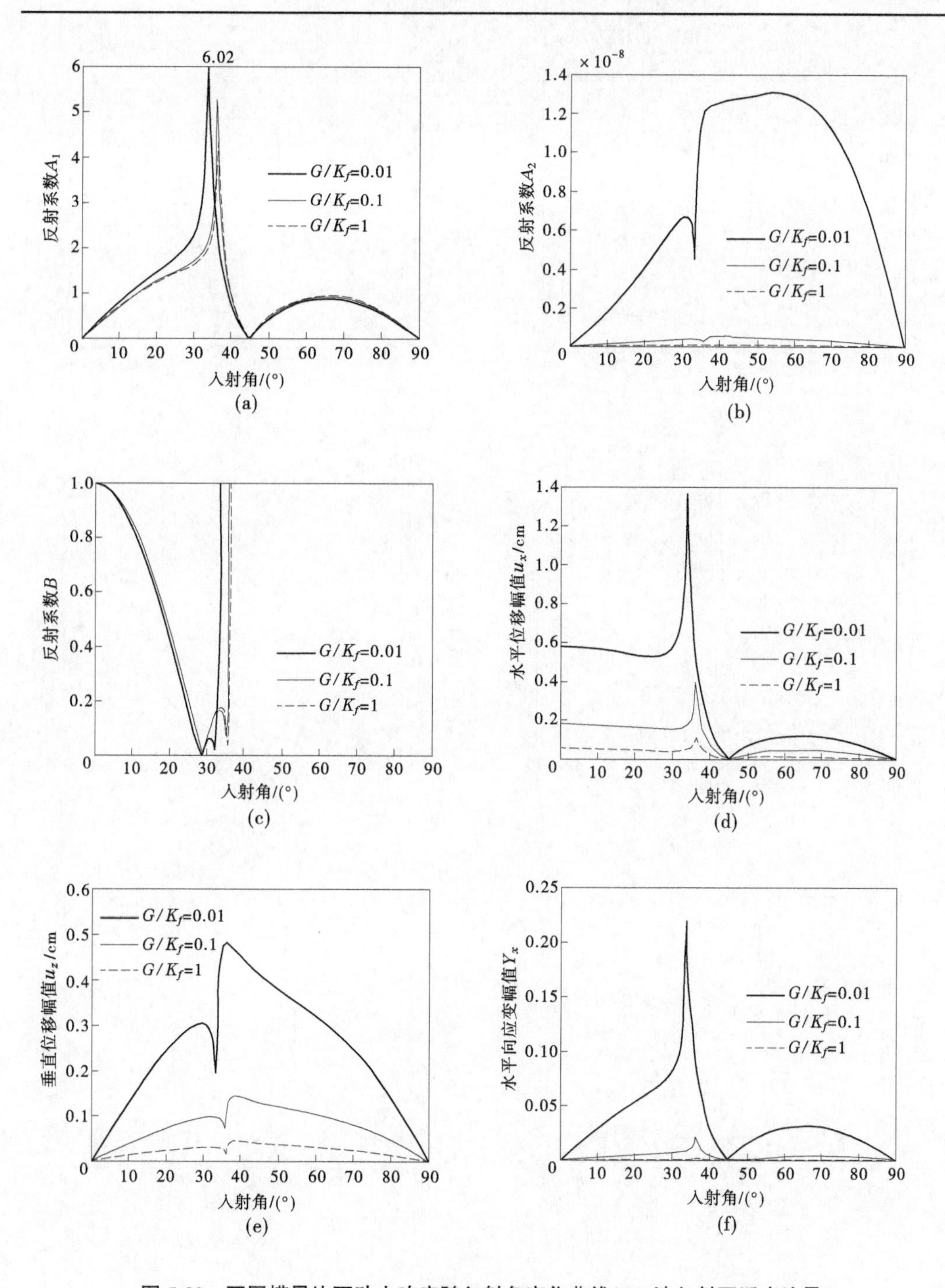

图 5-30　不同模量比下动力响应随入射角变化曲线(SV 波入射不透水边界)

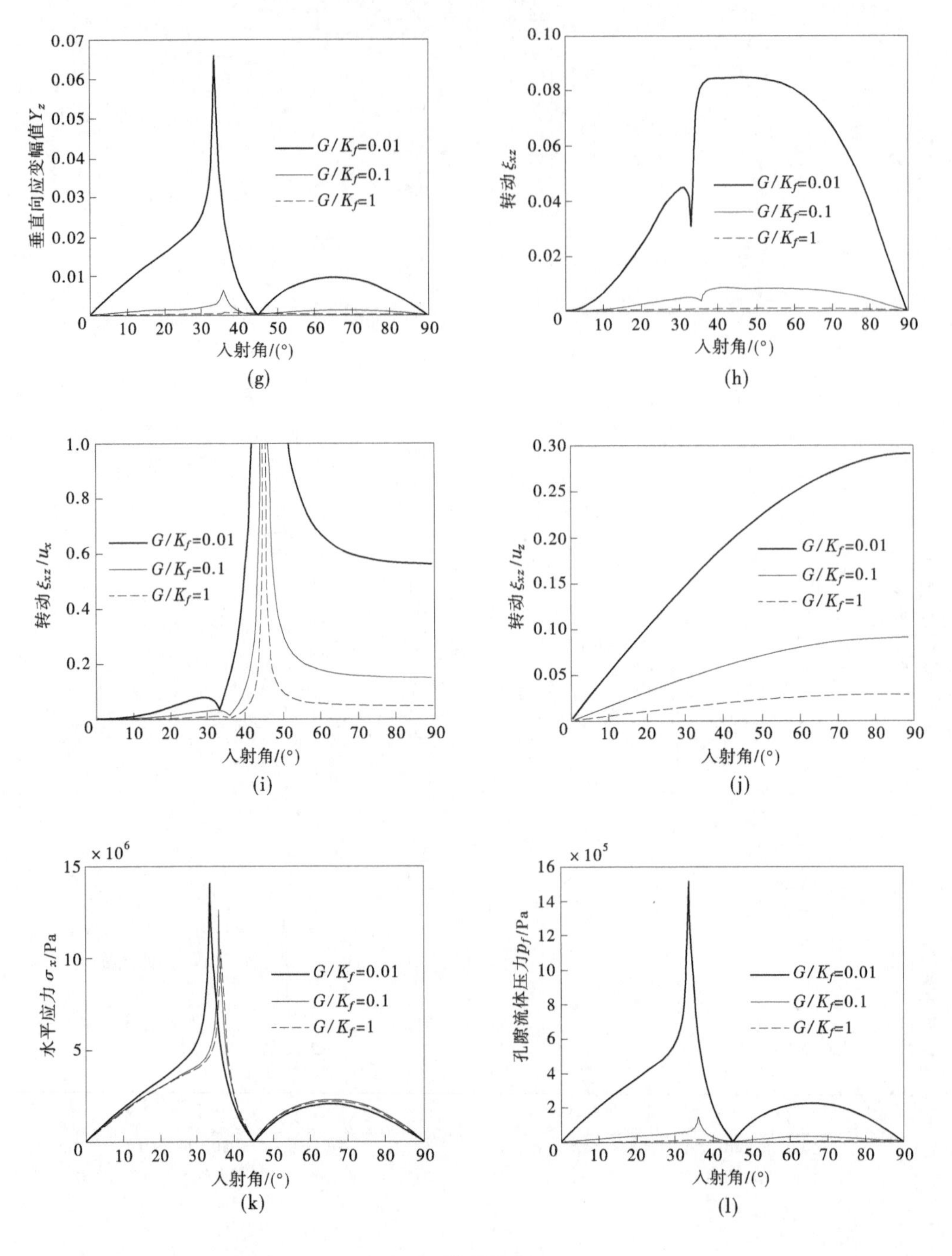

续图 5-30

(三)不同边界条件下的结果比较

取频率 5 Hz、饱和度 95%、泊松比 0.23,两种边界条件下动力响应的计算结果比较如图 5-31 所示。图 5-31 中表明,边界条件对响应有重要的影响,在不透水边界条件下 P_1 波

反射波系数增加而 P_2 波和 SV 波反射系数减小。在临界角附近，不透水条件下动力响应值要大于透水条件下结果；当入射角大于 45°时，则小于透水边界条件下的结果。转动与水平位移和垂直位移之比则是透水边界结果大于不透水边界结果。

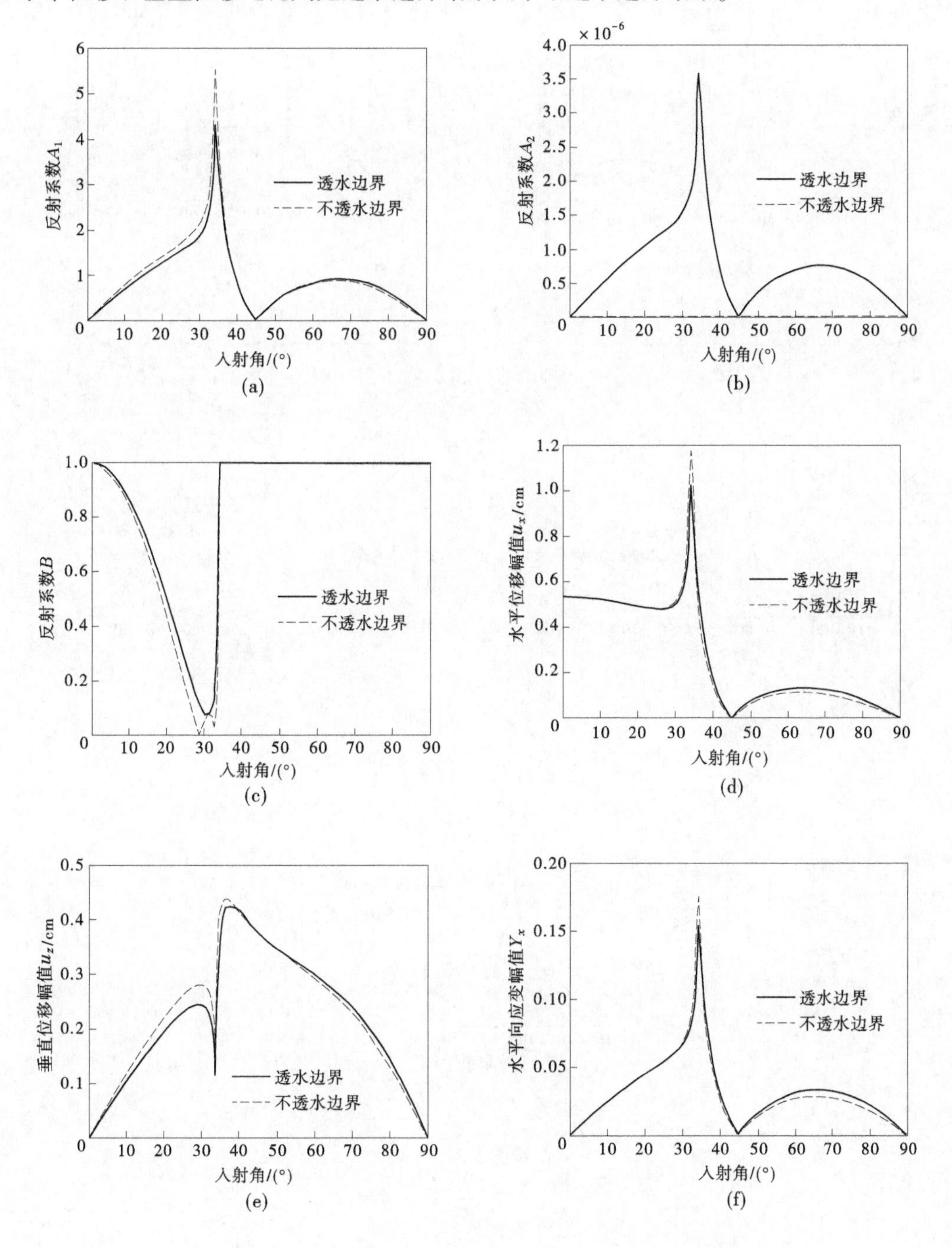

图 5-31　不同边界条件下动力响应对比曲线（SV 波入射）

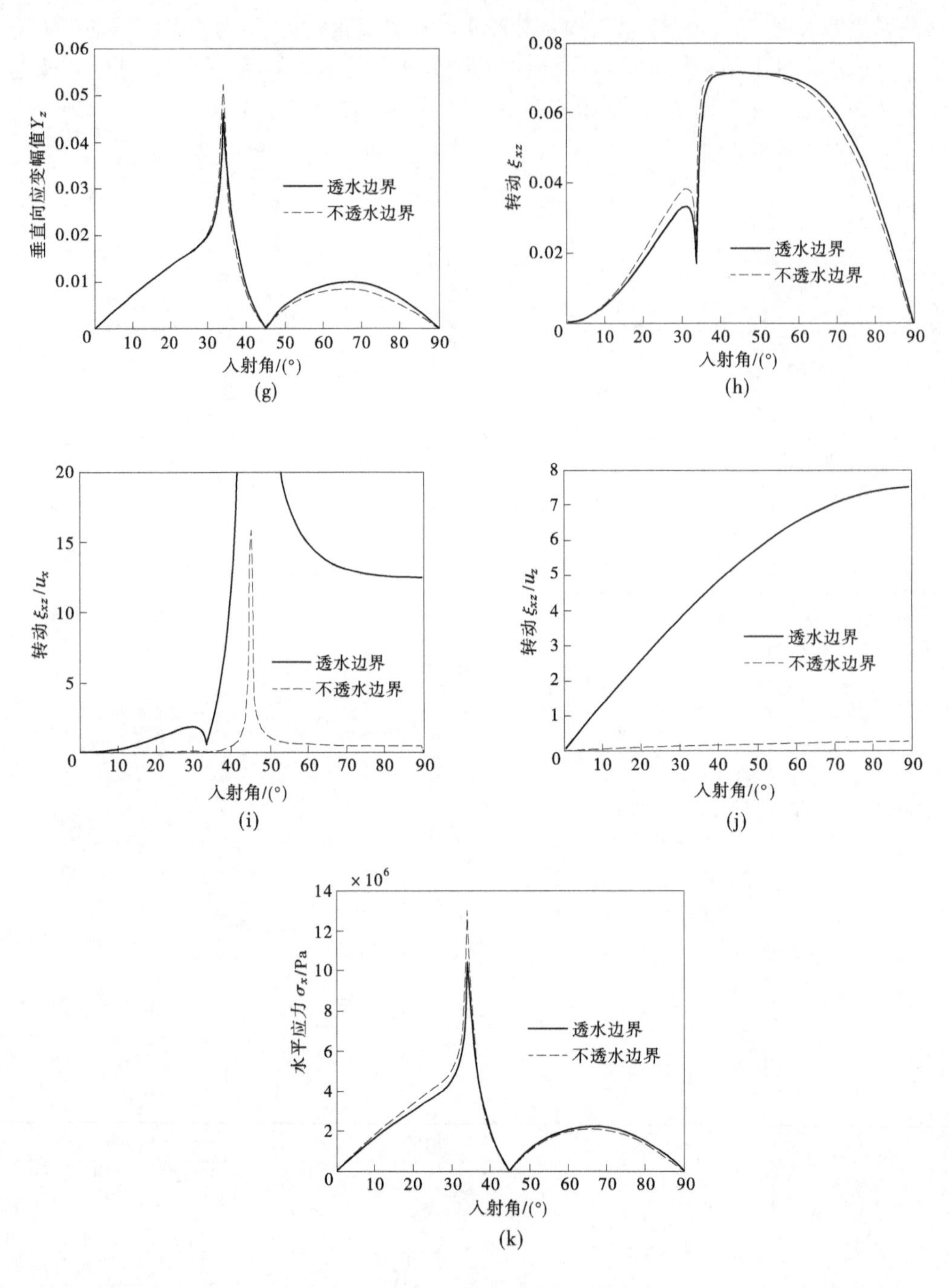

垂直向应变幅值 Y_z
转动 ξ_{xz}
转动 ξ_{xz}/u_x
转动 ξ_{xz}/u_z
水平应力 σ_x/Pa
$\times 10^6$
入射角/(°)
透水边界
不透水边界
(g)
(h)
(i)
(j)
(k)

续图 5-31

第四节　工程实例

作为理论分析和数值讨论的初步应用和验证,这里将简单地讨论一个地震实例,即1995 年 1 月 17 日发生的日本神户地震。神户地震时($M_W=6.9$)在人工岛港通过钻孔实测到了强地面运动数据。人工岛港位于神户市西南面,离震中约 20 km,钻孔中埋设四组三分量加速度仪分别置于地表及地下 16 m、32 m 和 83 m 处。每个加速度仪可记录两个水平方向(东西向和南北向)的运动和一个垂直方向的运动。实测该场地的地层剖面和三个方向的峰值加速度值如图 5-32 所示。

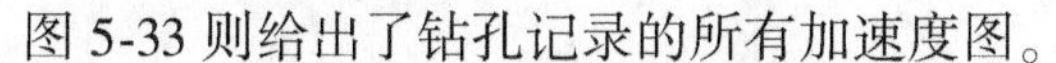

图 5-33 则给出了钻孔记录的所有加速度图。

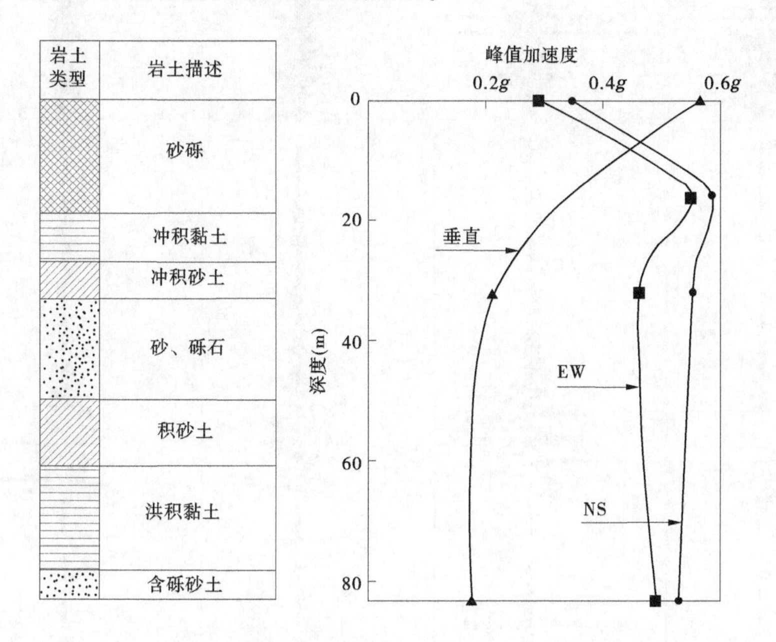

图 5-32　实测峰值加速度的三个分量沿深度分布图(Yang 和 Sato,2001b)

由图 5-32 可见,地震波由深处向地表传播过程中,水平运动有减小趋势,垂直运动有放大趋势,地表面垂直加速度峰值为水平向的 1.5~2 倍。图 5-33 中不同深度记录的加速度值也反映出水平加速度值减小,垂直加速度增加。对这一现象,许多学者(Sato 等,1996;Aguirre 和 Irikura,1997;Kokusho 和 Matsumoto,1999;Yang 等,2000a)认为水平向运动的减小是由土体非线性和地表回填土的液化引起的。而 Yang 和 Sato(2000b,2001b)把垂直运动放大现象解释为 P 波垂直入射成层半空间时,近地表土体的不完全饱和引起的。另外,现场测得在 12.6 m 上土层中压缩波平均速度为 590 m/s,而下部土层中压缩波速度为 1 500 m/s。理论计算与试验结果也证明了饱和度的微量减小对压缩波速的显著影响。

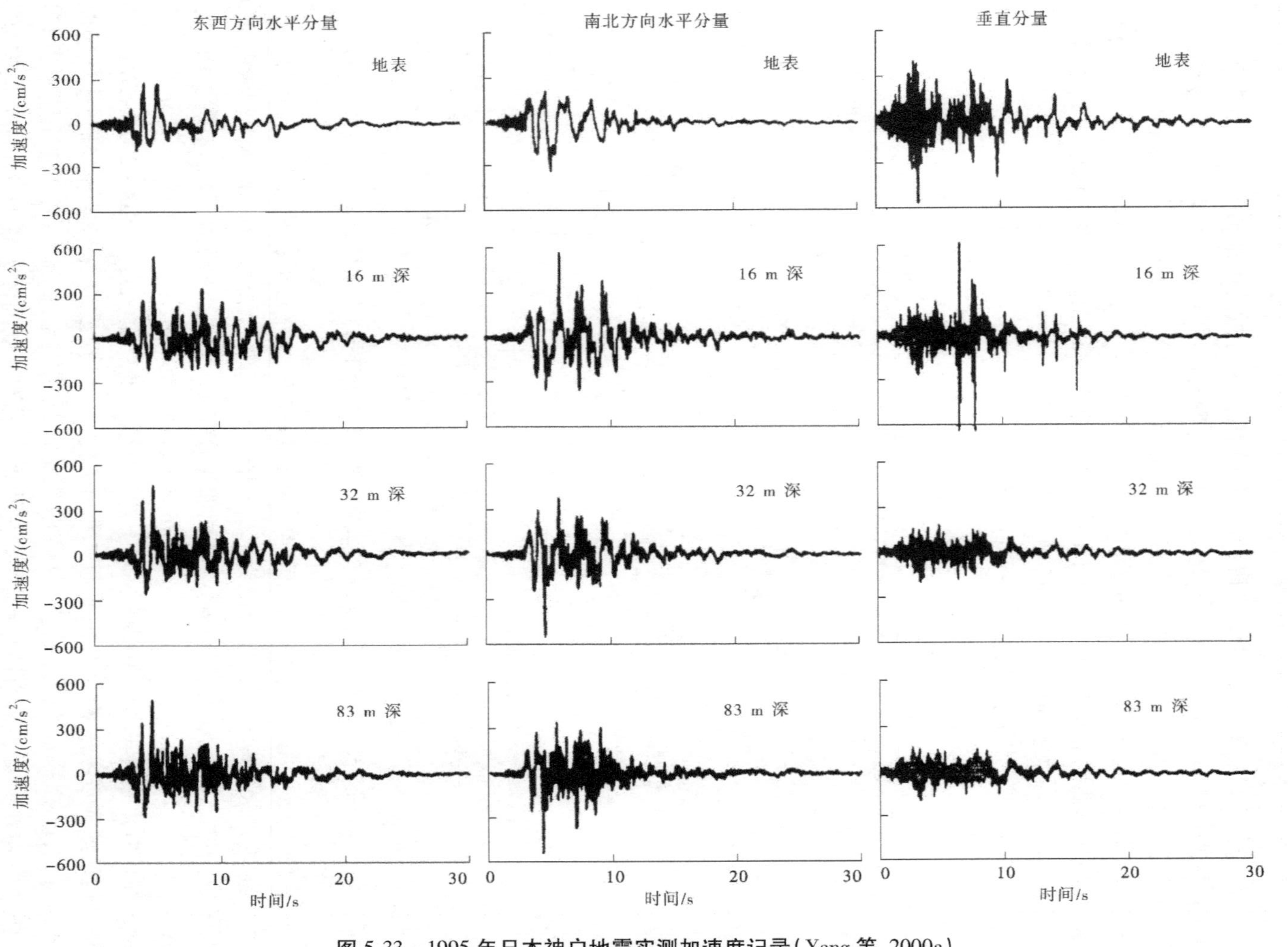

图 5-33　1995 年日本神户地震实测加速度记录(Yang 等,2000a)

这里我们也应用本章计算结果对该现象做一简要分析，由地层剖面图知，近地表地层为砂土，地下水位 2.4 m，而由压缩波速度分析知近地表土为准饱和土，场地条件与本章假设基本吻合。由震源（深度约 10 km）和测点到震中距离（约 20 km）可以算得地震波传播到测点处的入射角约为 60°。

取孔隙率 0.45、频率 5 Hz、饱和度 95%，本书计算结果如图 5-14 和图 5-31 中（d）和（e）所示，P 波和 SV 波入射准饱和半空间表面的水平位移与垂直位移随入射角的变化曲线，可知在入射角 60°时，P 波入射下垂直位移比水平位移略大，而 SV 波入射时垂直位移（0.3）约是水平位移（0.15）的 2 倍。这一结果与实测地表垂直位移增加而水平位移减小的现象相吻合。

当然，上面的分析仅是由近似参数估计的结果，更为复杂和详细的分析还要根据实际地层情况对这一特殊的地震响应进行研究。

第五节　小　结

本章对地表透水与不透水两种边界条件下弹性体波入射准饱和半空间动力响应进行了深入研究，通过数值算例系统分析了动力响应随入射角的变化、各模式波能量在地表面的分配及 SV 波入射时地表粒子的运动轨迹问题，并考虑了饱和度、频率、泊松比和模量比等的影响，最后与实测结果进行了初步验证。文中结论对地震勘探及解释地震资料有重要的理论与实践意义。主要结论总结如下：

（1）P_1 波和 SV 波入射准饱和半空间表面时，P_2 波的反射系数均很小，波反射系数均受入射角、饱和度、泊松比和模量比影响显著。透水条件下 P_1 波垂直入射和掠入射时无反射 P_2 波和 SV 波，不透水条件下当 P_1 波垂直入射时无反射 SV 波，掠入射时无反射 P_2 波和 SV 波。SV 波垂直入射与掠入射时无反射压缩波，另外 SV 波 45°入射时，SV 波全反射，无反射压缩波。

（2）SV 波入射角度超过某一临界值 θ_{cr1} 时，反射 P_1 波的反射角将成为复数，反射 P_1 波变为沿深度呈指数衰减的表面波。临界角 θ_{cr1} 对反射系数和动力响应有重要影响，SV 波以 θ_{cr1} 入射时，反射系数和各动力响应均有一个明显脉冲值出现。

（3）P_1 波和 SV 波入射时，受饱和度减小的影响，均会出现波型转换现象，即 P_1 波入射时无反射 P_1 波，SV 波入射时无反射 SV 波。波型转换角和出现波型转换的临界饱和度受泊松比和模量比的影响，随着泊松比的减小临界饱和度增加，波型转换角减小，模量比影响与之相反。

（4）边界条件对反射系数和地表动力响应有重要影响。边界不透水时地表孔隙流体压力不为零，其值接近水平应力，易引起土体液化。

（5）SV 波垂直（0°）入射时地表粒子仅有水平向运动，45°入射时仅有垂直运动。粒子运动轨迹受饱和度影响显著，当入射角位于 0°和 45°之间时，完全饱和情况下土粒运动轨迹为一椭圆，随着饱和度减小土粒运动轨迹变为斜直线。

（6）P_2 波能量占总能量比例非常小，波能基本由 P_1 波和 SV 波能量组成。另外波能在地表的分配受入射角、饱和度和泊松比影响显著。

第六章　准饱和土中瑞利面波的传播特性

第一节　计算模型

瑞利波是在半空间界面附近传播的一种表面波,其质点运动轨迹为一逆转行进的椭圆,瑞利波在水平距离衰减小而在深度方向上很快衰减。在本章中,我们假设地基为弹性半空间准饱和土,瑞利波为近地表沿 x 方向传播的平面波,计算模型如图 6-1 所示。

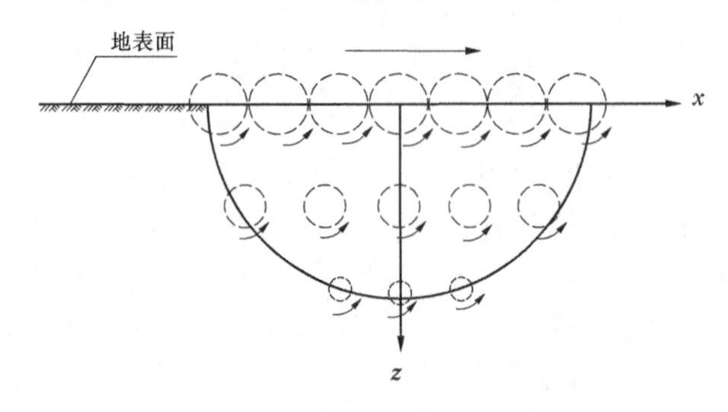

图 6-1　半空间准饱和土中的瑞利波

第二节　理论方程及基本解

由第三章式(3-44)已经得到弹性准饱和土体中动力控制方程,其全量形式为

$$\left.\begin{aligned}(\lambda+G)u_{k,ki}+Gu_{i,kk}&=-(1-\gamma)\bar{Q}_i^f+\gamma\dot{\bar{Q}}_i^f+(\bar{\rho}_s+\gamma\bar{\rho}_f)\ddot{u}_i\\-p_{f,i}&=b^f\bar{Q}_i^f+\rho_f\dot{\bar{Q}}_i^f+\bar{\rho}_f\ddot{u}_i\\-\bar{Q}_{i,i}^f&=\bar{\alpha}_{11}\dot{u}_{k,k}+\bar{\alpha}_{12}^*\dot{p}_f\end{aligned}\right\}\tag{6-1}$$

式中:$\bar{\alpha}_{11}=n+(1-n)\alpha_1$;$\bar{\alpha}_{12}^*=n\beta_f^*+(1-n)\beta_1$;$\alpha=\beta_p/\beta$, $\alpha_1=1-\alpha$, $\beta_1=\alpha_1\cdot\beta_s$, $\gamma=\beta_s/\beta$;$\beta=1/(\lambda+2G)$;$\bar{\rho}_s=(1-n)\rho_s$;$\bar{\rho}_f=n\rho_f$;$b^f=\rho_f g/k_d$。

由 $\bar{Q}_i^f=n(\dot{\boldsymbol{w}}-\dot{\boldsymbol{u}})$ 代入式(6-1)并化简,则可得到用位移表示的波动方程($\boldsymbol{u}$-$\boldsymbol{w}$ 形式):

$$\left.\begin{aligned}\Omega_1\mathrm{div}\dot{\boldsymbol{w}}+\Omega_2\mathrm{div}\dot{\boldsymbol{u}}+\Omega_3\dot{p}_f&=0\\G\nabla^2\boldsymbol{u}+(\lambda+G)\mathrm{grad}(\mathrm{div}\boldsymbol{u})+\Omega_4\mathrm{grad}p_f&=\rho_1\ddot{\boldsymbol{u}}+\rho_2\ddot{\boldsymbol{w}}\\\mathrm{grad}p_f+b(\dot{\boldsymbol{w}}-\dot{\boldsymbol{u}})+\rho_2\ddot{\boldsymbol{w}}&=0\end{aligned}\right\}\tag{6-2}$$

式中：$\Omega_1 = n$；$\Omega_2 = (1-n)(1-\alpha)$；$\Omega_3 = n\beta_f + \Omega_2\beta_s$；$\Omega_4 = 1-(\lambda+2G)\beta_s$；$b = n\rho_f g/k_d$；$\beta_f = \beta_w\left[1+\dfrac{(1-S_r)n}{P_0\beta_w}\right]$；$n$ 为土的孔隙率；$\boldsymbol{u}$ 和 $\boldsymbol{w}$ 分别为土骨架和孔隙中流体的位移矢量；G 和 λ 为土骨架 Lamb 常数；$\rho_1 = (1-n)\rho_s$，$\rho_2 = n\rho_f$，$\rho_f = S_r\rho_w + (1-S_r)\rho_a$，而 ρ_s、ρ_w、ρ_a 和 ρ_f 分别为土颗粒、水、气体和孔隙流体的质量密度，$\rho = \rho_1 + \rho_2$ 为准饱和土的质量密度；g 为重力加速度；k_d 为土体动力渗透系数；β_s、β_w、β 和 β_f 分别为土颗粒、水、土骨架和孔隙中流体的压缩系数；β_p 为粒间应力引起的压缩系数；S_r 为饱和度；P_0 为绝对孔隙水压力；式中符号上的点表示该变量对时间 t 求偏导的阶数。

若不计土颗粒压缩性，则上述方程即可退化到修正的陈龙珠公式（黄秋菊，1997）。

引入势函数 φ_s、φ_f 和 ψ_s、ψ_f，其中 φ_s 和 ψ_s 为土骨架势函数，φ_f 和 ψ_f 为流体势函数。对于平面波问题，借助 Helmholtz 分解定理可将土骨架位移和流体位移与势函数关系表示为

$$\left.\begin{aligned} \boldsymbol{u} &= \nabla\varphi_s + \nabla\times\psi_s \\ \boldsymbol{w} &= \nabla\varphi_f + \nabla\times\psi_f \end{aligned}\right\} \tag{6-3}$$

同样，由式(6-3)及应力—应变关系可得到用势函数表示的应力与流体压力为

$$\left.\begin{aligned} \sigma_x &= 2G\left(\frac{\partial^2\varphi_s}{\partial x^2} - \frac{\partial^2\psi_s}{\partial x\partial z}\right) + \lambda\left(\frac{\partial^2\varphi_s}{\partial x^2} + \frac{\partial^2\varphi_s}{\partial z^2}\right) \\ \sigma_z &= 2G\left(\frac{\partial^2\varphi_s}{\partial z^2} + \frac{\partial^2\psi_s}{\partial z\partial x}\right) + \lambda\left(\frac{\partial^2\varphi_s}{\partial x^2} + \frac{\partial^2\varphi_s}{\partial z^2}\right) \\ \tau_{xz} &= G\left(2\frac{\partial^2\varphi_s}{\partial x\partial z} + \frac{\partial^2\psi_s}{\partial x^2} - \frac{\partial^2\psi_s}{\partial z^2}\right) \\ -p_f &= \rho_2\ddot{\varphi}_f + b(\dot{\varphi}_f - \dot{\varphi}_s) \end{aligned}\right\} \tag{6-4}$$

将式(6-3)代入式(6-2)，可将波动方程解耦为如下两套等价方程组：

P 波系

$$\Omega_2\nabla^2\dot{\varphi}_s + \Omega_1\nabla^2\dot{\varphi}_f + \Omega_3\dot{p}_f = 0 \tag{6-5a}$$

$$(\lambda+2G)\left(\nabla^2 - \frac{1}{{V_{P0}}^2}\frac{\partial^2}{\partial t^2}\right)\varphi_s = \Omega_4 p_f + \rho_2\ddot{\varphi}_f \tag{6-5b}$$

$$p_f + b(\dot{\varphi}_f - \dot{\varphi}_s) + \rho_2\ddot{\varphi}_f = 0 \tag{6-5c}$$

S 波系

$$\left.\begin{aligned} \left(\nabla^2 - \frac{1}{{V_{S0}}^2}\frac{\partial^2}{\partial t^2}\right)\psi_s &= \frac{\rho_2}{G}\psi_f \\ b(\dot{\psi}_s - \dot{\psi}_f) - \rho_2\psi_f &= 0 \end{aligned}\right\} \tag{6-6}$$

式中：∇^2 为 Laplace 算符；$V_{P0}^2 = \dfrac{\lambda+2G}{\rho_1}$；$V_{S0}^2 = \dfrac{G}{\rho_1}$。

假设瑞利波为沿 x 方向传播的平面谐波，如图 6-1 所示，则四个势函数可表示为

$$\left.\begin{aligned}\varphi_s &= F_1(z)\exp[-\mathrm{i}k(x-ct)] \\ \varphi_f &= F_2(z)\exp[-\mathrm{i}k(x-ct)]\end{aligned}\right\} \tag{6-7}$$

$$\left.\begin{aligned}\psi_s &= G_1(z)\exp[-\mathrm{i}k(x-ct)] \\ \psi_f &= G_2(z)\exp[-\mathrm{i}k(x-ct)]\end{aligned}\right\} \tag{6-8}$$

式中：$\mathrm{i}=\sqrt{-1}$；k 为波数；c 为瑞利波相速度，$\omega = kc$，ω 为角频率。

将式(6-5c)和式(6-7)代入式(6-5a)和式(6-5b)，简化后可得

$$\left(\frac{\mathrm{d}^2}{\mathrm{d}z^2} - k^2a_1^2\right)\left(\frac{\mathrm{d}^2}{\mathrm{d}z^2} - k^2a_2^2\right)F_1 = 0 \tag{6-9}$$

$$F_2 = \frac{1}{(\Omega_4 - 1)\rho_2\omega^2 - \mathrm{i}b\omega\Omega_4}\left[(\lambda + 2G)\left(F_1'' - k^2F_1 + \frac{\omega^2}{V_{\mathrm{P0}}^2}F_1\right) - \mathrm{i}b\omega\Omega_4F_1\right] \tag{6-10}$$

其中

$$a_1^2 = 1 - \frac{c^2}{V_{\mathrm{P_1}}^2},\ a_2^2 = 1 - \frac{c^2}{V_{\mathrm{P2}}^2}$$

$$\frac{1}{V_{\mathrm{P1}}^2} + \frac{1}{V_{\mathrm{P2}}^2} = \frac{1}{\lambda + 2G}\left[\frac{\Omega_2}{\Omega_1}\rho_2(\Omega_4 - 1) - \frac{\mathrm{i}b\Omega_4}{\omega}\left(\frac{\Omega_2}{\Omega_1} + 1\right) + \rho_1\right] + \frac{\Omega_3}{\Omega_1}\left(\rho_2 - \frac{\mathrm{i}b}{\omega}\right)$$

$$\frac{1}{V_{\mathrm{P1}}^2} \cdot \frac{1}{V_{\mathrm{P2}}^2} = \frac{\Omega_3}{\Omega_1(\lambda + 2G)}\left(\rho_1\rho_2 - \rho\frac{\mathrm{i}b}{\omega}\right)$$

式中：V_{P1} 和 V_{P2} 分别为第一压缩波速度和第二压缩波速度。

将式(6-8)代入式(6-6)整理得

$$\left(\frac{\mathrm{d}^2}{\mathrm{d}z^2} - k^2b_1^2\right)G_1 = 0 \tag{6-11}$$

$$G_2 = \frac{\mathrm{i}b\omega}{\mathrm{i}b\omega - \rho\omega^2}G_1 \tag{6-12}$$

式中：$b_1^2 = 1 - \dfrac{c^2}{V_{\mathrm{S}}^2}$，$\dfrac{1}{V_{\mathrm{S}}^2} = \dfrac{1}{V_{\mathrm{S0}}^2} + \dfrac{\mathrm{i}b\rho_2}{G(\mathrm{i}b - \rho_2\omega)}$；$V_{\mathrm{S}}$ 为剪切波速度。

第三节　准饱和土中瑞利波的特征方程

由式(6-7)和式(6-9)可得半空间准饱和土中瑞利波的膨胀势函数 φ_s 和 φ_f（只考虑下行波）为

$$\left.\begin{aligned}\varphi_s &= [A_1\cdot\exp(-ka_1z) + A_2\cdot\exp(-ka_2z)]\cdot\exp[-\mathrm{i}k(x-ct)] \\ \varphi_f &= [A_1\cdot B_1\cdot\exp(-ka_1z) + A_2\cdot B_2\cdot\exp(-ka_2z)]\cdot\exp[-\mathrm{i}k(x-ct)]\end{aligned}\right\} \tag{6-13}$$

式中：A_1、A_2 为任意参数；B_j 按下式计算

$$B_j = \frac{-1}{(\Omega_4 - 1)\rho_2 - \dfrac{\mathrm{i}b}{\omega}\Omega_4}\left[(\lambda + 2G)\left(\frac{1}{V_{\mathrm{P}j}^2} - \frac{1}{V_{\mathrm{P0}}^2}\right) + \frac{\mathrm{i}b}{\omega}\Omega_4\right] \qquad j = 1,2$$

同样,由式(6-8)和式(6-11)可确定瑞利波的旋转势 ψ_s 和 ψ_f(只考虑下行波)为

$$\left.\begin{aligned}\psi_s &= A_3 \cdot \exp(-kb_1z) \cdot \exp[-ik(x-ct)]\\ \psi_f &= \frac{ib}{ib-\rho_2\omega}A_3 \cdot \exp(-kb_1z) \cdot \exp[-ik(x-ct)]\end{aligned}\right\} \tag{6-14}$$

式中:A_3 为任意系数。

由上面推导可知势函数中需要确定 A_1、A_2 和 A_3 三个任意系数。参照图6-1直角坐标系统,在地表面($z=0$ 处),考虑地表面透水和不透水两种情况下切向应力、法向应力和孔隙水压力条件,可给出准饱和土中瑞利波的边界条件如下:

(1)透水边界情况。

$z=0$ 处　　$\tau_{zx}=0,\ \sigma_z=0,\ p_f=0$　　(6-15)

(2)不透水边界情况。

$z=0$ 处　　$\tau_{zx}=0,\ \sigma_z+p_f=0,\ \partial p_f/\partial z=0$　　(6-16)

透水和不透水情况下边界条件分别为三个方程,对应三个未知量,因此可求解 A_1、A_2 和 A_3 三个任意系数。

一、边界透水时瑞利波特征方程

考虑不计时间因子,由式(6-1)和表面透水边界条件(6-15)可得

$$\left.\begin{aligned}[(\lambda+2G)a_1^2-\lambda]A_1+[(\lambda+2G)a_2^2-\lambda]A_2-2ib_1GA_3=0\\ 2ia_1A_1+2ia_2A_2+(1+b_1^2)A_3=0\\ [-\rho_2\omega^2B_1+ib\omega(B_1-1)]A_1+[-\rho_2\omega^2B_2+ib\omega(B_2-1)]A_2=0\end{aligned}\right\} \tag{6-17}$$

上述方程组中系数 A_1、A_2 和 A_3 存在非零解的充分必要条件为其系数行列式为零,由此可得边界透水时瑞利波特征方程为

$$|A_{ij}|=0 \qquad i,j=1,2,3 \tag{6-18}$$

式中:$A_{11}=(\lambda+2G)a_1^2-\lambda$;$A_{12}=(\lambda+2G)a_2^2-\lambda$;$A_{13}=-2ib_1G$;$A_{21}=2ia_1$;$A_{22}=2ia_2$;$A_{23}=1+b_1^2$;$A_{31}=B_1(1-\rho_2\dfrac{\omega}{ib})+1$;$A_{32}=B_2(1-\rho_2\dfrac{\omega}{ib})+1$;$A_{33}=0$。

二、边界不透水时瑞利波特征方程

同上述推导,忽略时间因子项,由式(6-1)和表面不透水边界条件(6-16)得

$$\left.\begin{aligned}\{[(\lambda+2G)a_1^2-\lambda]k^2+[-\rho_2\omega^2B_1+ib\omega(B_1-1)]\}A_1+\{[(\lambda+\\ 2G)a_2^2-\lambda]k^2+[-\rho_2\omega^2B_2+ib\omega(B_2-1)]\}A_2+2ib_1GA_3k^2=0\\ 2ia_1A_1+2ia_2A_2-(1+b_1^2)A_3=0\\ a_1[-\rho_2\omega^2B_1+ib\omega(B_1-1)]A_1+a_2[-\rho_2\omega^2B_2+ib\omega(B_2-1)]A_2=0\end{aligned}\right\} \tag{6-19}$$

同样由方程组系数 A_1、A_2 和 A_3 存在非零解的充要条件可得边界不透水时瑞利波特征方程为

$$|B_{ij}|=0 \qquad i,j=1,2,3 \tag{6-20}$$

其中

$$B_{11} = (\lambda + 2G)a_1^2 - \lambda + c^2\left[\frac{ib}{\omega}(B_1 - 1) - B_1\rho_2\right]$$

$$B_{12} = (\lambda + 2G)a_2^2 - \lambda + c^2\left[\frac{ib}{\omega}(B_2 - 1) - B_2\rho_2\right]$$

$$B_{13} = 2ib_1G$$

$$B_{21} = 2ia_1$$

$$B_{22} = 2ia_2$$

$$B_{23} = -(1 + b_1^2)$$

$$B_{31} = a_1\left[(B_1 - 1) - B_1\rho_2\frac{\omega}{ib}\right]$$

$$B_{32} = a_2\left[(B_2 - 1) - B_2\rho_2\frac{\omega}{ib}\right]$$

$$B_{33} = 0$$

上面推导得到两种边界条件下的特征方程中均含有频率 ω 项,可知在准饱和土中的瑞利波速度受频率影响,具有弥散性。求解特征方程式(6-18)和式(6-20),可得两种边界条件下瑞利波速度和衰减。

三、两种渗流极限情况

我们由前面讨论知道,渗流条件对准饱和土中波的传播有重要影响,土骨架与流体之间耦合作用强弱及相对位移的大小与土体渗透性是密不可分的。这里通过研究两种极限情况,即孔隙流体自由流动和流体无渗流的封闭系统下瑞利波的传播特性,从而分析渗透性对准饱和土中瑞利波的影响。为了讨论简单,下面的推导忽略土颗粒的压缩性。

(一)自由渗流

此时孔隙流体无黏滞性,可以不受约束在孔隙中自由流动,即 $b = 0$, $k_d \to \infty$,流体与固体之间不会发生耦合作用,瑞利波波速无频散(见 Tajuddin,1984 算例)。根据上面的推导过程,可以得到自由渗流条件下瑞利波的特征方程。此时瑞利波势函数为

$$\left.\begin{aligned} \varphi_s &= A_1 \cdot \exp(-ka_1z) \cdot \exp[-ik(x - ct)] \\ \varphi_f &= \left[\frac{\Omega_2 V_{P2}^2}{\Omega_1(V_{P1}^2 - V_{P2}^2)}A_1 \cdot \exp(-ka_1z) + A_2 \cdot \exp(-ka_2z)\right] \cdot \exp[-ik(x - ct)] \\ \psi_s &= A_3 \cdot \exp(-kb_1z) \cdot \exp[-ik(x - ct)] \\ \psi_f &= 0 \end{aligned}\right\} \tag{6-21}$$

式中:$a_1^2 = 1 - \frac{c^2}{V_{P1}^2}$; $a_2^2 = 1 - \frac{c^2}{V_{P2}^2}$; $b_1^2 = 1 - \frac{c^2}{V_S^2}$; $V_{P1}^2 = \frac{K_f}{\rho_2}$; $V_{P2}^2 = \frac{\lambda + 2G}{\rho_1}$; $V_S^2 = \frac{G}{\rho_1}$。

将式(6-21)代入式(6-4)并利用透水边界条件式(6-15)可得到自由渗流条件下瑞利波的特征方程:

$$(1 + b_1^2)[(\lambda + 2G)a_2^2 - \lambda] = 4a_2b_1G \tag{6-22}$$

式(6-22)与弹性土瑞利波特征方程(Richart,1970)相同,分析上式各项可知,此时瑞利波仅由土骨架压缩波和剪切波组成,与流体无关,即不受饱和度影响。由各项中均不含频率 ω 知,瑞利波相速度与频率无关。

(二)无渗流

与上面情况相反,此时为封闭系统,有 $k_d \to 0$, $b \to \infty$, 重复上述推导过程,可得孔隙流体无渗流情况下只有一个压缩波和剪切波,其速度为

$$V_P = \sqrt{\frac{\frac{K_f}{n} + (\lambda + 2G)}{\rho}}, \quad V_S = \sqrt{\frac{G}{\rho}} \tag{6-23}$$

式中:K_f 为流体体积模量。

同上述推导可以得到瑞利波特征方程,形式与式(6-22)相同,瑞利波由这两种体波干涉而成,由压缩波表达式知,瑞利波相速度与孔隙流体性质有关。上式中亦无频率项,即瑞利波相速度无频散。

第四节　瑞利波响应

通过求解特征方程可以确定瑞利波相速度 c 及任意系数 A_1、A_2 和 A_3, 由此得到瑞利波四个势函数的解。进而可以分析瑞利波位移、孔隙水压力、粒子运动轨迹及各组成波能量比等响应问题。下面分别给出它们的计算表达式。

一、瑞利波位移及孔隙水压力

将瑞利波势函数式(6-13)及式(6-14)代入位移表达式(6-3)可得到瑞利波位移公式如下:

土骨架位移

$$\left.\begin{aligned} u_x &= \{-\mathrm{i}kA_1\exp(-ka_1z) - \mathrm{i}kA_2\exp(-ka_2z) + \\ &\quad kb_1A_3\exp(-kb_1z)\}\exp[-\mathrm{i}k(x-ct)] \\ u_z &= \{-ka_1A_1\exp(-ka_1z) - ka_2A_2\exp(-ka_2z) - \\ &\quad \mathrm{i}kA_3\exp(-kb_1z)\}\exp[-\mathrm{i}k(x-ct)] \end{aligned}\right\} \tag{6-24}$$

孔隙流体位移

$$\left.\begin{aligned} w_x &= \{-\mathrm{i}kA_1B_1\exp(-ka_1z) - \mathrm{i}kA_2B_2\exp(-ka_2z) + \\ &\quad kb_1\frac{\mathrm{i}b}{\mathrm{i}b-\rho_2\omega}A_3\exp(-kb_1z)\}\exp[-\mathrm{i}k(x-ct)] \\ w_z &= \{-ka_1A_1B_1\exp(-ka_1z) - ka_2A_2B_2\exp(-ka_2z) - \\ &\quad \mathrm{i}k\frac{\mathrm{i}b}{\mathrm{i}b-\rho_2\omega}A_3\exp(-kb_1z)\}\exp[-\mathrm{i}k(x-ct)] \end{aligned}\right\} \tag{6-25}$$

同样,由势函数代入式(6-5c)得到孔隙水压力计算公式:

$$p_f = \{[-B_1\rho_2\omega^2 + ib\omega(B_1 - 1)]A_1\exp(-ka_1z) + [-B_2\rho_2\omega^2 + ib\omega(B_2 - 1)]A_2\exp(-ka_2z)\}\exp[-ik(x - ct)] \tag{6-26}$$

二、瑞利波各组成波能量比

准饱和土中饱和度变化对压缩波传播速度的影响非常显著,剪切波速度则基本不受饱和度的影响。由此可以分析,由压缩波与剪切波干涉而成的瑞利波受饱和度的影响程度主要取决于压缩波在瑞利波中所占比例大小。因此,确定压缩波和剪切波在瑞利波中所占比例对于分析准饱和土中瑞利波的传播特性是非常重要的。这里我们将计算瑞利波中各组成波的能量确定各组成波所占比例,在后面的数值计算部分通过具体算例分析瑞利波传播特性与各组成波之间的关系。能量计算参照图 6-1 的坐标系,瑞利波沿 x 方向传播,在 $x = 0$ 截面,其波阵面为一竖直平面。该截面上质点应力和速度分别有

土骨架应力:σ_x^i, τ_{xz}^i。

孔隙水压力:p_f^i。

土骨架与孔隙水质点速度:$\dot{u}_x^i$, $\dot{u}_z^i$, $\dot{w}_x^i$。

上角标 $i = 1, 2, 3$ 表示第一压缩波、第二压缩波和剪切波分量。由势函数与应力及位移的关系式知道,上述各量均为深度 z 的函数。提出公因子 $e^{i\omega t}$, 第 i 体波的能流可以由下式给出(Lysmer,1972;夏唐代等,1994):

$$N_i = -\frac{\omega}{2\pi}\int_0^{+\infty}\int_0^{\frac{2\pi}{\omega}}\{\mathrm{Re}[\sigma_x^i \cdot e^{i\omega t}]\mathrm{Re}[\dot{u}_x^i \cdot e^{i\omega t})](1 - n) + \mathrm{Re}[p_f^i \cdot e^{i\omega t}] \times \mathrm{Re}[\dot{w}_x^i \cdot e^{i\omega t}]n + \mathrm{Re}[\tau_{xz}^i \cdot e^{i\omega t}]\mathrm{Re}[\dot{u}_z^i \cdot e^{i\omega t}](1 - n)\}\,dt\,dz \tag{6-27}$$

其中,$N_i(i = 1,2,3)$ 分别代表 P_1 波、P_2 波和 S 波的能流密度。可求得瑞利波中三种组成体波的能量比为

$$E_i = \frac{N_i}{\sum_{j=1}^{3} N_j} \quad i = 1,2,3 \tag{6-28}$$

第五节　数值分析

在本节里面我们通过编写的计算程序,对具体算例求解瑞利波速度方程、位移及各组成波能量比,讨论准饱和土中瑞利波传播特性,重点分析饱和度、泊松比、频率和渗透性对瑞利波传播特性的影响。计算所采用的准饱和土物理特性参数见表 6-1。

通过分析压缩波和剪切波速度表达式可以看出,波速受频率和渗透性的影响可以统一用参数 $\rho_f\omega/b$ 来反映,为了分析方便,引入 Ishihara(1970)定义的特征频率 $f_c = ng/2\pi k_d$,则该参数可以写成无量纲化的频率比 f/f_c 形式($f/f_c = \rho_f\omega/b$)。同样由瑞利波特征方程式(6-18)和式(6-20)可知,瑞利波相速度 c 受频率和渗透系数的影响亦可用频率比反映,进而瑞利波位移及各组成波的能量比等受频率和渗透系数的影响同样可用频率比来反映。在本节后面的数值结果中均采用频率比讨论频率和渗透系数对瑞利波传播

特性的影响。

表 6-1　准饱和土特性计算参数

基本量	符号	数值
土颗粒密度/(kg/m³)	ρ_s	2 650
水密度/(kg/m³)	ρ_w	1 000
气体密度/(kg/m³)	ρ_a	1.29
土骨架剪切模量/MPa	G	85
水的压缩系数/Pa⁻¹	β_w	4.5×10^{-10}
孔隙率	n	0.45
绝对孔隙压力/kPa	P_0	100
土颗粒压缩系数/Pa⁻¹	β_s	2.8×10^{-11}
粒间应力引起的压缩系数/Pa⁻¹	β_p	2.8×10^{-12}

一、瑞利波速度

这里分别讨论了透水与不透水两种边界条件下饱和度、泊松比及 f/f_c 对瑞利波速度、衰减及瑞利波与剪切波速度比 V_R/V_S 的影响。下面将逐一对数值计算结果进行分析。

瑞利波速度与 f/f_c 的关系曲线见图 6-2 和图 6-3，分别为透水边界与不透水边界条件下的计算结果，同时考虑了饱和度与泊松比的变化对瑞利波速度的影响。分别计算了饱和度为 100%、99%和 95%，泊松比为 0.1、0.23 和 0.45 三种情况下的结果。

由图 6-2 可知，透水边界条件下：当 $f/f_c < 0.1$ 时，瑞利波速度随 f/f_c 变化很小。当土体由完全饱和向准饱和状态变化时饱和度的微量减小将引起瑞利波速度的显著降低，但随着饱和度的进一步减小，在不同准饱和状态（如 $S_r=99\%$ 和 95%）之间饱和度对瑞利波速度影响相对要小得多，这与压缩波受饱和度的影响规律是一致的，可以这样解释这一结果，$f/f_c\to0$ 时，相当于渗透系数 k_d 非常小，由式(6-23)可知此时压缩波速度主要受流体模量 K_f 控制（K_f 远比土骨架体积模量大），饱和度的微量减小可以引起 K_f 急剧降低（很快降低至小于土骨架体积模量），导致瑞利波速度显著减小，当饱和度进一步减小时，式(6-23)中压缩波受流体模量影响已经不明显，而转变为主要受土骨架模量影响，所以对流体模量的变化不敏感，此时瑞利波受饱和度的影响亦相应减小。当 $0.1 < f/f_c < 10$ 时，瑞利波随 f/f_c 的增加变化较大。随着 f/f_c 的增大，饱和度对瑞利波的影响有逐渐减小趋势。当 $f/f_c > 10$ 时，瑞利波随 f/f_c 及饱和度的变化均很小，因为当 f/f_c 增大，相当于渗透系数 k_d 增大，由式(6-22)知，此时压缩波趋近于土骨架压缩波速度，所以基本不受饱和度的影响。

不透水边界计算结果见图 6-3，可以看出瑞利波速度随 f/f_c 的变化规律同上。当 $f/f_c < 0.1$ 时，饱和度对瑞利波速度的影响亦和透水边界情况相同。不同的是当 $f/f_c > 0.1$ 时，瑞利波速度仍然受饱和度影响显著，与 $f/f_c < 0.1$ 时不同的是瑞利波速度随着饱和度的减小

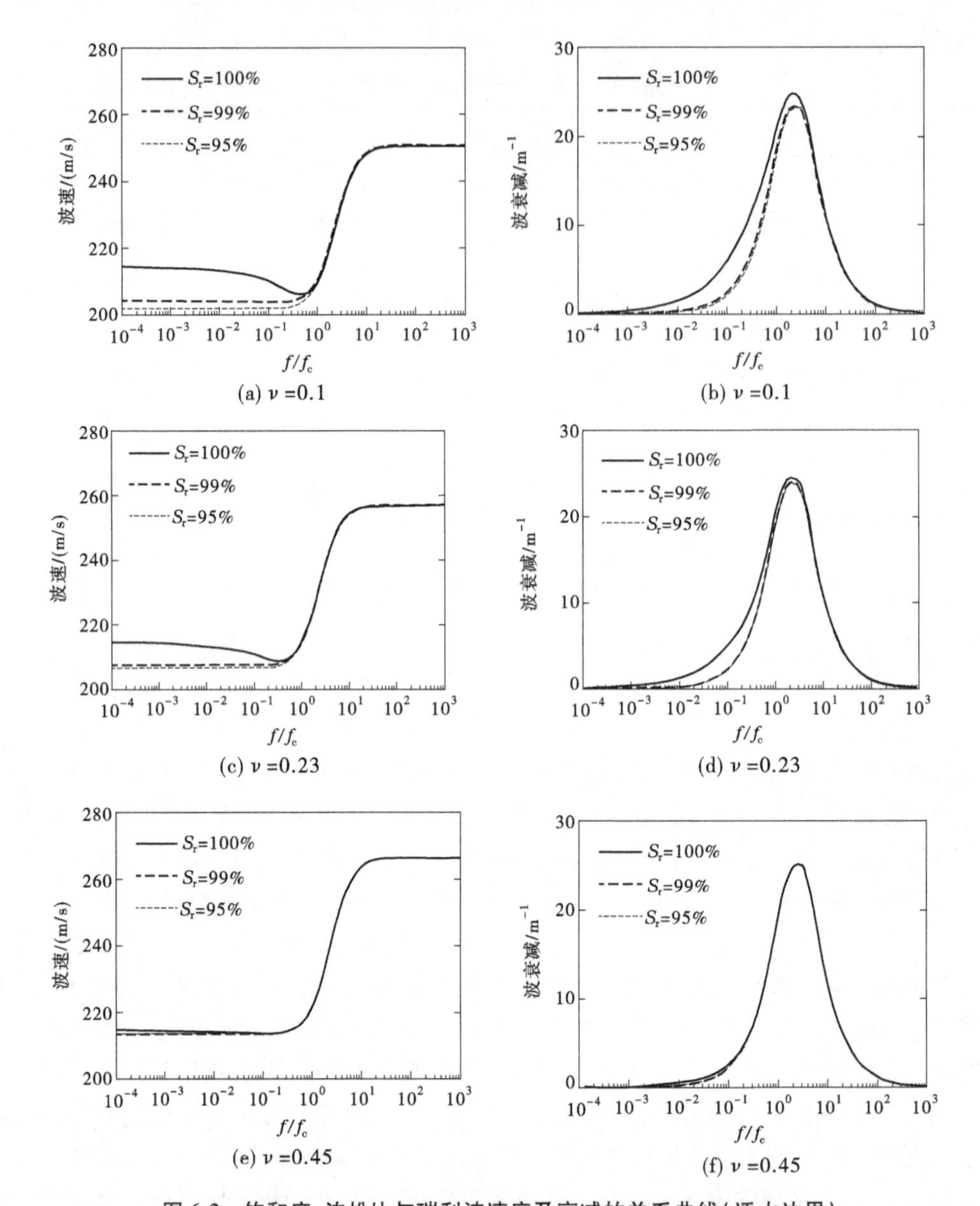

(a) ν =0.1 (b) ν =0.1

(c) ν =0.23 (d) ν =0.23

(e) ν =0.45 (f) ν =0.45

图 6-2 饱和度、泊松比与瑞利波速度及衰减的关系曲线(透水边界)

反而增大,由上面分析知:f/f_c 增大,意味着 k_d 增大,此时表面不透水一般与实际情况不相符合,因此这一结果有待进一步商榷。

瑞利波衰减随饱和度的变化规律与波速相同;衰减与 f/f_c 近似为正态分布关系,在 $0.1 < f/f_c < 10$ 衰减变化较大,而当 $f/f_c < 0.1$ 和 $f/f_c > 10$ 时,瑞利波衰减很小。另外,由图可以看出,随着泊松比的增加,饱和度对瑞利波速度和衰减的影响逐渐减小。

饱和度对四种波速度的影响曲线见图 6-4,计算取频率 f= 30 Hz,由图 6-4 可知,剪切波基本不受饱和度的影响,而压缩波,尤其是第一压缩波受饱和度影响显著,瑞利波由上述两种波干涉而成,结果可以预见,其传播速度受饱和度影响介于两者之间,瑞利波速度随饱和度的减小而降低,但饱和度对瑞利波的影响远小于对压缩波的影响,说明在准饱和

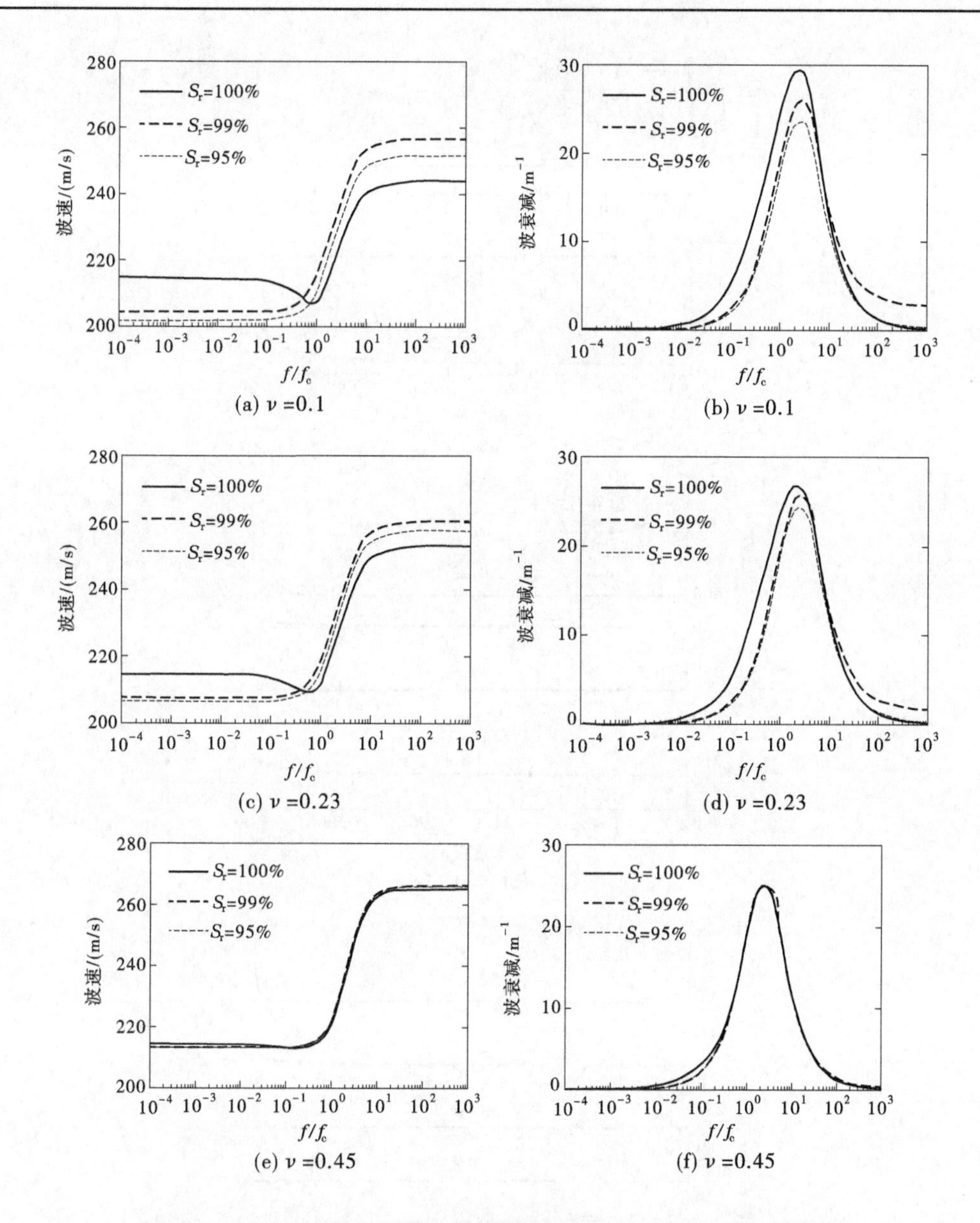

图 6-3　饱和度、泊松比与瑞利波速度及衰减的关系曲线(不透水边界)

土中瑞利波主要反映剪切波速度，这一结果与弹性土及饱和土中的研究结果一致。图 6-4 中表明除剪切波外，另三种波速度均随泊松比的增加而增加。不透水边界下，无论瑞利波速度还是其受饱和度的影响程度均略大于边界透水时的情况。

饱和度对瑞利波衰减的影响如图 6-5 所示，图 6-5 表明，瑞利波衰减随着饱和度的减小而减小，逐渐趋于定值，且这一影响依赖于泊松比。随着泊松比的增加，瑞利波衰减受饱和度影响程度减小。这一现象可以由图 6-6 结果来解释，图中给出了饱和度、泊松比与瑞利波剪切波速度比 V_R/V_S 的关系曲线，由图 6-6 可知，泊松比越大，波速比越大，瑞利波越接近剪切波速度，而剪切波基本不受饱和度影响，由此分析可知，瑞利波受饱和度的影

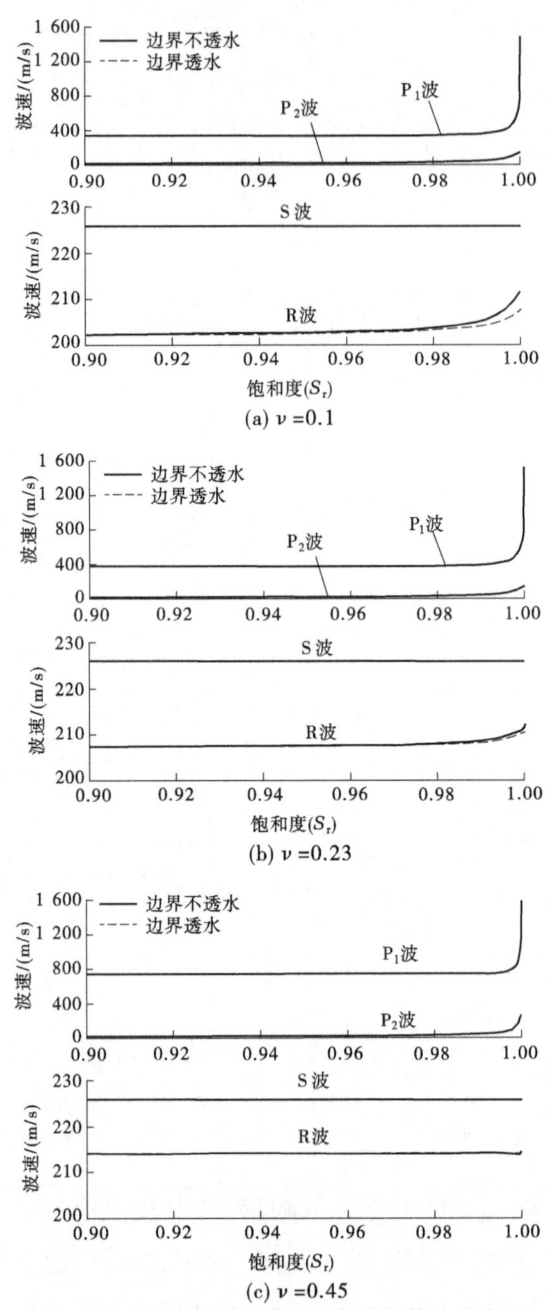

图 6-4 不同泊松比时饱和度与波速的关系曲线

响亦相应减小,这一结果是合理的。

当饱和度 S_r = 100% 时,得到透水边界与不透水边界条件下不同泊松比时 V_R/V_S 与 f/f_c 的关系曲线(见图 6-7),$f/f_c < 0.1$ 时,V_R/V_S 受泊松比影响较小,当 $f/f_c > 0.1$ 时,V_R/V_S 受泊松比影响较大,这是因为 f/f_c 增大,产生瑞利波的压缩波趋近于土骨架压缩波速度,而土骨架压缩波受泊松比影响较大。这一结果与饱和土中的结果相一致(夏唐代,1998;吴世明,1997)。

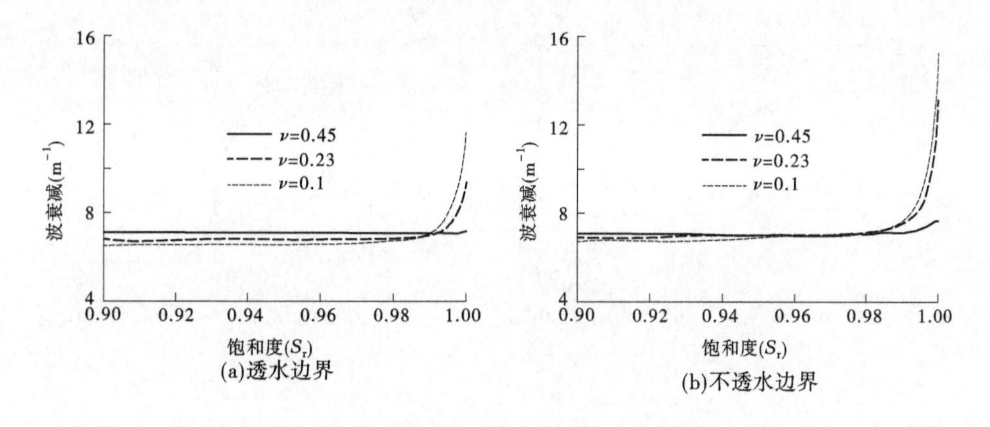

图 6-5　饱和度与瑞利波衰减的关系曲线

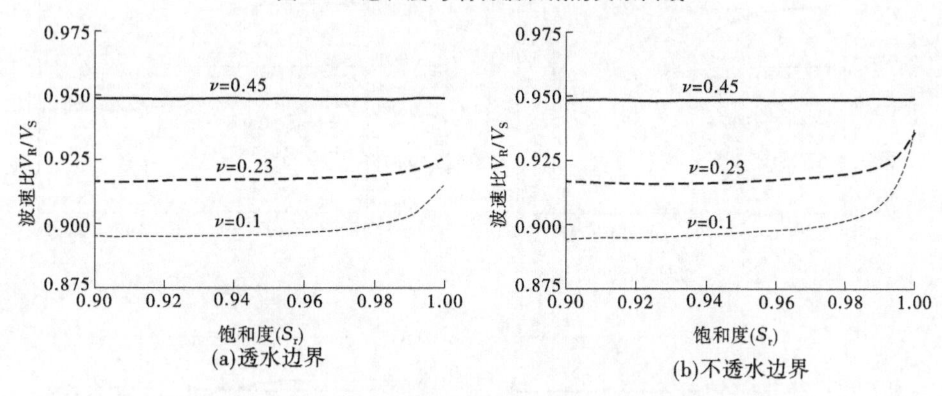

图 6-6　泊松比对瑞利波与剪切波速度比值的影响曲线

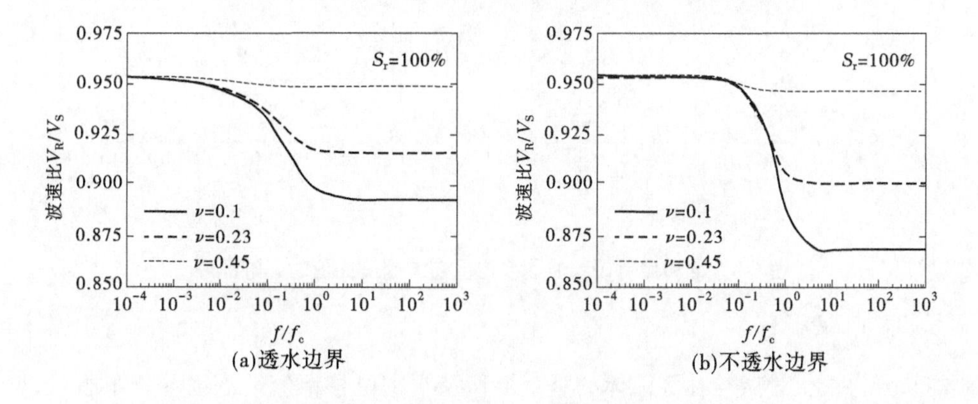

图 6-7　泊松比与波速比及频率的关系曲线

图 6-8 为两种边界条件下饱和度对波速比 V_R/V_S 的影响曲线。表面透水条件下 V_R/V_S，当 f/f_c < 0.1 时随饱和度的减小而减小，当 f/f_c > 0.1 时基本不受饱和度影响；表面不透水边界条件下 V_R/V_S，当 f/f_c > 0.1 时同样受饱和度影响显著。且上述影响均依赖于泊松比，随着泊松比增大，V_R/V_S 受饱和度影响程度逐渐减小。原因同前，在此不再赘述。

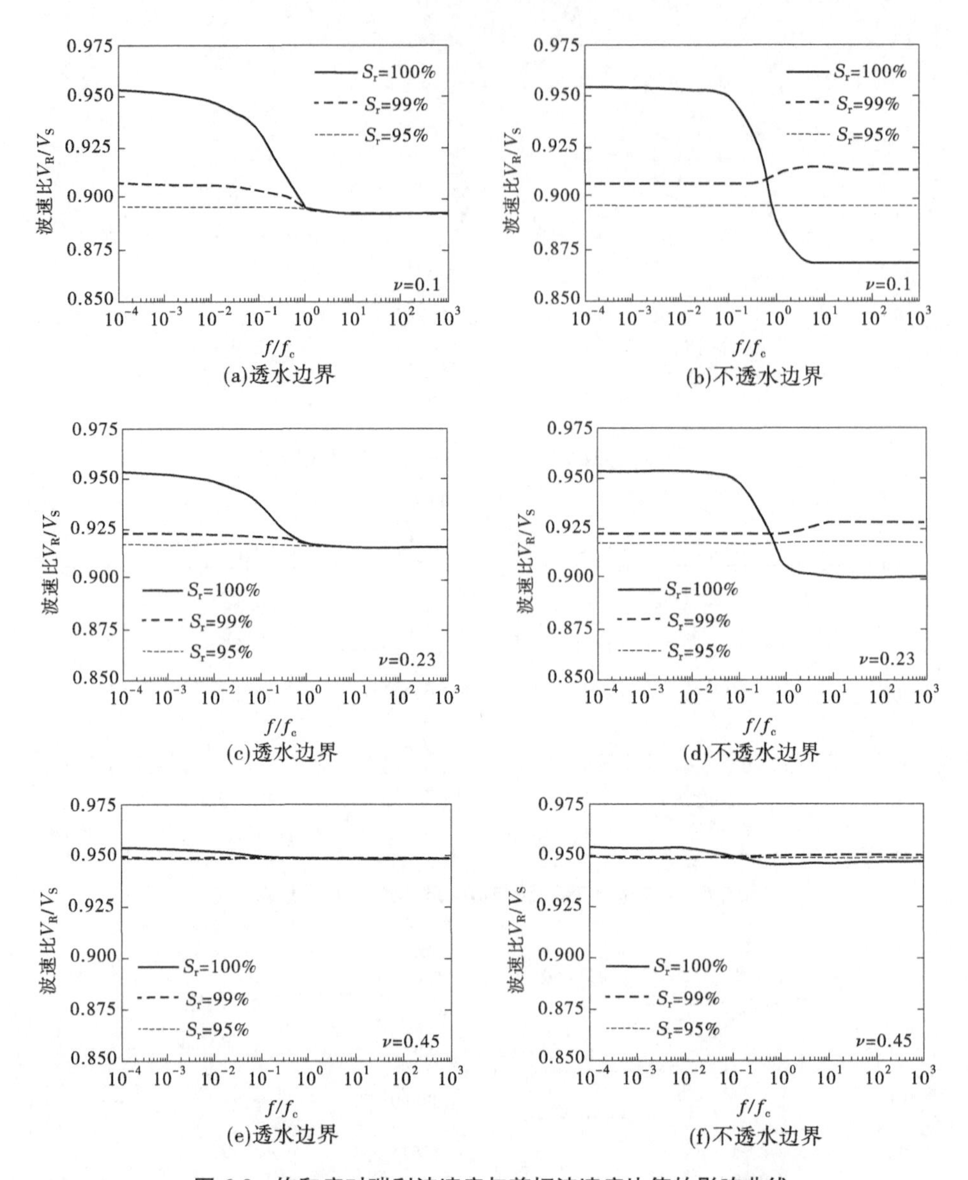

图 6-8　饱和度对瑞利波速度与剪切波速度比值的影响曲线

二、瑞利波位移

本部分讨论土骨架与孔隙流体的垂直位移及水平位移幅值沿深度的分布曲线，重点分析饱和度、泊松比及f/f_c对位移分布的影响。不计时间因子，分别给出了透水边界与不透水边界条件下三种饱和度、三种泊松比及频率比的位移计算结果，如图 6-9～图 6-14 所示。另外，还分析了孔隙流体压力幅值沿深度的分布曲线，如图 6-15 和图 6-16 所示。为了分析方便，图中位移幅值分别采用表面质点位移的无量纲化，孔隙流体压力采用最大孔压的无量纲化，深度采用瑞利波波长（λ_R）的无量纲化。

图 6-9 为两种边界条件下泊松比等于 0.1 时，饱和度对土骨架水平与垂直位移幅值

沿深度分布的影响曲线。图6-9中分别给出了三种饱和度和f/f_c下的结果,我们将分别予以讨论。由图6-9可见,透水边界条件下,同饱和度对瑞利波速度的影响规律:f/f_c较小时,当土体由完全饱和向准饱和状态变化时饱和度的微量减小将引起土骨架水平与垂直位移的显著减小,随着饱和度的进一步减小,其对土骨架位移影响亦减小;f/f_c较大时,土骨架位移基本不受饱和度影响,这一现象同样可以由两种极限条件下瑞利波的速度方程来解释。不透水边界条件下,饱和度对土骨架位移的影响规律基本与透水条件下一致,不同的是f/f_c > 10时位移仍受饱和度影响明显,由于此时渗透系数增大,所以这一结果一般与实际情况不符。另外图6-9表明,随着频率比的增大,土骨架位移沿深度的衰减亦增加。

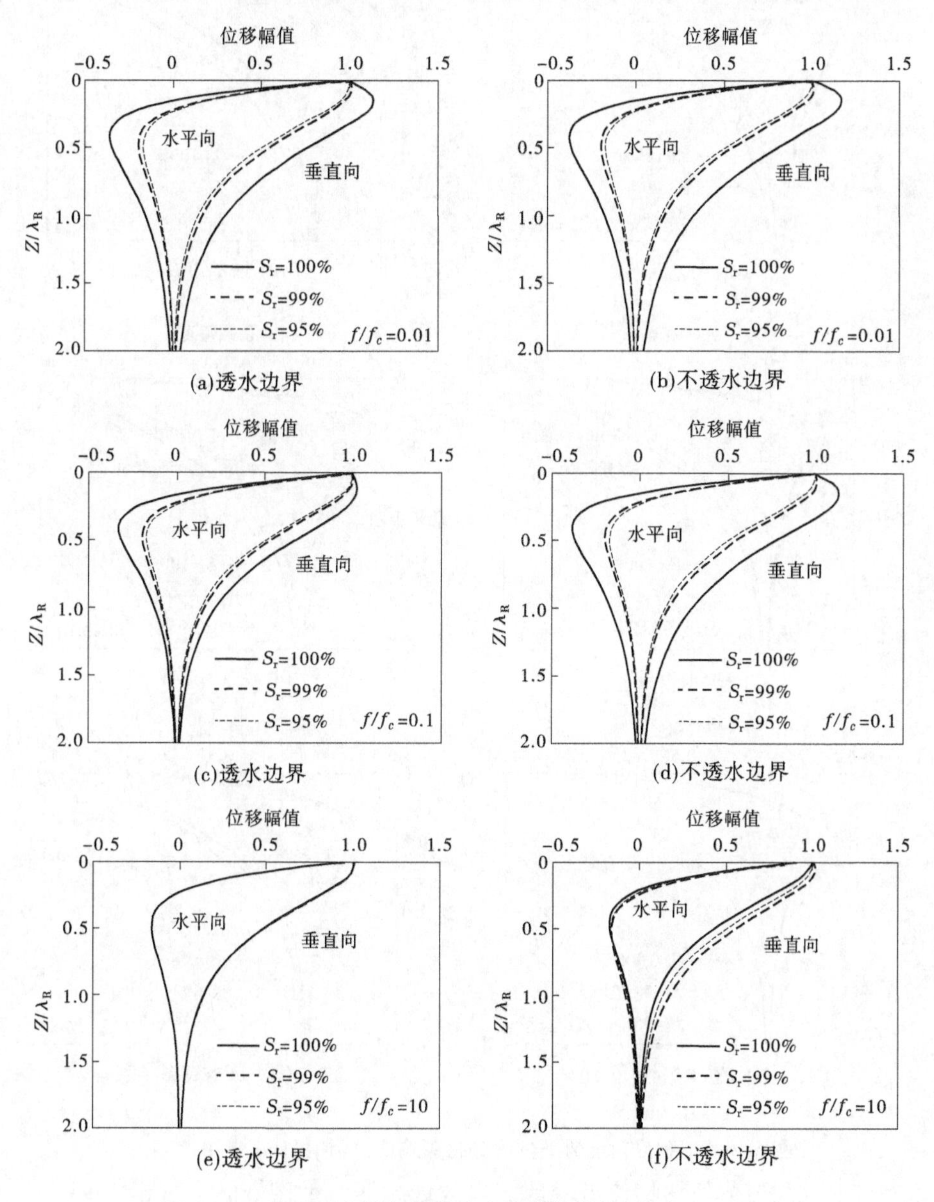

图6-9　饱和度对土骨架位移分布影响曲线(泊松比ν = 0.1)

图 6-10 和图 6-11 分别为泊松比 0.23 和 0.45 时饱和度对土骨架位移分布的影响曲线。在这两种情况下，饱和度与频率比对土骨架位移的影响规律基本与图 6-9 相同。对比这三张图可以看出，随着泊松比的增加，土骨架位移受饱和度的影响逐渐减小，主要原因为泊松比增加，相当于拉梅常数 λ 增加，此时压缩波受土骨架参数影响增大，从而减弱了对孔隙流体的依赖，因此受饱和度影响变小。

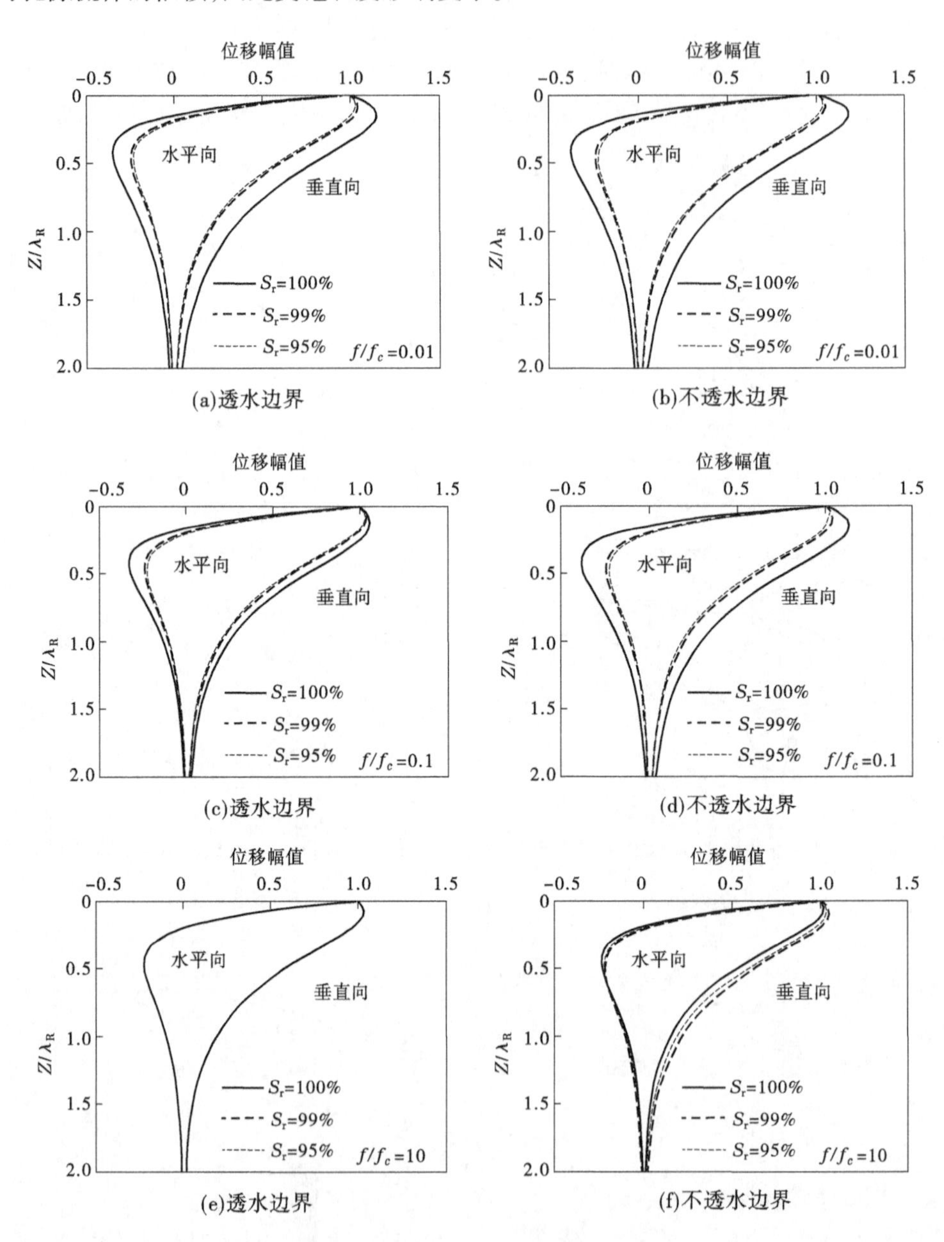

图 6-10　饱和度对土骨架位移分布影响曲线（泊松比 ν = 0.23）

饱和度对孔隙流体位移幅值沿深度分布的影响曲线如图 6-12～图 6-14 所示。由图可知，孔隙流体位移分布随饱和度及泊松比的变化规律在 f/f_c 较小时与土骨架基本相同，

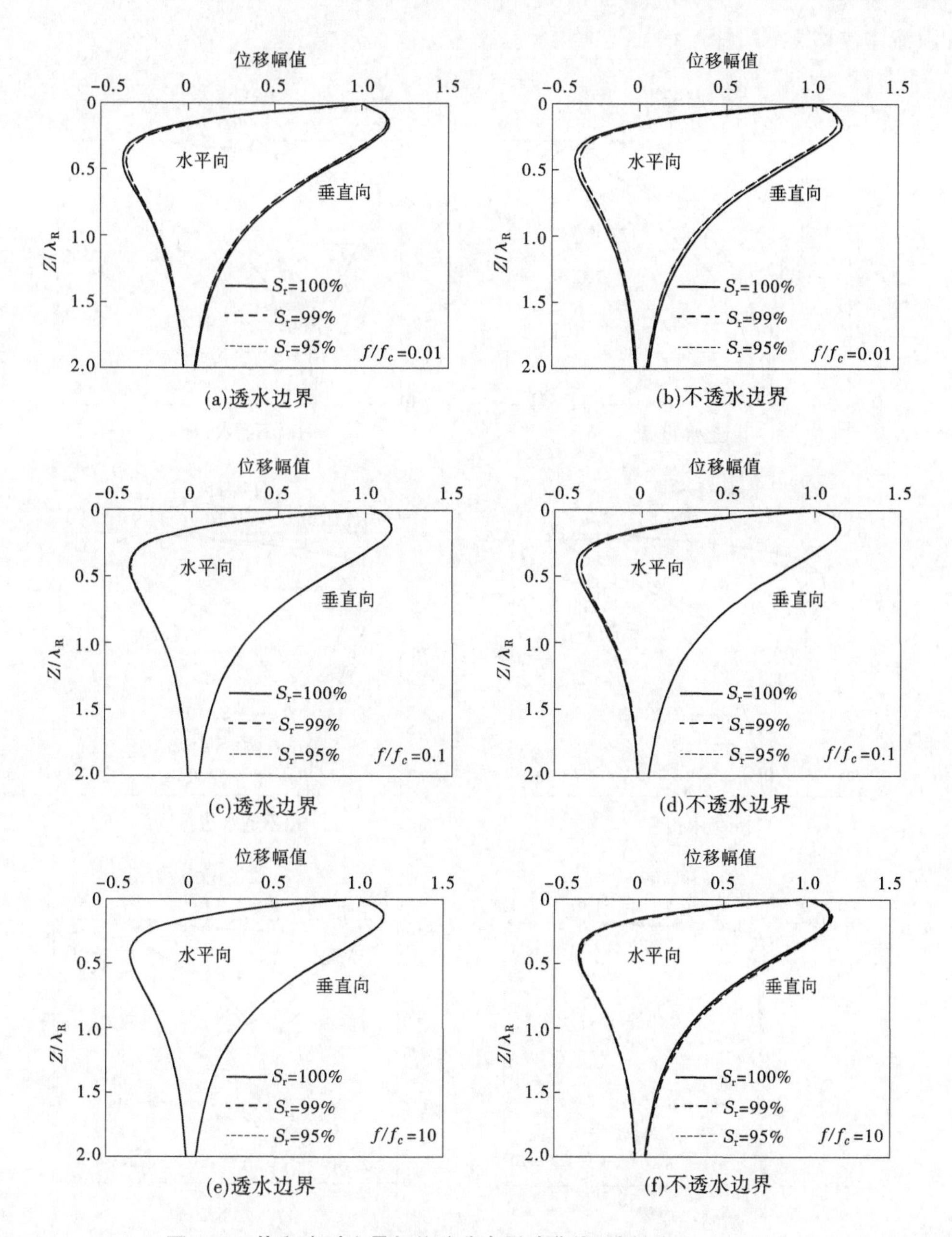

图 6-11　饱和度对土骨架位移分布影响曲线(泊松比 ν = 0.45)

随着频率比的增大,频率和渗透系数增大,孔隙流体位移在饱和度降低时沿深度出现震荡衰减,受饱和度的影响规律不明显。对比土骨架位移分布曲线与流体位移分布曲线发现,透水边界条件下当频率比较小(f/f_c = 0.01)时,土骨架位移与流体位移基本相同,此时渗透系数较小,土骨架与流体基本无相对位移,即土体中无瞬态渗流,类似封闭系统下的结果,而f/f_c 增大时,土骨架位移与流体位移幅值的差异增大,主要是因为频率和渗透性增大后,流体与土骨架之间有了相对位移。不透水边界条件类似封闭系统,此时孔隙流体位移与土骨架位移基本相同,与实际情况相符合。同土骨架位移相同,随着泊松比的增加,孔隙流体位移衰减沿深度增加。

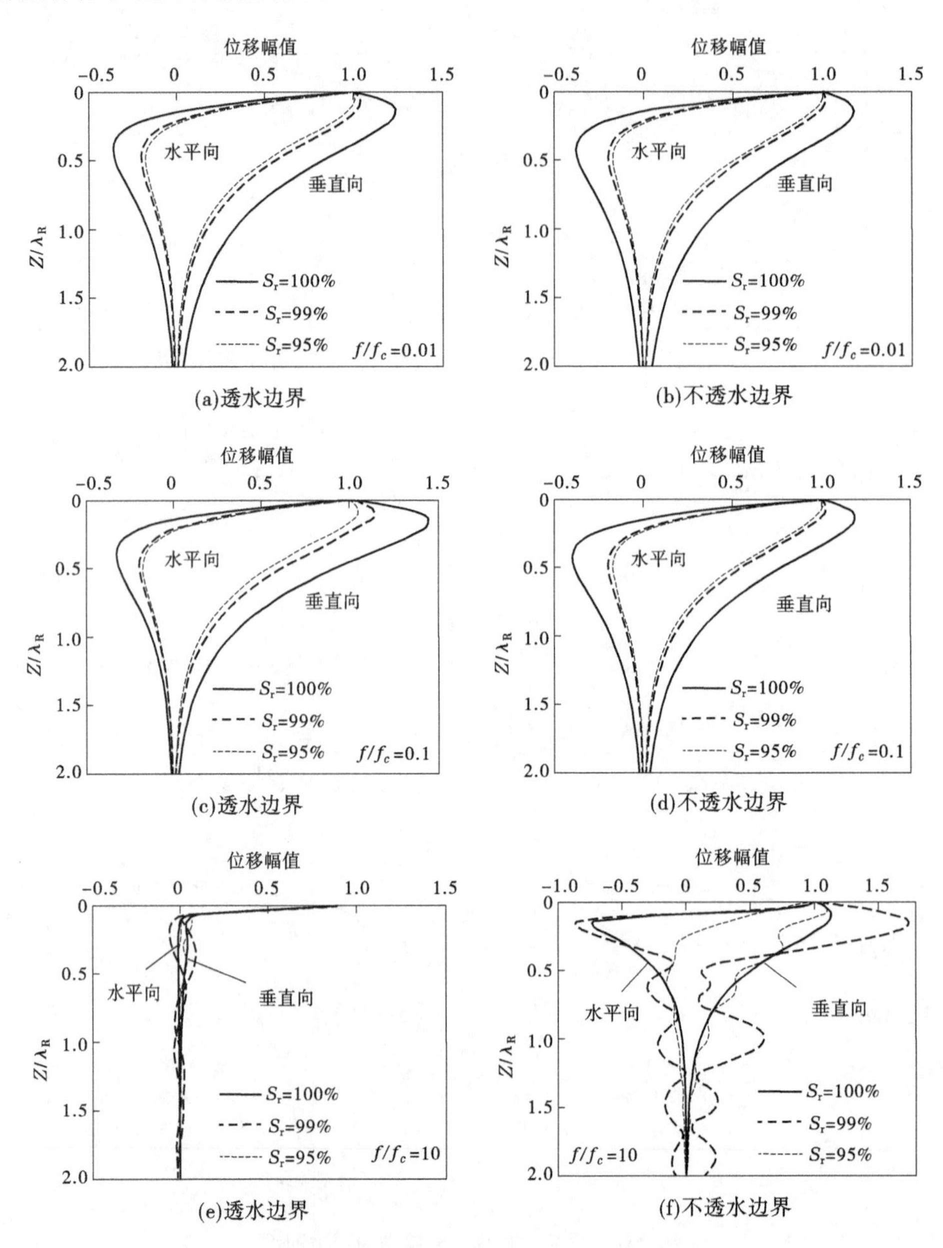

图 6-12　饱和度对孔隙流体位移分布影响曲线(泊松比 ν = 0.1)

分析上述准饱和土中土骨架与流体位移幅值分布曲线可知,水平位移与垂直位移最大幅值出现的深度是不同的,水平位移最大幅值出现深度要大于垂直位移最大幅值出现深度。准饱和土中土骨架位移和水相位移分布形态与弹性土及饱和土相似,水平向位移在一定深度处变为负数,位移随深度衰减较快。另外,由位移分布曲线可知准饱和土中瑞利波的传播深度约为波长的 1.5 倍,与弹性土和饱和土的研究结果一致。

透水边界条件下饱和度对孔隙流体压力幅值随深度分布的影响曲线如图 6-15 所示。

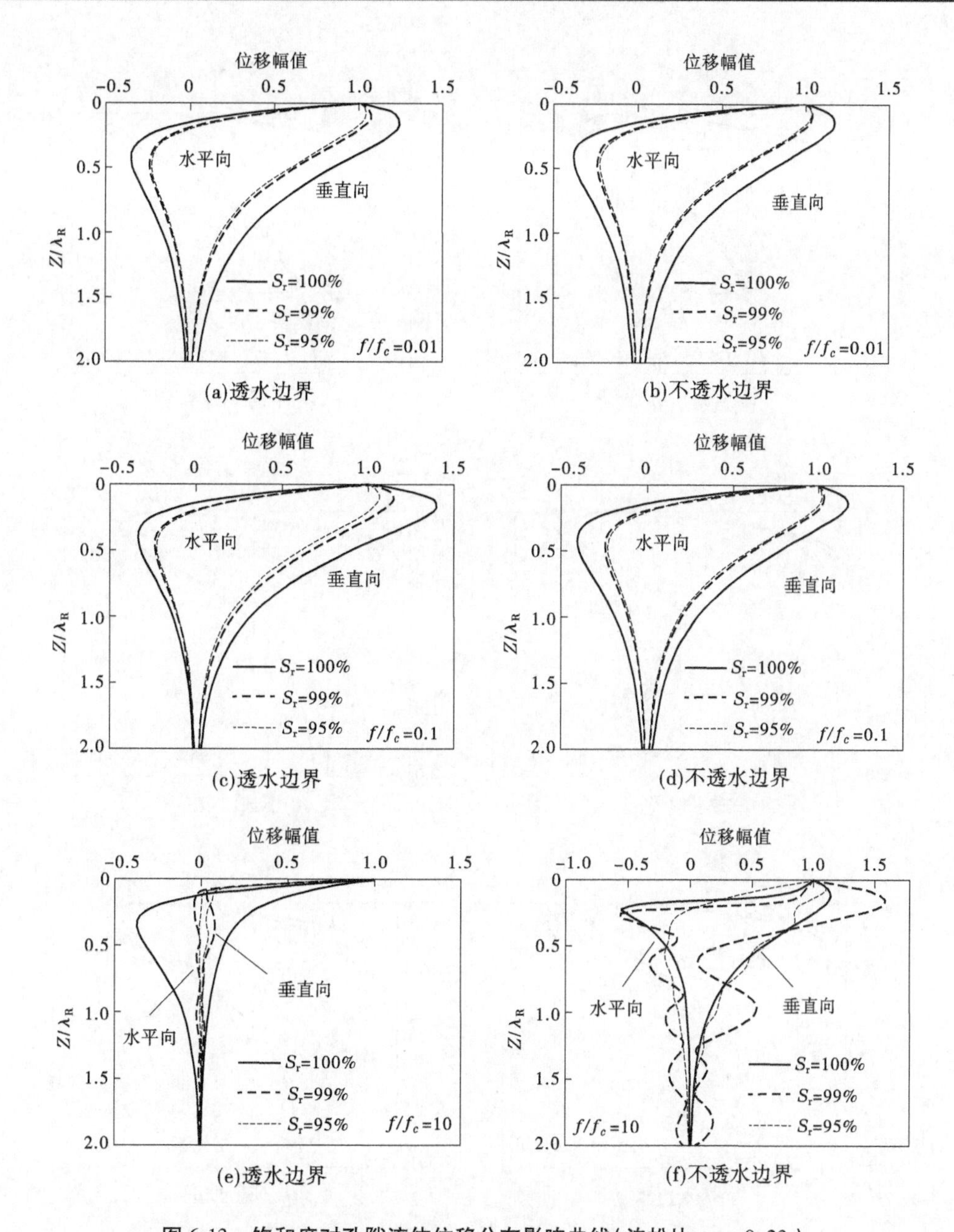

图 6-13　饱和度对孔隙流体位移分布影响曲线(泊松比 ν = 0.23)

图 6-15 表明，f/f_c 较小时，饱和度对孔隙流体压力的影响不大，f/f_c 增大时，孔隙流体压力随着饱和度的减小而减小，当 f/f_c 较大时，孔隙流体压力随饱和度的减小出现震荡。从图 6-15 可以看出，最大孔隙流体压力约在近地表位置，且随深度消散非常快。而泊松比对孔隙流体压力基本无影响。

图 6-16 为不透水边界条件下孔隙流体压力的计算结果，由图可知，孔隙流体压力受饱和度和频率比的影响基本与透水边界相同。此时最大孔隙流体压力出现在地表位置，泊松比增大，孔隙流体压力随深度消散减慢，同时受饱和度变化的影响亦增加，主要原因

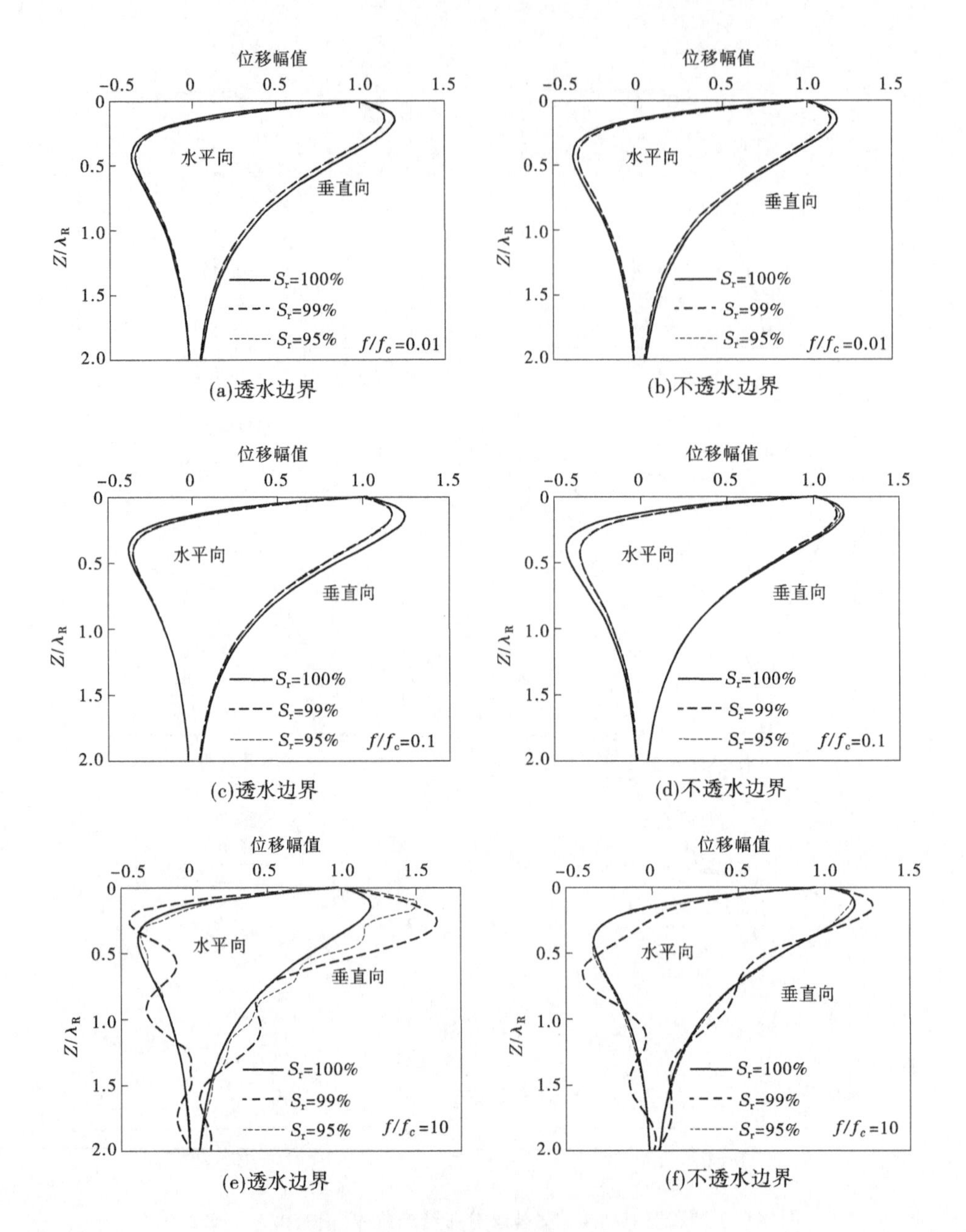

图 6-14　饱和度对孔隙流体位移分布影响曲线(泊松比 ν = 0.45)

是边界不透水时孔隙流体受到来自土骨架的约束作用。

三、瑞利波各组成波能量比

瑞利波各组成波的性质直接影响到瑞利波的性质,因此分析瑞利波中各组成波所占比例是非常重要的。图 6-17 为透水边界准饱和土中组成瑞利波的两种压缩波和剪切波所占能量比随频率比 f/f_c 的分布曲线,同时考虑了三种饱和条件和两种泊松比的结果。

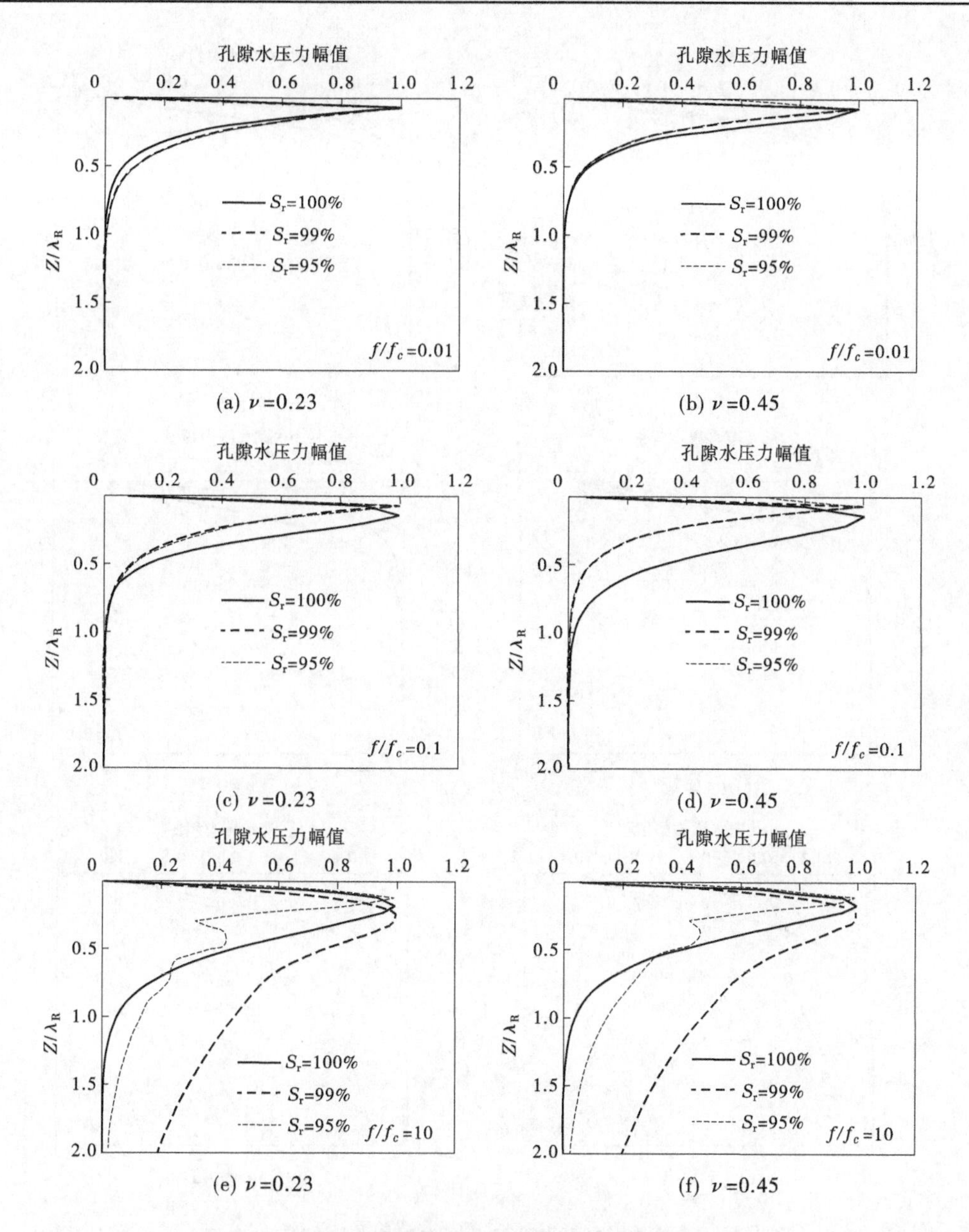

(a) $\nu=0.23$　(b) $\nu=0.45$

(c) $\nu=0.23$　(d) $\nu=0.45$

(e) $\nu=0.23$　(f) $\nu=0.45$

图 6-15　饱和度对孔隙流体压力分布影响曲线(透水边界)

由图 6-17 可知,S 波所携能量占瑞利波总能量的大半,约 70%以上,这从理论上证实了瑞利波主要反映剪切波特性,同时具有表面效应。饱和度 S_r = 100% 时,各组成波能量比随频率比的变化规律同饱和土中研究结果(吴世明,1997),当 f/f_c < 0.1 时,瑞利波主要由 P_1 波和 S 波组成,基本不存在 P_2 波,此时可不考虑 P_2 波的作用。当 $0.1 < f/f_c < 10$ 时,瑞利波中 P_1 波所携能量减少而 P_2 波能量迅速增加,这一范围瑞利波由三种体波干涉而成,在 $f/f_c = 1$ 附近两种压缩波能量基本相同,两种压缩波的作用均不可忽略。当 f/f_c > 10 时,剪切波能量略有下降,此时 P_1 波能量要比 P_2 波能量小得多,瑞利波主要由 P_2 波与 S 波组成。随着饱和度的减小,瑞利波中 P_2 波分量显著减少,P_1 波能量比在

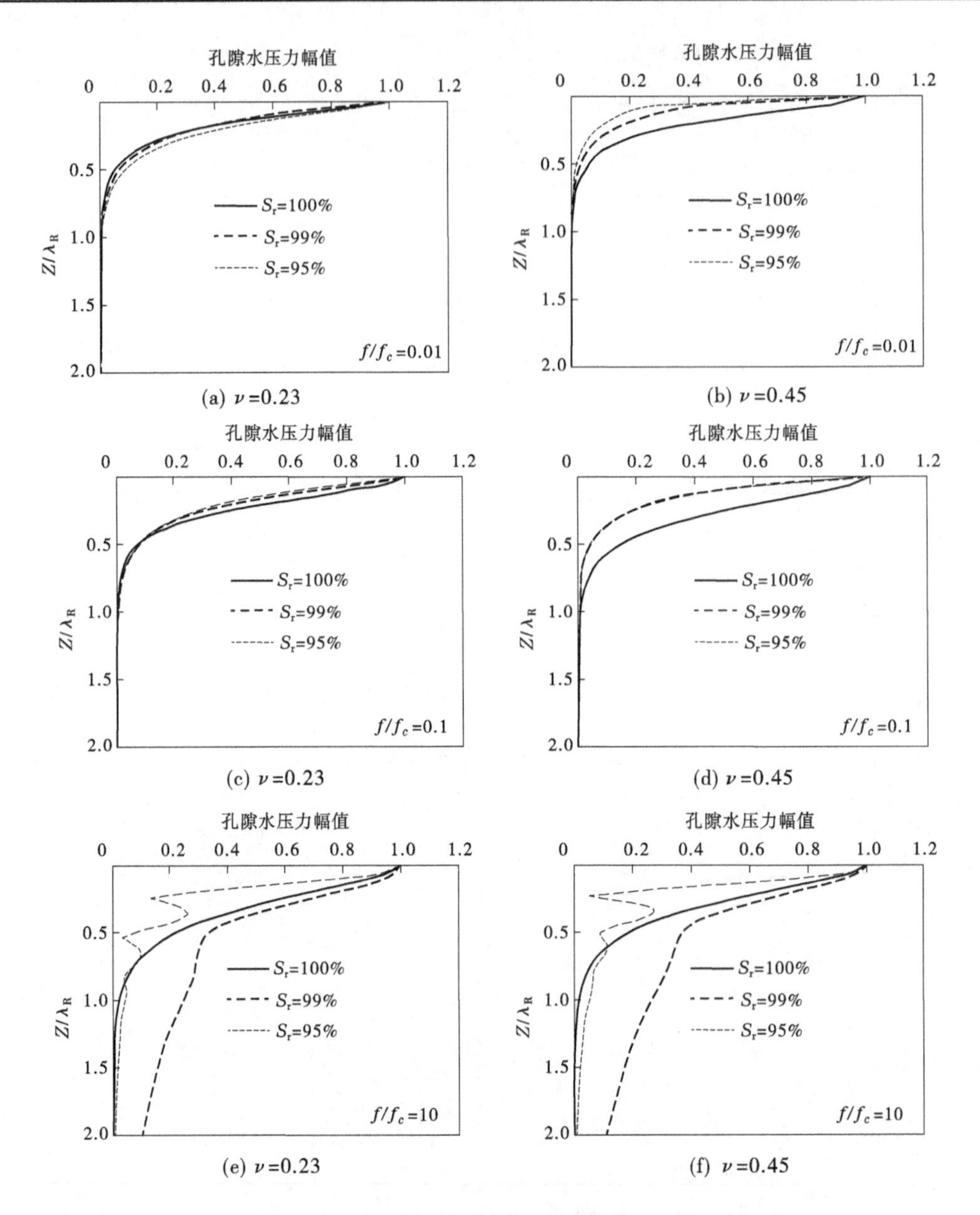

图 6-16　饱和度对孔隙流体压力分布影响曲线(不透水边界)

f/f_c > 0.1 段则显著增加,至饱和度 S_r = 95% 时,瑞利波中基本无 P_2 波成分,主要由 P_1 波和 S 波干涉而成,此时这两种体波能量比趋于恒值,不再随 f/f_c 变化。比较两种泊松比下的计算结果发现,泊松比增大时,剪切波所携能量比略有增大,相应地两种压缩波的能量有所减小,此时随着饱和度的减小 P_2 波在瑞利波中的分量减少得更为明显。

边界不透水时瑞利波各组成波的能量比的计算结果如图 6-18 所示,比较发现各组成波能量比随各参数的变化规律与透水边界条件下基本一致,边界不透水时 P_2 波在瑞利波中的分量随着饱和度的降低而减少得更加显著。

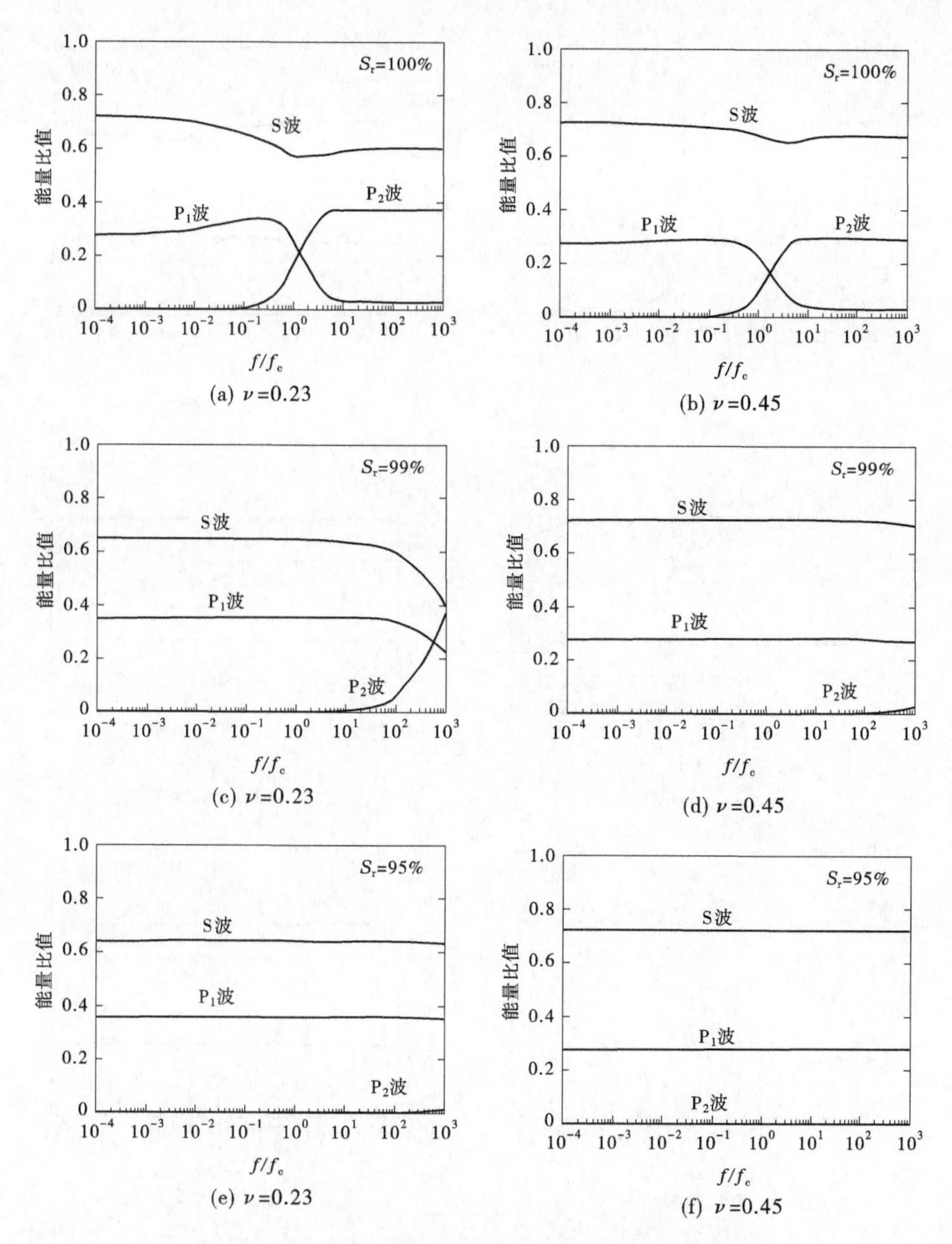

图 6-17　透水边界三种饱和度下瑞利波各组成波的能量比

四、瑞利波粒子运动轨迹

利用瑞利波位移公式，考虑 $x=0$ 截面，将不同深度处粒子位移的水平分量和垂直分量合并起来，就可得到瑞利波粒子运动的轨迹。在本节里将分析瑞利波粒子运动轨迹随深度的变化规律及其与饱和度的关系。

两种透水条件不同深度处瑞利波粒子运动轨迹与饱和度的关系曲线分别见图 6-19 和图 6-20，并考虑两种饱和度（100%和 95%）以进行比较。

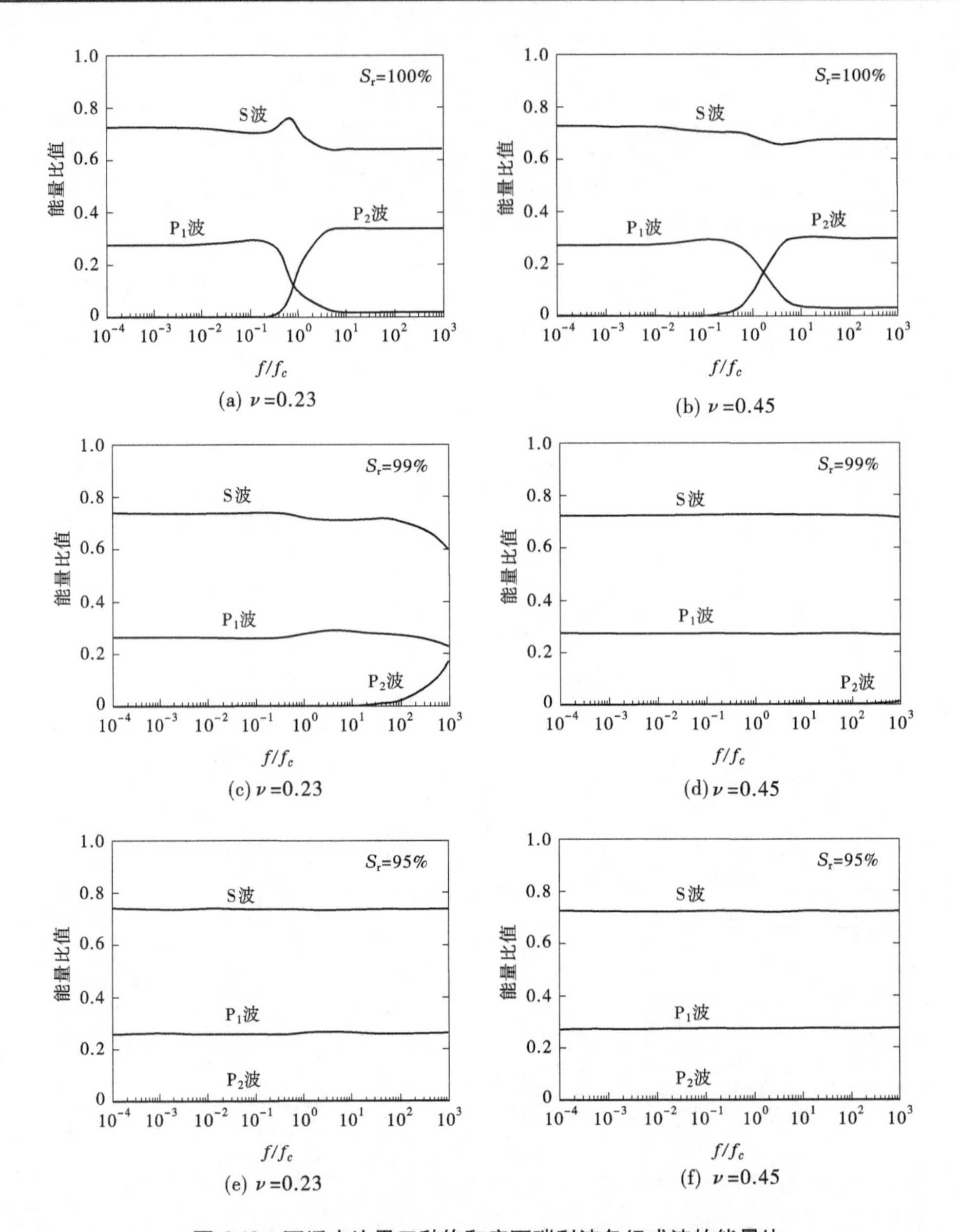

图 6-18 不透水边界三种饱和度下瑞利波各组成波的能量比

由图可知,两种饱和状态下瑞利波粒子运动轨迹为一椭圆,其长轴位于垂直位移轴,参照图 6-1 的坐标系统,该椭圆逆时针旋转前进,这一结果与弹性土相同。随着深度的增加,该椭圆水平分量逐渐减小,约在深度 $z=0.2\lambda_R$ 处,椭圆的旋转方向发生反转,变为顺时针前进椭圆。在地表或近地表深度范围内,随着深度的增加,粒子水平位移逐渐减小而垂直位移基本不变,说明近地表水平位移沿深度衰减速度比垂直位移要快。

饱和度对粒子运动轨迹有明显的影响,但其影响程度随着深度的不同而有所不同,总体来讲饱和度对垂直位移分量影响较大,饱和度减小将引起垂直位移减小从而椭圆的长

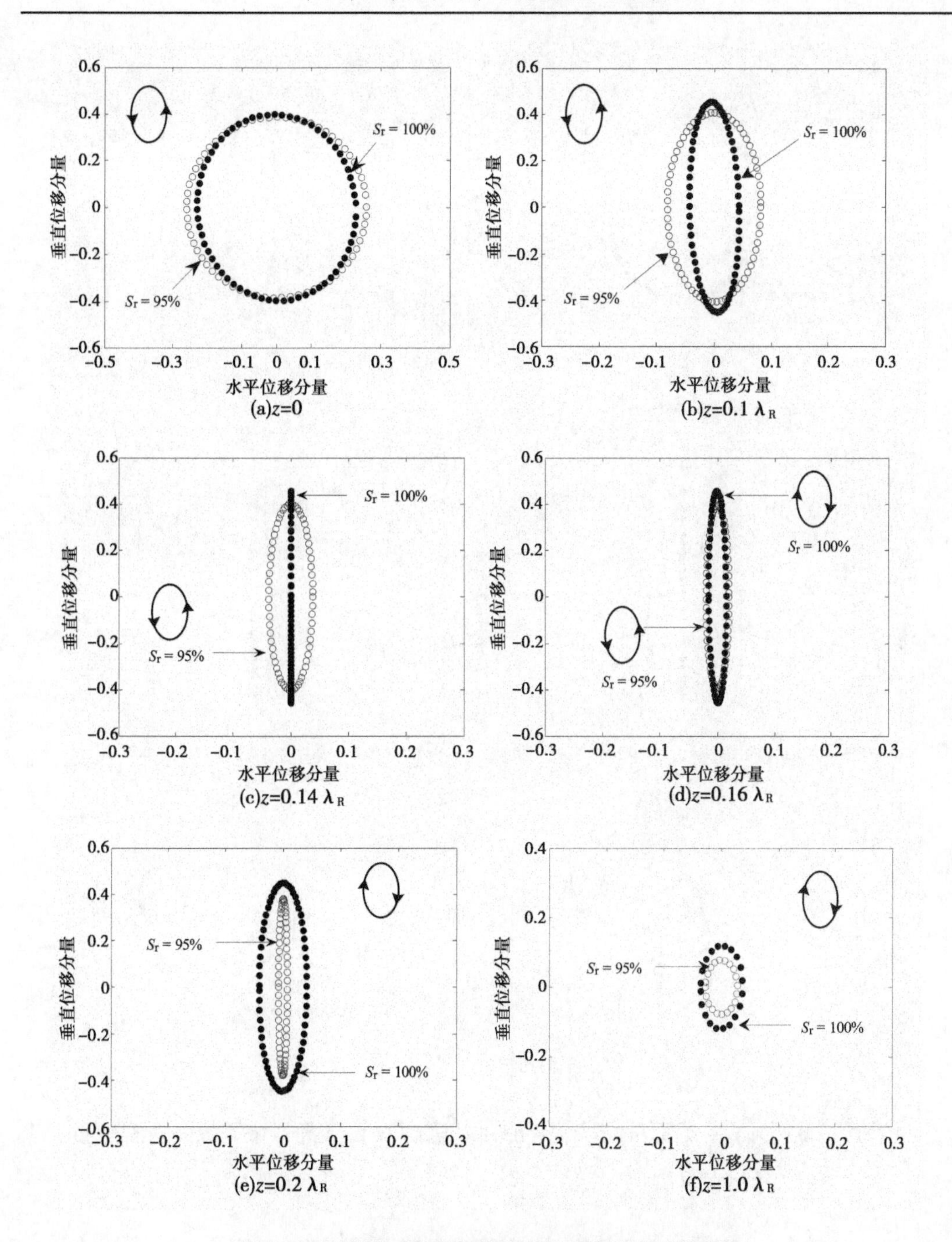

图 6-19　粒子运动轨迹与饱和度关系曲线(透水边界)

轴变短。在 $z=0.14\lambda_R$(饱和度 100%)处水平位移量消失,粒子仅有垂直运动。而在 $z=0.16\lambda_R$ 时,则发现饱和状态下粒子运动轨迹已经反转变为顺时针旋转椭圆,而准饱和状态(饱和度 95%)下粒子运动轨迹仍为逆时针旋转椭圆,说明饱和度减小,改变了粒子旋转方向逆转的深度。当 $z>0.2\lambda_R$ 时,饱和度减小将使椭圆大小发生改变而其形状不改变,此时水平和垂直位移均随深度迅速衰减。

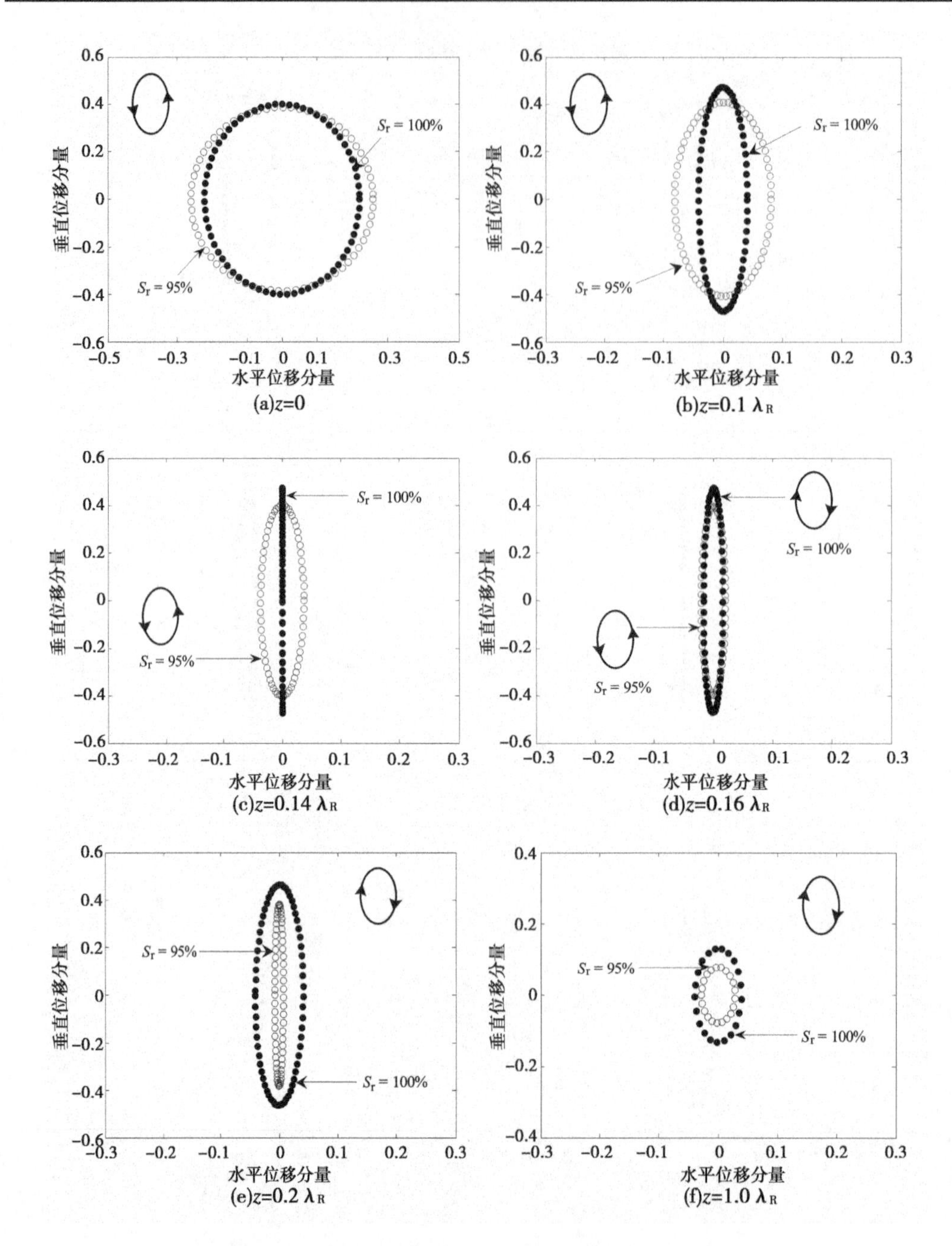

图 6-20　粒子运动轨迹与饱和度关系曲线(边界不透水)

透水条件对粒子运动轨迹基本无影响。

第六节　小　结

本章基于三相准饱和介质波动理论,针对不同透水条件,推导了瑞利波弥散特征方程。通过具体算例分析了准饱和土中瑞利波的传播特性,数值分析了瑞利波速度、位移、能流分布及粒子运动规律与饱和度、泊松比和频率比之间的相互影响关系。主要结论归纳如下:

(1)准饱和土中瑞利波与饱和土中的传播特性有很大不同。研究表明,瑞利波主要反映剪切波特性,同时具有表面效应,受饱和度影响介于压缩波和剪切波之间且依赖于泊松比,随着泊松比的增加,饱和度对瑞利波速度和衰减的影响均减小。准饱和土中瑞利波具有弥散性,其传播特性受边界透水条件影响。

(2)研究发现瑞利波主要在低频段($f/f_c < 0.1$)受饱和度影响,接近完全饱和时瑞利波速度受饱和度影响显著,随着饱和度的降低影响程度亦减小,这与压缩波受饱和度影响规律相一致。

(3)准饱和土中瑞利波沿深度衰减快,有效传播深度约为其波长的1.5倍。f/f_c 较小时,土骨架位移与流体位移基本相同,饱和度对瑞利波位移的影响显著且依赖泊松比;f/f_c 较大时瑞利波位移基本不受饱和度影响,但此时土骨架位移与流体位移的差异增大。

瑞利波引起的孔隙流体压力沿深度衰减较快,f/f_c 较小时,饱和度对孔隙流体压力的影响不大,f/f_c 增大时,孔隙流体压力随着饱和度的减小而减小。

(4)瑞利波中S波所携能量占瑞利波总能量的70%以上,亦表明瑞利波主要反映剪切波特性。当 $f/f_c < 0.1$ 时,瑞利波主要由 P_1 波和S波组成;$0.1 < f/f_c < 10$ 时,瑞利波由 P_1 波、P_2 波和S波三种体波组成;$f/f_c > 10$ 时,瑞利波主要由 P_2 波和S波组成。随饱和度的减小瑞利波中 P_2 波含量显著减少,准饱和土中瑞利波主要由 P_1 波和S波干涉而成。

(5)准饱和土中瑞利波粒子运动轨迹同饱和土中一样,为一逆转前进椭圆,在深度 $z = 0.2\lambda_R$ 处,其旋转方向发生反转变为顺进椭圆。与饱和土中不同的是,饱和度减小将改变粒子运动轨迹的大小和形状,同时将增加粒子椭圆轨迹旋转方向发生反转的深度。

第七章　弹性波在准饱和土与弹性土界面的传播特性

第一节　准饱和土控制方程

以单位体积的准饱和土为研究对象，则其波动方程可由变形连续条件、整体运动方程和孔隙水运动方程组成：

$$(\lambda+\mu)u_{k,ki}+\mu u_{i,kk}=-(1-\gamma)b^f\overline{Q}_i^f+\gamma\rho_f\dot{\overline{Q}}_i^f+(\overline{\rho}_s+\gamma\overline{\rho}_f)\ddot{u}_i \tag{7-1a}$$

$$-p_{f,i}=b^f\overline{Q}_i^f+\rho_f\dot{\overline{Q}}_i^f+\overline{\rho}_f\ddot{u}_i \tag{7-1b}$$

$$-\overline{Q}_{i,i}^f=\alpha_1^*\dot{u}_{k,k}+\alpha_2^*\dot{p}_f \tag{7-1c}$$

式中：$\alpha_1^*=f+(1-f)(1-\alpha)$；$\alpha_2^*=f\beta_f^*+(1-f)(1-\alpha)\beta_s$；$\alpha=\beta_p/\beta$；$\gamma=\beta_s/\beta$；$\beta=1/(\lambda+2\mu)$；$\beta_f^*=\beta_f[1+(1-S)/p\beta_f]$；$\overline{\rho}_s=(1-f)\rho_s$；$\overline{\rho}_f=Sf\rho_f$；$b^f=\rho_f g/k_f$；$\overline{Q}_i^f$为流体相对于土骨架的体积流，$\overline{Q}_i^f=Sf(v_i^f-v_i)$，其中$S$为饱和度，$f$为孔隙率，$v_i^f$和$v_i$分别为流体和土骨架的流速；$u_i=u_i^s$为土骨架的位移；$\rho_s$和$\rho_f$分别为土颗粒和孔隙流体的密度；$\lambda$和$\mu$为土骨架的两个Lamb常数；$p_f$为孔隙流体压力；$p$为流体静压；$g$为重力加速度；$k_f$为土的渗透系数；$\beta_s$、$\beta_f$和$\beta_p$分别为土颗粒、孔隙流体和土骨架的压缩系数。

令流体相对固体位移为$w_i=Sf(u_i^f-u_i)$，于是有$\overline{Q}_i^f=\dot{w}_i$，代入式(7-1)，进一步整理可得关于向量$\boldsymbol{u}$和$\boldsymbol{w}$的方程组为

$$\mu\nabla^2\boldsymbol{u}+(\lambda_c+\mu)\nabla(\nabla\cdot\boldsymbol{u})+\eta M\nabla(\nabla\cdot\boldsymbol{w})=\rho\ddot{\boldsymbol{u}}+\rho_f\ddot{\boldsymbol{w}} \tag{7-2a}$$

$$\alpha_1^*M\nabla(\nabla\cdot\boldsymbol{u})+M\nabla(\nabla\cdot\boldsymbol{w})=b^f\dot{\boldsymbol{w}}+\overline{\rho}_f\ddot{\boldsymbol{u}}+\rho_f\ddot{\boldsymbol{w}} \tag{7-2b}$$

式中：$\lambda_c=\lambda+\eta\alpha_1^*M$；$M=1/\alpha_2^*$；$\eta=1-\gamma$；$\rho=\overline{\rho}_s+\overline{\rho}_f$。

引入标量势φ_s、φ_f和矢量势ψ_s、ψ_f，根据Helmholtz矢量分解定理，将波场做如下分解：

$$\left.\begin{aligned}\boldsymbol{u}&=\nabla\varphi_s+\nabla\times\psi_s\\ \boldsymbol{w}&=\nabla\varphi_f+\nabla\times\psi_f\end{aligned}\right\} \tag{7-3}$$

将式(7-3)代入式(7-2)，分别求散度和旋度可得

$$\left.\begin{aligned}(\lambda_c+2\mu)\nabla^2\varphi_s+\eta M\nabla^2\varphi_f&=\rho\ddot{\varphi}_s+\rho_f\ddot{\varphi}_f\\ \alpha_{11}M\nabla^2\varphi_s+M\nabla^2\varphi_f&=\overline{\rho}_f\ddot{\varphi}_s+b^f\dot{\varphi}_f+\rho_f\ddot{\varphi}_f\end{aligned}\right\} \tag{7-4a}$$

$$\left.\begin{aligned}\mu\nabla^2\psi_s&=\rho\ddot{\psi}_s+\rho_f\ddot{\psi}_f\\ \overline{\rho}_f\ddot{\psi}_s+b^f\dot{\psi}_f+\rho_f\ddot{\psi}_f&=0\end{aligned}\right\} \tag{7-4b}$$

设式(7-4)中标量势 φ_s、φ_f 和矢量势 ψ_s、ψ_f 的解为

$$\varphi_s = \varphi_{s0}\exp[\mathrm{i}k_{\mathrm{P}}(x - c_{\mathrm{P}}t)];\varphi_f = \varphi_{f0}\exp[\mathrm{i}k_{\mathrm{P}}(x - c_{\mathrm{P}}t)] \tag{7-5a}$$

$$\psi_s = \psi_{s0}\exp[\mathrm{i}k_{\mathrm{S}}(x - c_{\mathrm{S}}t)];\psi_f = \psi_{f0}\exp[\mathrm{i}k_{\mathrm{S}}(x - c_{\mathrm{S}}t)] \tag{7-5b}$$

式中：$\mathrm{i} = \sqrt{-1}$；k_{P} 为 P 波波数；c_{P} 为 P 波波速；k_{S} 为 S 波波数；c_{S} 为 S 波波速；k_{P}，k_{S}，c_{P} 和 c_{S} 存在着关系：$\omega = k_{\mathrm{P}}c_{\mathrm{P}} = k_{\mathrm{S}}c_{\mathrm{S}}$。

将式(7-5)代入式(7-4)可得 P_1 波、P_2 波和 S 波的波数 k_1、k_2 和 k_{S} 的解：

$$k_{1,2}^2 = \frac{B \mp \sqrt{B^2 - 4AC}}{2A};k_{\mathrm{S}}^2 = C/D \tag{7-6}$$

式中：$A = (\lambda + 2\mu)M$；$B = (\lambda_c + 2\mu)(\rho_f\omega^2 + \mathrm{i}\omega b^f) + (\rho - \bar{\rho}_f\eta - \rho_f\alpha_1^*)\omega^2 M$；$C = \rho\omega^2(\rho_f\omega^2 + \mathrm{i}\omega b^f) - \rho_f\bar{\rho}_f\omega^4$；$D = \mu(\rho_f\omega^2 + \mathrm{i}\omega b^f)$ 。

取 P_1 波和 P_2 波的势函数分别为 φ_{s1}、φ_{f1} 和 φ_{s2}、φ_{f2}，设 $\varphi_{f1} = m_1\varphi_{s1}$、$\varphi_{f2} = m_2\varphi_{s2}$、$\psi_f = m_3\psi_s$，代入式(7-4)得

$$m_{1,2} = \frac{\alpha_{11}Mk_{1,2}^2 - \bar{\rho}_f\omega^2}{-Mk_{1,2}^2 + \rho_f\omega^2 + \mathrm{i}\omega b^f};m_3 = -\frac{\bar{\rho}_f\omega^2}{\rho_f\omega^2 + \mathrm{i}\omega b^f} \tag{7-7}$$

第二节　波场的势函数展开式

由第五章可知，P_1 波和 SV 波入射半空间表面的解答过程一致、待定系数的矩阵表达式也相似。本章只考虑 P_1 波从准饱和土体中入射到弹性土界面产生反射和透射，计算模型如图 7-1 所示，取交界面为 xoy 平面，$z>0$ 的一侧为准饱和土，$z<0$ 的一侧为弹性土。设 P_1 波的入射频率为 ω，入射角为 α，P_1 波、P_2 波和 SV 波的反射角分别为 α_1'、α_2' 和 β'，弹性土中 P 波和 SV 波的透射角分别为 α'' 和 β'' 。

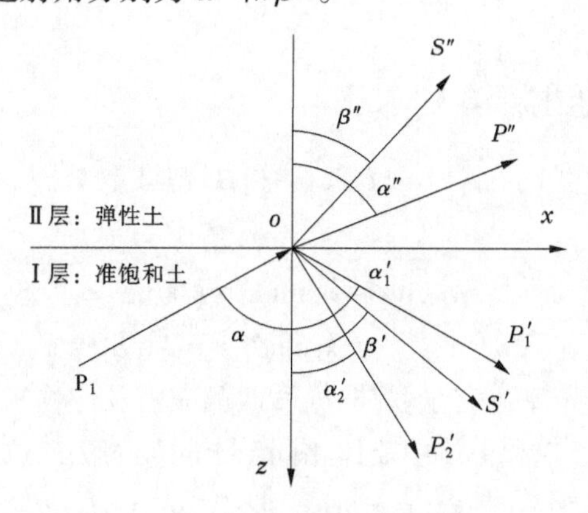

图 7-1　入射平面 P_1 波在界面的反射与透射

一、准饱和土体中入射波场和反射波场的势函数

取饱和土体土骨架中的波势函数分别如下：

入射 P_1 波

$$\varphi_{s1} = A_1 \exp[ik_1(x\sin\alpha - z\cos\alpha - c_1 t)] \tag{7-8a}$$

反射 P_1 波

$$\varphi'_{s1} = A'_1 \exp[ik_1(x\sin\alpha'_1 + z\cos\alpha'_1 - c_1 t)] \tag{7-8b}$$

反射 P_2 波

$$\varphi'_{s2} = A'_2 \exp[ik_2(x\sin\alpha'_2 + z\cos\alpha'_2 - c_2 t)] \tag{7-8c}$$

反射 SV 波

$$\psi'_s = A'_s \exp[ik_s(x\sin\beta' + z\cos\beta' - c_s t)] \tag{7-8d}$$

式中：c_1、c_2 和 c_s 分别为准饱和土体中 P_1 波、P_2 波和 SV 波的波速，可根据公式 $\omega = kc$ 由频率和波数计算得出；A_1、A'_1、A'_2 和 A'_s 分别为准饱和土入射波和反射波的幅值；根据系数 m_1、m_2 和 m_3 可得到孔隙流体中波的势函数的表达式：

$\varphi_{f1} = m_1\varphi_{f1}$、$\varphi'_{f1} = m_1\varphi'_{f1}$、$\varphi'_{f2} = m_2\varphi'_{s2}$、$\psi'_f = m_3\psi'_s$

于是准饱和土体中总的势函数可表示成：

$$\varphi^I_s = \varphi_{s1} + \varphi'_{s1} + \varphi'_{s2};\varphi^I_f = \varphi_{f1} + \varphi'_{f1} + \varphi'_{f2} \tag{7-9a}$$

$$\psi^I_s = \psi'_s;\psi^I_f = \psi'_f \tag{7-9b}$$

二、弹性土中透射波场的势函数

(1)透射 P 波：

$$\varphi^{\mathrm{II}}_{\mathrm{s}} = A''_{\mathrm{P}} \exp[ik''_{\mathrm{P}}(x\sin\alpha'' - z\cos\alpha'' - c''_{\mathrm{P}} t)] \tag{7-10a}$$

(2)透射 SV 波：

$$\psi^{\mathrm{II}}_{\mathrm{s}} = A''_{\mathrm{S}} \exp[ik''_{\mathrm{S}}(x\sin\beta'' - z\cos\beta'' - c''_{\mathrm{S}} t)] \tag{7-10b}$$

式中：k''_{P} 和 k''_{S} 分别为透射 P 波和 SV 波的波数；c''_{P} 和 c''_{S} 分别为透射 P 波和 SV 波的波速；A''_{P} 和 A''_{S} 为透射波幅值。

三、反射系数和透射系数的求解

根据 Snell 定理，角度 α、α'_1、α'_2、β'、α'' 和 β'' 与波数 k_1、k_2、k_{S}、k''_{P} 和 k''_{S} 存在如下关系：

$$\begin{aligned} k_1\sin\alpha &= k_1\sin\alpha'_1 = k_2\sin\alpha'_2 \\ &= k_{\mathrm{S}}\sin\beta' = k''_{\mathrm{P}}\sin\alpha'' = k''_{\mathrm{S}}\sin\beta'' \end{aligned} \tag{7-11}$$

假定饱和土体与建筑基础完全联结，界面两侧应力及位移的切向和竖向分量相同，同时考虑界面不透水，则准饱和土体中流体相同于土骨架的法向位移为零，即 $z = 0$ 时：

$$\sigma^{\mathrm{I}}_z = \sigma^{\mathrm{II}}_z;\tau^{\mathrm{I}}_{xz} = \tau^{\mathrm{II}}_{xz};u^{\mathrm{I}}_x = u^{\mathrm{II}}_x;u^{\mathrm{I}}_z = u^{\mathrm{II}}_z;w^{\mathrm{I}}_z = 0 \tag{7-12}$$

对于各向同性均质准饱和土体，根据式(7-3)及弹性介质中的应力—应变关系和 Bishop 有效应力公式 $\sigma'_{ij} = \sigma_{ij} - p_f\delta_{ij}$ 即可得力和位移可由下式根据势函数计算：

$$\sigma^{\mathrm{I}}_z = (\lambda + \alpha^*_1 M)\nabla^2\varphi^{\mathrm{I}}_s + 2\mu\left(\frac{\partial^2\varphi^{\mathrm{I}}_s}{\partial z^2} + \frac{\partial^2\psi^I_s}{\partial x\partial z}\right) + M\nabla^2\varphi^{\mathrm{I}}_f \tag{7-13a}$$

$$\tau_{xz}^{\mathrm{I}} = \mu\left(2\frac{\partial^2\varphi_s^{\mathrm{I}}}{\partial x\partial z} + \frac{\partial^2\psi_s^{\mathrm{I}}}{\partial x^2} - \frac{\partial^2\psi_s^{\mathrm{I}}}{\partial z^2}\right) \tag{7-13b}$$

$$u_x^{\mathrm{I}} = \frac{\partial\varphi_s^{\mathrm{I}}}{\partial x} - \frac{\partial\psi_s^{\mathrm{I}}}{\partial z};\ u_z^{\mathrm{I}} = \frac{\partial\varphi_s^{\mathrm{I}}}{\partial z} + \frac{\partial\psi_s^{\mathrm{I}}}{\partial x} \tag{7-13c}$$

$$w_x^{\mathrm{I}} = \frac{\partial\varphi_f^{\mathrm{I}}}{\partial x} - \frac{\partial\psi_f^{\mathrm{I}}}{\partial z};\ w_z^{\mathrm{I}} = \frac{\partial\varphi_f^{\mathrm{I}}}{\partial z} + \frac{\partial\psi_f^{\mathrm{I}}}{\partial x} \tag{7-13d}$$

由于弹性土中不含孔隙流体,直接采用弹性介质中的应力—应变公式进行计算。将式(7-8)代入式(7-13),根据式(7-12)可得关于反射系数和透射系数的方程式:

$$[c_{ij}]_{5\times5} \times [a_i]_{5\times1} = [b_i]_{5\times1} \tag{7-14}$$

式中:矩阵系数的详细表达式见附录3。

第三节　数值计算

弹性土的参数取值如下:$\rho_{\mathrm{II}}=2\ 100\ \mathrm{kg/m^3}$,$\mu_{\mathrm{II}}=26.1\ \mathrm{MPa}$,$\lambda_{\mathrm{II}}=17.4\ \mathrm{MPa}$。准饱和土参数取值如下:$\rho_{\mathrm{f}}=1\ 000\ \mathrm{kg/m^3}$,$\rho_{\mathrm{s}}=2\ 650\ \mathrm{kg/m^3}$,$f=0.3$,$\mu=11.6\ \mathrm{MPa}$,$\lambda=27.1\ \mathrm{MPa}$,$1/\beta_{\mathrm{s}}=36\ \mathrm{GPa}$,$1/\beta_{\mathrm{f}}=2.14\ \mathrm{GPa}$,$1/\beta_{\mathrm{p}}=43.6\ \mathrm{MPa}$,$k_{\mathrm{f}}=1\times10^{-5}\ \mathrm{m/s}$。

取$\mathrm{P_1}$波入射频率$\omega=100\ \mathrm{Hz}$,入射角α的变化范围为0°~90°,绘制了不同饱和度($S_{\mathrm{r}}=95\%$、99%和100%)对应的准饱和土的反射系数a_1和a_3、透射系数a_4和a_5、竖向应力σ_z、水平剪应力τ_{xz}、竖向位移u_z及水平位移u_x的变化曲线,如图7-2和图7-3所示。由于考虑边界不透水,$\mathrm{P_2}$波所占的比例很小,$\mathrm{P_2}$波的反射系数a_2的数值也很小,几乎接近零,完全可以忽略,这里没有给出a_2的变化曲线。

从图7-2可以看出,当$\mathrm{P_1}$波垂直入射时($\alpha=0°$),不会发生波型转换,反射波和透射波中只有P波,不存在SV波成分[见图7-2(b)和图7-2(d)];当$\mathrm{P_1}$波掠入射时($\alpha=90°$),入射$\mathrm{P_1}$波完全反射成$\mathrm{P_1}$波[见图7-2(a)],此时没有反射SV波、透射波P波和SV波[见图7-2(b)、图7-2(c)和图7-2(d)],这和入射P波在两层弹性介质界面的反射和透射的结论完全相似(杨桂通和张善元,1998)。

从图7-2还可以明显地看出,当饱和度低于100%时,以$S_{\mathrm{r}}=95\%$和99%为例,虽然饱和度相差4%,但所得到的反射系数a_1、a_3和透射系数a_4、a_5的值基本保持不变;但当饱和度为100%时,虽然饱和度比99%提高了1%,但反射和透射系数的值却明显地降低,而且这种差异随着入射角的改变而改变,这和在Biot饱和土的波动方程中直接采用$1/[1/K_w+(1-S)/p]$来表示准饱和土体中孔隙流体的压缩模量所得出的结论是一致的,其中K_w为流体的体积模量。

从图7-3可以看出,当$\mathrm{P_1}$波垂直入射时($\alpha=0°$),界面处只存在竖向正应力σ_z和竖向位移u_z,而水平位移u_x和水平剪应力τ_{xz}都为零,这主要是因为反射波和透射波中只有P波,而P波引起质点的振动方向与传播方向一致,即为竖向的,故不产生水平向的应力和位移;当$\mathrm{P_1}$波掠入射时($\alpha=90°$),界面处的应力σ_z、τ_{xz}和位移u_z、u_x全为零,这主要是因为入射$\mathrm{P_1}$波全部反射成$\mathrm{P_1}$波,不存在反射SV波、透射P波和SV波。

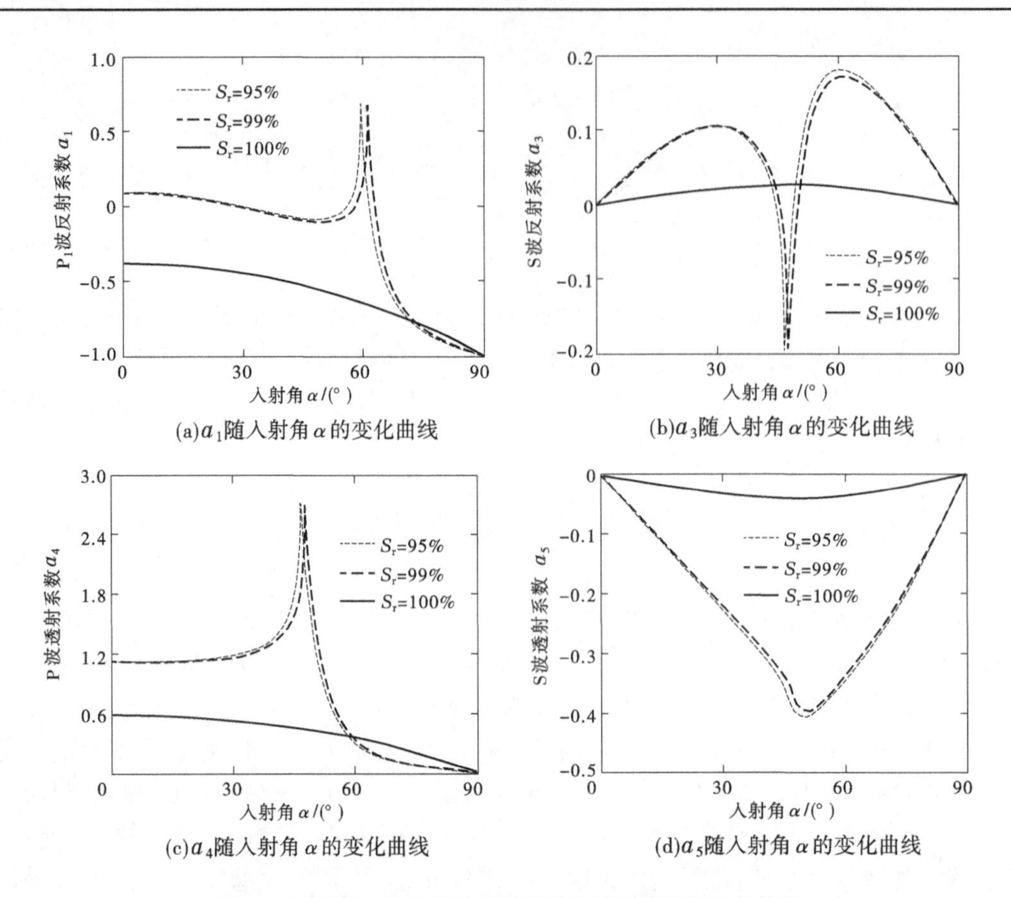

(a) a_1 随入射角 α 的变化曲线　(b) a_3 随入射角 α 的变化曲线

(c) a_4 随入射角 α 的变化曲线　(d) a_5 随入射角 α 的变化曲线

图 7-2　平面 P_1 波入射时反射系数和透射系数的变化曲线

另外从图 7-3 也可明显地看出,饱和度对应力 σ_z 、τ_{xz} 和位移 u_z 、u_x 的影响和饱和度对反射系数 a_1、a_3 和透射系数 a_4、a_5 的影响非常相似,当饱和度低于 100%时,应力 σ_z、τ_{xz} 和 u_z 、u_x 的值基本相同,差异不大,但当 S = 100%时,虽然比 99%提高了 1%,但应力 σ_z、τ_{xz} 和 u_z、u_x 的值却明显地降低,这种差异也随着入射角 α 的变化而变化。

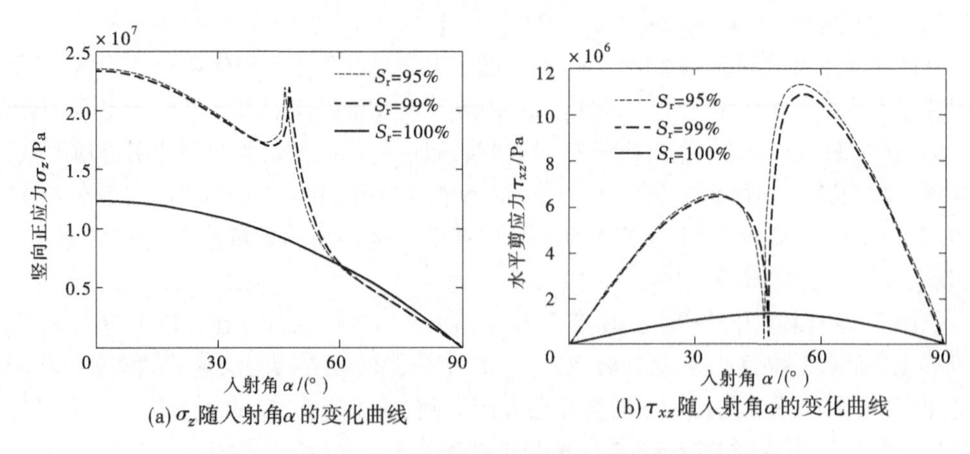

(a) σ_z 随入射角 α 的变化曲线　(b) τ_{xz} 随入射角 α 的变化曲线

图 7-3　平面 P_1 波入射时竖向位移和水平位移的变化曲线

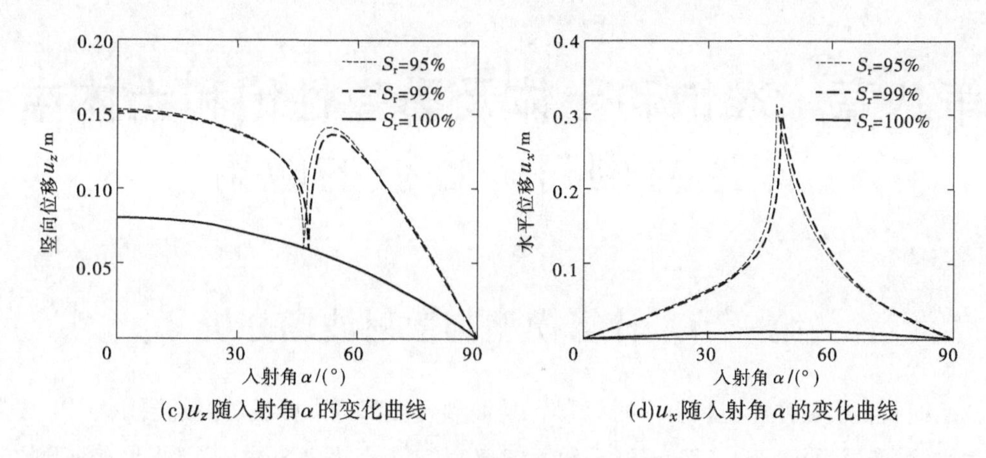

(c)u_z 随入射角 α 的变化曲线　　(d)u_x 随入射角 α 的变化曲线

续图 7-3

第四节　小　结

本章采用 Vardoulakis 等提出的准饱和土波动方程，研究了 P_1 波从准饱和土入射到弹性土界面上反射和透射，并绘制了反射系数、透射系数和界面应力、位移的变化曲线，结果表明：饱和度是影响界面反射和透射效应的重要因素，当饱和度低于 100%时，反射和透射系数及应力和位移值基本相等，差异不大，但当饱和度为 100%时，虽然饱和度比 99%提高了 1%，但反射和透射系数及应力和位移值却产生了明显的差异。

第八章　准饱和土体及黏弹性饱和土体中圆形衬砌对弹性波的散射

第一节　计算模型与散射波场分析

准饱和土或黏弹性饱和土中的 P_1 波、P_2 波和 S 波都是衰减波、弥散波，由于 P_2 波衰减太快，对于振源较远的工程问题，一般不考虑 P_2 波。考虑到 S 波与 P_1 波散射问题的计算方法完全类似，本书只研究 P_1 波的散射引起的动应力集中问题。

如图 8-1 所示，设衬砌为无限长，轴线沿 z 方向，内半径为 r_2，外半径为 r_1，壁厚 $h=r_1-r_2$，P_1 波沿 x 方向传播。

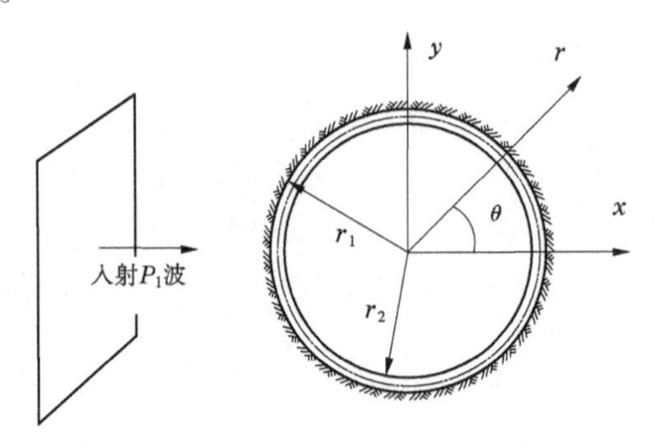

图 8-1　圆形衬砌散射问题的几何模型

设入射 P_1 波的幅值为 φ_0，则土骨架中 P_1 波的势函数可以表示成 Fourier-Bessel 函数的级数形式：

$$\varphi_{s1}^{\text{inc}} = \varphi_0 \exp[\text{i}k_1(x - c_1 t)] = \varphi_{s0} \sum_{n=0}^{+\infty} \varepsilon_n \text{i}^n J_n(k_1 r) \cos(n\theta) \tag{8-1}$$

式中：$J_n(\cdot)$ 为 n 阶 Bessel 函数；ε_n 为 Neumann 因子，当 $n=0$ 时 $\varepsilon_n=1$，当 $n\geqslant 1$ 时 $\varepsilon_n=2$。为研究和讨论方便，式(8-1)及以下的讨论中都略去了公共时间因子 $\text{e}^{-\text{i}\omega t}$。

土骨架中的散射 P_1 波、P_2 波和 S 波属于发散波，其势函数可以表示成：

$$\varphi_{s1}^{\text{sc}} = \varphi_0 \sum_{n=0}^{+\infty} \varepsilon_n \text{i}^n A_n H_n^{(1)}(k_1 r) \cos(n\theta) \tag{8-2a}$$

$$\varphi_{s2}^{\text{sc}} = \varphi_0 \sum_{n=0}^{+\infty} \varepsilon_n \text{i}^n B_n H_n^{(1)}(k_2 r) \cos(n\theta) \tag{8-2b}$$

$$\psi_{s}^{\text{sc}} = \varphi_0 \sum_{n=0}^{+\infty} \varepsilon_n \text{i}^n C_n H_n^{(1)}(k_s r) \sin(n\theta) \tag{8-2c}$$

式中：A_n、B_n 和 C_n 为待定复系数；$H_n^{(1)}(\cdot)$ 为第一类 n 阶 Hankel 函数；上标 inc 和 sc 分别表示入射波和散射波。

取孔隙流体中的入射 P_1 波和散射 P_1 波、P_2 波、S 波的势函数分别为 φ_{f1}^{inc} 和 φ_{f1}^{sc}、φ_{f2}^{sc}、ψ_f^{sc}，根据 m_1、m_2 和 m_s 可得 $\varphi_{f1}^{inc}=m_1\varphi_{s1}^{inc}$，$\varphi_{f1}^{sc}=m_1\varphi_{s1}^{sc}$，$\varphi_{f2}^{sc}=m_s\varphi_{s2}^{sc}$，$\psi_f^{sc}=m_s\psi_s^{sc}$。

衬砌内的折射波是由衬砌外表面散射的内聚波和内表面散射的发散波所形成的驻波，参考弹性介质中圆柱壳体内折射波势函数的表达式，准饱和土体中圆柱壳体内的折射 P 波和 S 波的势函数可以表示成：

$$\tilde{\varphi}_s^{sc}=\varphi_0\sum_{n=0}^{+\infty}\varepsilon_n \mathrm{i}^n[D_nJ_n(\tilde{k}_{\mathrm{P}}r)+E_nN_n(\tilde{k}_{\mathrm{P}}r)]\cos(n\theta) \tag{8-3a}$$

$$\tilde{\psi}_s^{sc}=\varphi_0\sum_{n=0}^{+\infty}\varepsilon_n \mathrm{i}^n[F_nJ_n(\tilde{k}_{\mathrm{S}}r)+G_nN_n(\tilde{k}_{\mathrm{S}}r)]\sin(n\theta) \tag{8-3b}$$

式中：$N_n(\cdot)$ 称为第二类 n 阶 Bessel 函数，又称为 Neumann 函数；$\tilde{k}_{\mathrm{P}}$ 和 $\tilde{k}_{\mathrm{S}}$ 分别为衬砌中 P 波和 S 波的波数，$\tilde{k}_{\mathrm{P}}=\omega/\tilde{c}_{\mathrm{P}}$，$\tilde{k}_{\mathrm{S}}=\omega/\tilde{c}_{\mathrm{S}}$，其中 $\tilde{c}_{\mathrm{P}}$ 和 $\tilde{c}_{\mathrm{S}}$ 分别为 P 波和 S 波的波速，$\tilde{c}_{\mathrm{P}}=\sqrt{(\tilde{\lambda}+2\tilde{\mu})/\tilde{\rho}}$，$\tilde{c}_{\mathrm{S}}=\sqrt{\tilde{\mu}/\tilde{\rho}}$；上标～表示与衬砌有关的物理量。

第二节　准饱和土体中圆形衬砌对弹性波的散射

一、波场势函数展开及待定系数求解

假定准饱和土体和圆柱壳体交界面处完全联结，则应力与位移连续，衬砌表面不透水，流体相对土骨架的径向位移在交界面处为 0，壳体内边界完全自由，于是有：

当 $r=r_1$ 时

$$u_r^{inc}+u_r^{sc}=\tilde{u}_r^{sc};u_\theta^{inc}+u_\theta^{sc}=\tilde{u}_\theta^{sc};w_r^{inc}+w_r^{sc}=0 \tag{8-4a}$$

$$\sigma_r^{inc}+\sigma_r^{sc}=\tilde{\sigma}_r^{sc};\tau_{r\theta}^{inc}+\tau_{r\theta}^{sc}=\tilde{\tau}_{r\theta}^{sc} \tag{8-4b}$$

当 $r=r_2$ 时

$$\tilde{\sigma}_r^{sc}=0;\ \tilde{\tau}_{r\theta}^{sc}=0 \tag{8-4c}$$

圆柱坐标系下，准饱和土体中土体的应力和位移表达为

$$\sigma_r=[\lambda+M(\alpha_{11}+m_i)]\nabla^2\varphi_{si}+2\mu\left(\frac{\partial^2\varphi_{si}}{\partial r^2}-\frac{1}{r^2}\frac{\partial\psi}{\partial\theta}+\frac{1}{r}\frac{\partial^2\psi}{\partial r\partial\theta}\right) \tag{8-5a}$$

$$\sigma_\theta=[\lambda+M(\alpha_{11}+m_i)]\nabla^2\varphi_{si}+\frac{2\mu}{r}\left(\frac{\partial\varphi_{si}}{\partial r}+\frac{\partial^2\varphi_{si}}{\partial\theta^2}+\frac{1}{r}\frac{\partial\psi_s}{\partial\theta}-\frac{\partial^2\psi_s}{\partial r\partial\theta}\right) \tag{8-5b}$$

$$\tau_{r\theta}=2\mu\left(\frac{1}{r}\frac{\partial^2}{\partial r\partial\theta}-\frac{1}{r^2}\frac{\partial}{\partial\theta}\right)\varphi_{si}+\mu\left(\frac{1}{r^2}\frac{\partial^2}{\partial\theta^2}-\frac{\partial^2}{\partial r^2}+\frac{1}{r}\frac{\partial}{\partial r}\right)\psi_s \tag{8-5c}$$

$$p_{\mathrm{f}} = -M(\alpha_{11}\nabla^2\varphi_{si} + \nabla^2\varphi_{fi}) = M(\alpha_{11} + m_i)k_i^2\varphi_{fi} \tag{8-5d}$$

$$u_r = \frac{\partial\varphi_{si}}{\partial r} + \frac{1}{r}\frac{\partial\psi_s}{\partial\theta};u_\theta = \frac{1}{r}\frac{\partial\varphi_{si}}{\partial\theta} - \frac{\partial\psi_s}{\partial r};w_r = \frac{\partial\varphi_{fi}}{\partial r} + \frac{1}{r}\frac{\partial\psi_f}{\partial\theta} \tag{8-5e}$$

式中:对于准饱和土体,φ_{si} 分别代表 $\varphi_{s1}^{\mathrm{inc}}$ 或 $\varphi_{s1,2}^{\mathrm{sc}}$,而对于衬砌,$\varphi_i$ 则代表 $\tilde{\varphi}_s^{\mathrm{sc}}$,其他势函数的取值与 φ_i 相似。衬砌内的应力和位移表达式比准饱和土体中的简单,衬砌可视为各向同性弹性体,不必考虑孔隙流体的影响。

将势函数式(8-1)~式(8-3)代入式(8-5),根据边界条件式(8-4),可得关于 $A_n \sim G_n$ 的线性方程组:

$$\boldsymbol{M}\boldsymbol{X}^{\mathrm{T}} = \boldsymbol{Y}^{\mathrm{T}} \tag{8-6}$$

式中:M 为 $[a_{ij}]_{7\times7}$ 矩阵,$\boldsymbol{X}$ 和 $\boldsymbol{Y}$ 为向量,$\boldsymbol{M}$ 和 $\boldsymbol{Y}$ 的元素表达见附录 4。

$$\boldsymbol{X} = (A_n \quad B_n \quad C_n \quad -D_n \quad -E_n \quad -F_n \quad -G_n) \tag{8-7a}$$

$$\boldsymbol{Y} = (b_1 \quad b_2 \quad b_3 \quad b_4 \quad b_5 \quad b_6 \quad b_7) \tag{8-7b}$$

求解式(8-7)一般采用克莱姆法则,例如将 $\boldsymbol{Y}^{\mathrm{T}}$ 分别替换 $\boldsymbol{M}$ 中第 1、2 和 3 列得到 $\boldsymbol{M}_1$、$\boldsymbol{M}_2$ 和 $\boldsymbol{M}_3$ 后,可求得散射系数根据关系式 $A_n = |\boldsymbol{M}_1/\boldsymbol{M}|$, $B_n = |\boldsymbol{M}_2/\boldsymbol{M}|$, $C_n = |\boldsymbol{M}_3/\boldsymbol{M}|$。

二、数值计算

动应力集中因子 S_d 为准饱和土与衬砌界面或衬砌边内界面上环周总应力与入射波的环周总应力幅值的比值。

$$\left.\begin{aligned} \sigma^* &= \sigma_\theta/\sigma_0(\text{对于准饱和土体}) \\ \tilde{\sigma}^* &= \tilde{\sigma}_\theta/\tilde{\sigma}_0(\text{对于圆形衬砌}) \end{aligned}\right\} \tag{8-8}$$

式中:$\sigma_0 = -(\lambda + 2\mu + \alpha_{11}M)k_1^2\varphi_0$; $\sigma_0 = -(\tilde{\lambda} + 2\tilde{\mu})\tilde{k}_{\mathrm{p}}^2\varphi_0$; σ_θ 和 $\tilde{\sigma}_\theta$ 可由式(8-5)求得。

对于边界不透水的情形,准饱和土体与衬砌结构边界存在孔隙流体压力,定义孔隙流体压力集中因子为准饱和土与衬砌边界的孔隙流体压力与入射波产生的孔隙流体压力幅值的比值,即

$$p_f^* = p_f/p_0 \tag{8-9}$$

式中:$p_0 = \alpha_{11}Mk_1^2\varphi_0$; p_{f} 可由式(8-5)求得。

衬砌的参数取值如下:$\tilde{\rho} = 2\ 500\ \mathrm{kg/m^3}$, $\tilde{\nu} = 0.2$, $\tilde{\mu} = 25.1\ \mathrm{MPa}$。准饱和土参数取值如下:$\rho_f = 1\ 000\ \mathrm{kg/m^3}$; $\rho_{\mathrm{s}} = 2\ 650\ \mathrm{kg/m^3}$; $f = 0.3$; $\nu = 0.35$; $\mu = 11.6\ \mathrm{MPa}$; $1/\beta_{\mathrm{s}} = 36\ \mathrm{GPa}$; $1/\beta_f = 2.14\ \mathrm{GPa}$; $1/\beta_{\mathrm{p}} = 43.6\ \mathrm{MPa}$; $k_{\mathrm{f}} = 1\times10^{-5}\ \mathrm{m/s}$。

取无量纲频率 $\mathrm{Re}(x_1)$ 分别为 0.2 和 2,衬砌半径比 r_1/r_2 分别为 1.1 和 1.2,计算并绘制了饱和度 S_{r} 分别为 0.96、0.98 和 0.99 的准饱和土体和衬砌中的动应力集中因子及孔隙流体压力集中因子沿周向的分布曲线,如图 8-2~图 8-4 所示。

从图 8-2 可以看出,准饱和土中的动应力集中因子 σ^* 基本上随着饱和度的增大而减小;对于相同的饱和度和衬砌厚度, σ^* 随着频率的增大而减小;对于低频[$\mathrm{Re}(x_1)=1$], σ^* 随着衬砌的增大而减小,而对于高频[$\mathrm{Re}(x_1)=2$], σ^* 基本上不受衬砌影响。

从图 8-3 可以看出,衬砌中的动应力集中因子 $\tilde{\sigma}^*$ 大于准饱和土中的动应力集中因子 σ^*; $\tilde{\sigma}^*$ 随着频率的增大而减小;对于低频($\mathrm{Re}(x_1)=1$), $\tilde{\sigma}^*$ 基本不受饱和度的影响,虽然随着饱和度的增大而有所增大,但减小的幅度不明显,另外, $\tilde{\sigma}^*$ 随着衬砌厚度的增大而减小;对于高频[$\mathrm{Re}(x_1)=2$], $\tilde{\sigma}^*$ 基本上随着饱和度的增大而减小, $\tilde{\sigma}^*$ 基本不受衬砌厚度的影响。

从图 8-4 可以看出,准饱和土中的孔隙流体压力集中因子 p_f^* 随着饱和度的增大而增大;随着频率的增大, p_f^* 有所减小,对于高频[$\mathrm{Re}(x_1)=2$], p_f^* 主要集中于衬砌的前方,而背向的 p_f^* 几乎为零。

比较图 8-2~图 8-4 可以发现,饱和度对 σ^*、$\tilde{\sigma}^*$ 和 p_f^* 有不同的影响: σ^* 随着饱和度的增大而减小, $\tilde{\sigma}^*$ 基本不受饱和度的影响,而 p_f^* 则随着饱和度的增大而增大。

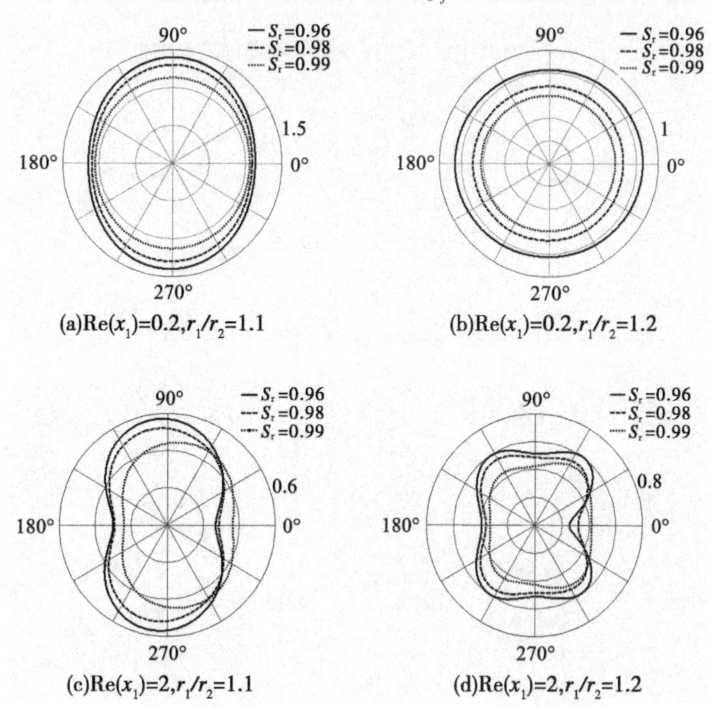

图 8-2　准饱和土体中动应力集中因子沿周向的分布曲线

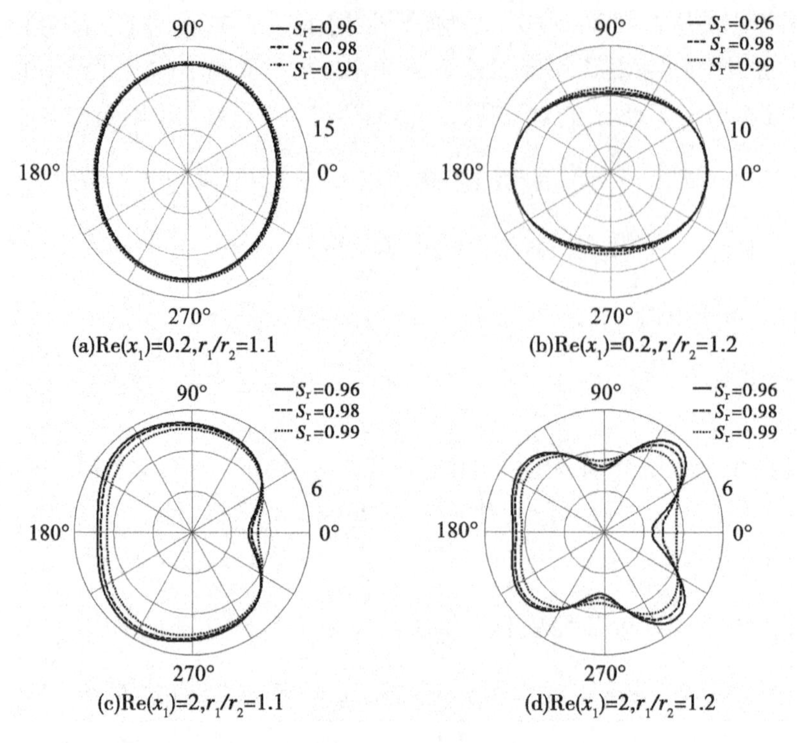

图 8-3　衬砌中动应力集中因子沿周向的分布曲线

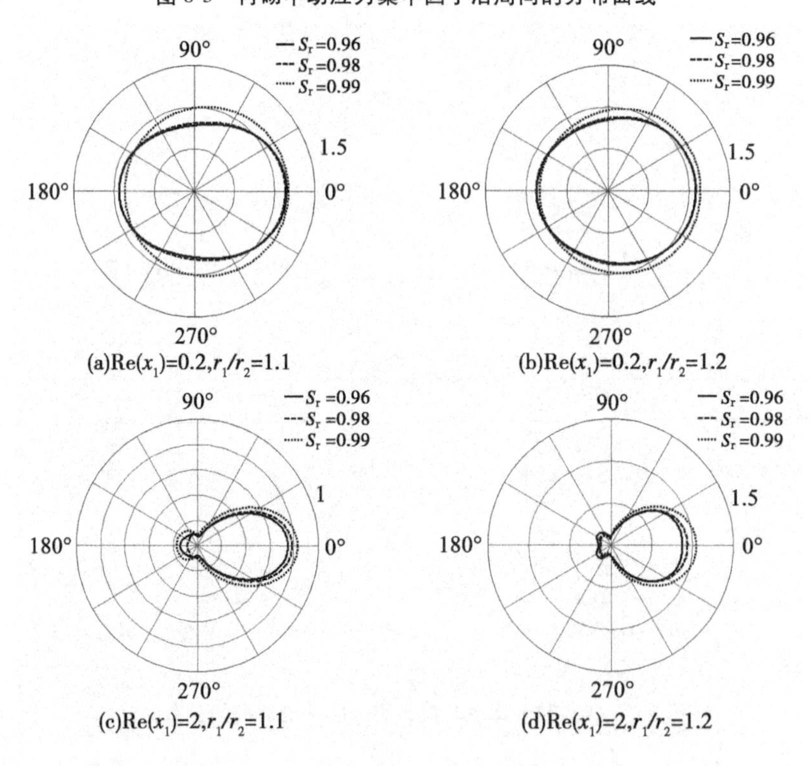

图 8-4　准饱和土体中孔隙流体压力集中因子沿周向的分布曲线

第三节　黏弹性饱和土体中圆形衬砌对弹性波的散射

一、黏弹性饱和介质的波动方程

假定黏弹性饱和介质中的骨架为 Kelven-Voigt 材料,于是固体骨架的总应力—应变关系为

$$\sigma_{ij} = (\lambda_e e + \lambda_v \dot{e} - \alpha p_f)\,\delta_{ij} + 2(\mu_e \varepsilon_{ij} + \mu_v \dot{\varepsilon}_{ij}) \tag{8-10a}$$

渗流连续方程、固相运动方程和流体运动方程与饱和介质完全相同:

$$-p_{\mathrm{f}} = \alpha Me - M\xi \tag{8-10b}$$

$$\sigma_{ij,j} = \rho\ddot{u}_i + \rho_{\mathrm{f}}\ddot{w}_i \tag{8-10c}$$

$$-p_{\mathrm{f},i} = \rho_f \ddot{u}_i + \frac{\rho_{\mathrm{f}}}{f}\ddot{w}_i + \frac{\eta}{k_d}\dot{w}_i \tag{8-10d}$$

式中:λ_{e}、μ_{e} 和 λ_{v}、μ_{v} 分别为 Lamé 弹性和黏性常量;p_{f} 为孔隙流体压力;$\boldsymbol{u}$ 和 $\boldsymbol{w}$ 分别为固体骨架和流体相对于固体骨架的位移;$e=\mathrm{div}\boldsymbol{u}$;$\xi=-\mathrm{div}\boldsymbol{w}$;$\varepsilon_{ij}$ 为固体应变;f 为孔隙度,ρ 和 ρ_{f} 分别为介质和流体的密度;η 为流体的黏滞系数;k_{d} 为动力渗透系数;M 和 α 为表征介质固相和孔隙流体压缩性的常数。

引用 φ_{s1}、φ_{s2}、ψ_s 和 φ_{f1}、φ_{f2}、ψ_f 分别表示黏弹性饱和介质固体位移和流体相对于固体位移的势函数,则黏弹性饱和介质的波动方程可归结为三个 Helmholtz 方程,而且势函数之间存在一定的关系,可通过比例系数 m_1、m_2 和 m_3 相互换算:

$$\nabla^2\varphi_{s1,2} + k_{1,2}^2\varphi_{s1,2} = 0;\nabla^2\psi_f + k_s^2\psi_f = 0 \tag{8-11a}$$

$$\varphi_{f1} = m_1\varphi_{s1};\varphi_{f2} = m_2\varphi_{s2};\psi_f = m_3\psi_s \tag{8-11b}$$

黏弹性饱和介质中 P_1 波、P_2 波、S 波的波数 $k_{1,2}$、k_s 和比例系数 m_1、m_2、m_3 的计算公式如下:

$$k_{1,2}^2 = \frac{B \mp \sqrt{B^2 - 4AC}}{2A};k_{\mathrm{s}}^2 = C/D \tag{8-12a}$$

$$m_{1,2} = \frac{-\alpha Mk_{1,2}^2 + \rho_f\omega^2}{Mk_{1,2}^2 - Q};m_3 = -\rho_f\omega^2/Q \tag{8-12b}$$

式中:$A=[\lambda_{\mathrm{e}}+2\mu_{\mathrm{e}}-\mathrm{i}\omega(\lambda_{\mathrm{v}}+2\mu_{\mathrm{v}})]M$;$B=\rho\omega^2M-2\rho_{\mathrm{f}}\omega^2\alpha M+[\lambda_{\mathrm{c}}+2\mu_{\mathrm{e}}-\mathrm{i}\omega(\lambda_{\mathrm{v}}+2\mu_{\mathrm{v}})]Q$;$C=\rho\omega^2Q-\rho_{\mathrm{f}}{}^2\omega^4$;$D=(\mu_{\mathrm{e}}-\mathrm{i}\omega\mu_{\mathrm{v}})Q$;$\lambda_{\mathrm{c}}=\lambda_{\mathrm{e}}+\alpha^2M$;$Q=\rho_{\mathrm{f}}\omega^2/f+\mathrm{i}\omega\eta/k_{\mathrm{d}}$。

二、波场的势函数展开

取入射 P_1 波的幅值为 φ_0,则黏弹性饱和介质的固体骨架中 P_1 波的势函数可以直接表示成 Fourier-Bessel 函数的级数形式:

$$\varphi_{s1}^{\mathrm{inc}} = \varphi_0\sum_{n=0}^{+\infty}\varepsilon_n\mathrm{i}^nJ_n(k_1r)\cos n\theta \tag{8-13}$$

式中：右上标 inc 表示入射；$J_n(\cdot)$ 为 n 阶第一类 Bessel 函数；ε_n 为 Neumann 因子，$\varepsilon_0=1$，$\varepsilon_n=2(n\geqslant1)$；i 为虚数单位，$\mathrm{i}=\sqrt{-1}$。

与饱和土体中圆形衬砌对弹性波散射的势函数相同，黏弹性饱和介质固体骨架中的散射 P_1 波、P_2 波和 S 波的势函数可以表示成：

$$\left.\begin{aligned}\varphi_{s1}^{sc}&=\sum_{n=0}^{+\infty}A_n\varepsilon_n\mathrm{i}^nH_n^{(1)}(k_1r)\cos n\theta\\\varphi_{s2}^{sc}&=\sum_{n=0}^{+\infty}B_n\varepsilon_n\mathrm{i}^nH_n^{(1)}(k_2r)\cos n\theta\\\psi_{s}^{sc}&=\sum_{n=0}^{+\infty}C_n\varepsilon_n\mathrm{i}^nH_n^{(1)}(k_sr)\sin n\theta\end{aligned}\right\}\tag{8-14}$$

式中：右上标 sc 表示散射；$A_n\sim C_n$ 为待定复系数；$H_n^{(1)}(\cdot)$ 为 n 阶第一类 Hankel 函数。

衬砌内的折射波是由衬砌外边界向内的散射波与衬砌内边界向外的散射波所形成的驻波，可表示成 $H_n^{(1)}(kr)\mathrm{e}^{-\mathrm{i}\omega t}$ 与 $H_n^{(2)}(kr)\mathrm{e}^{-\mathrm{i}\omega t}$ 之和的形式，根据关系式 $H_n^{(1)}(\cdot)=J_n(\cdot)+\mathrm{i}N_n(\cdot)$ 和 $H_n^{(2)}(\cdot)=J_n(\cdot)-\mathrm{i}N_n(\cdot)$，其中 $N_n(\cdot)$ 为 n 阶第二类 Bessel 函数（又称 Neumann 函数），则衬砌内的折射驻波可表示成 $H_n^{(1)}(\cdot)$ 和 $H_n^{(2)}(\cdot)$、$J_n(\cdot)$ 和 $N_n(\cdot)$ 及 $H_n^{(1)}(\cdot)$ 和 $J_n(\cdot)$ 等几组基函数的形式，与弹性或饱和介质中弹性衬砌内驻波势函数的表达式相似，黏弹性饱和介质中饱和衬砌内的折射 P_1 波、P_2 波和 S 波的势函数可以表示成：

$$\left.\begin{aligned}\tilde{\varphi}_{s1}^{re}&=\sum_{n=0}^{+\infty}\varepsilon_n\mathrm{i}^n[D_nJ_n(\tilde{k}_1r)+E_nN_n(\tilde{k}_1r)]\cos n\theta\\\tilde{\varphi}_{s2}^{re}&=\sum_{n=0}^{+\infty}\varepsilon_n\mathrm{i}^n[F_nJ_n(\tilde{k}_2r)+G_nN_n(\tilde{k}_2r)]\cos n\theta\\\tilde{\psi}_{s}^{re}&=\sum_{n=0}^{+\infty}\varepsilon_n\mathrm{i}^n[P_nJ_n(\tilde{k}_sr)+Q_nN_n(\tilde{k}_sr)]\sin n\theta\end{aligned}\right\}\tag{8-15}$$

式中：右上标 re 表示散射；$D_n\sim Q_n$ 为待定复系数；$\tilde{k}_1$、$\tilde{k}_2$ 和 $\tilde{k}_s$ 为饱和圆形衬砌内 P_1 波、P_2 波和 S 波的波数，其计算公式与式(8-12)完全相似，只要略去黏性参数即可，为了与周围介质相区别，衬砌的变量、参数或表达式等都一律加上标"~"。

需要说明的是，无论是入射波、散射波还是折射波，流体相对于固体骨架的位移势函数都可以根据式(8-11b)由式(8-13)~式(8-15)中固体骨架位移的势函数求得。

三、散射问题的求解

从式(8-14)和式(8-15)可以看出，散射和折射复系数共有 9 个($A_n\sim Q_n$)，要求解这些待定复系数，可以借助黏弹性饱和介质与半封闭饱和衬砌界面处的位移和应力连续及衬砌内边界应力自由的边界条件求得，边界条件可描述为

(1)当 $r=r_1$ 时:

$$\sigma_r^{\text{inc}}+\sigma_r^{\text{sc}}=\tilde{\sigma}_r^{\text{re}};\tau_{r\theta}^{\text{inc}}+\tau_{r\theta}^{\text{sc}}=\tilde{\tau}_{r\theta}^{\text{re}};u_r^{\text{inc}}+u_r^{\text{sc}}=\tilde{u}_r^{\text{re}};$$
$$u_\theta^{\text{inc}}+u_\theta^{\text{sc}}=\tilde{u}_\theta^{\text{re}};w_r^{\text{inc}}+w_r^{\text{sc}}=0;p_{\text{f}}^{\text{inc}}+p_{\text{f}}^{\text{sc}}=\tilde{p}_{\text{f}}^{\text{re}} \tag{8-16a}$$

(2)当 $r=r_2$ 时:

$$\tilde{\sigma}_r^{\text{re}}=0;\ \tilde{\tau}_{r\theta}^{\text{re}}=0;\frac{\partial}{\partial r}\tilde{p}_{\text{f}}^{\text{re}}=\frac{\kappa}{r}\tilde{p}_f^{\text{re}} \tag{8-16b}$$

式中:κ 为表征衬砌内边界封闭性(透水性)的参数,$\kappa=0$ 时,$\frac{\partial}{\partial r}\tilde{p}_f^{re}=0$,衬砌内边界不透水,即完全封闭,$\kappa=\infty$ 时,$\tilde{p}_f^{re}=0$,衬砌内边界透水,即没有封闭,通常取 $0<\kappa<\infty$ 来反映衬砌内边界的封闭特性。

圆柱坐标系下,黏弹性饱和介质的位移、应力及孔隙水压力的求解公式与饱和介质相似:

$$u_r=\frac{\partial\varphi_{si}}{\partial r}+\frac{1}{r}\frac{\partial\psi_s}{\partial\theta};u_\theta=\frac{1}{r}\frac{\partial\varphi_{si}}{\partial\theta}-\frac{\partial\psi_s}{\partial r} \tag{8-17a}$$

$$w_r=\frac{\partial\varphi_{fi}}{\partial r}+\frac{1}{r}\frac{\partial\psi_f}{\partial\theta};w_\theta=\frac{1}{r}\frac{\partial\varphi_{fi}}{\partial\theta}-\frac{\partial\psi_f}{\partial r} \tag{8-17b}$$

$$\sigma_r=-(\lambda_c+\alpha Mm_i-\mathrm{i}\omega\lambda_{\text{v}})k_i^2\varphi_{si}+2(\mu_{\text{e}}-\mathrm{i}\omega\mu_{\text{v}})\left(\frac{\partial^2\varphi_{si}}{\partial r^2}-\frac{1}{r^2}\frac{\partial\psi_s}{\partial\theta}+\frac{1}{r}\frac{\partial^2\psi_s}{\partial r\partial\theta}\right) \tag{8-17c}$$

$$\tau_{r\theta}=(\mu_e-\mathrm{i}\omega\mu_{\text{v}})\left[2\left(\frac{1}{r}\frac{\partial^2\varphi_{si}}{\partial r\partial\theta}-\frac{1}{r^2}\frac{\partial\varphi_{si}}{\partial\theta}\right)+\frac{1}{r^2}\frac{\partial^2\psi_s}{\partial\theta^2}-\frac{\partial^2\psi_s}{\partial r^2}+\frac{1}{r}\frac{\partial\psi_s}{\partial r}\right] \tag{8-17d}$$

$$p_{\text{f}}=(\alpha+m_i)Mk_i^2\varphi_{si} \tag{8-17e}$$

式中:$i=1$ 和 2,分别代表 P_1 波和 P_2 波。

如果不考虑黏性参数,则式(8-17)与饱和介质的计算公式完全相同。

将式(8-13)~式(8-15)代入式(8-17)求得圆柱坐标系下黏弹性介质与饱和衬砌的位移、应力和孔隙流体压力计算公式后,代入式(8-16),经过整理最终可以得到关于待定复系数 $A_n\sim Q_n$ 的方程组:

$$\boldsymbol{M}\boldsymbol{X}^{\text{T}}=-\varphi_0\boldsymbol{Y}^{\text{T}} \tag{8-18a}$$

$$\boldsymbol{M}=[a_{ij}]_{9\times9} \tag{8-18b}$$

$$\boldsymbol{X}=(A_n\ B_n\ C_n-D_n-E_n-F_n-G_n-P_n-Q_n) \tag{8-18c}$$

$$\boldsymbol{Y}=(b_1\quad b_2\quad b_3\quad b_4\quad b_5\quad b_6\quad b_7\quad b_8\quad b_9) \tag{8-18d}$$

对于平面 SV 波的散射问题,取入射 SV 波的幅值为 ψ_0,则与式(8-13)相似可得黏弹性介质的固体骨架中 SV 波的势函数表达式:

$$\psi^{\text{inc}}=\psi_0\sum_{n=0}^{+\infty}\varepsilon_n\mathrm{i}^nJ_n(k_{\text{s}}r)\sin n\theta \tag{8-19}$$

散射和折射波的势函数与式(8-14)和式(8-15)完全相同,根据边界条件式(8-16),最终可以得到平面 SV 波散射问题的理论解,与式(8-18)完全相同,矩阵 $\boldsymbol{M}$ 的元素表达式与平面 P_1 波入射的情况完全相同,将 $\boldsymbol{M}$ 中第三列元素中的 Hankel 函数相应地替换成 Bessel 函数可得向量 $\boldsymbol{Y}$ 的元素表达式。

四、数值计算

取周围黏弹性饱和介质的参数如下:$\rho_s=2\ 500\ \text{kg/m}^3$,$\rho_f=1\ 000\ \text{kg/m}^3$,$\mu_e=1.0\times10^7$ Pa,$M=1.0\times10^8$ Pa,$\eta=1.0\times10^{-3}$ Pa·s,$k_d=1.0\times10^{-9}$ m/s,$f=0.3$,$\mu_v=1.0\times10^3$ Pa·s,$\lambda_v=1.5\times10^3$ Pa·s,$\nu=0.25$,$\alpha=0.998\ 8$;取衬砌的参数如下:$\tilde{\rho}_s=3\ 000\ \text{kg/m}^3$,$\tilde{\mu}=2.9\times10^7$ Pa,$\tilde{\rho}_f=\rho_f$,$\tilde{\nu}=0.3$,$\tilde{M}=M$,$\tilde{f}=0.3$,$\tilde{\alpha}=\alpha$,$\tilde{\eta}/\tilde{k}_d=0.01\times\eta/k_d$。

定义无量纲应力(动应力集中因子)为:界面处黏弹性饱和介质的周向应力及衬砌内边界的周向应力与入射应力幅值 σ_0 的比值,即

$$S_d=|\sigma_\theta^*|;\sigma_\theta^*=\sigma_\theta/|\sigma_0| \tag{8-20}$$

(1)对于黏弹性饱和介质:

$$\sigma_\theta=-(\lambda_c+\alpha Mm_i-\mathrm{i}\omega\lambda_v)k_i^2\varphi_{si}+2(\mu_e-\mathrm{i}\omega\lambda_e)\left[\frac{1}{r}\frac{\partial\varphi_{si}}{\partial r}+\frac{1}{r^2}\frac{\partial^2\varphi_{si}}{\partial\theta^2}-\frac{\partial}{\partial r}\left(\frac{1}{r}\frac{\partial\psi_s}{\partial\theta}\right)\right] \tag{8-21a}$$

$$\sigma_0=-[(\lambda_c+2\mu_e)-\mathrm{i}\omega(\lambda_v+2\mu_v)]k_1^2\varphi_0 \tag{8-21b}$$

(2)对于饱和介质:

$$\sigma_\theta=-(\lambda_c+\alpha Mm_i)k_i^2\varphi_{si}+2\mu\left[\frac{1}{r}\frac{\partial\varphi_{si}}{\partial r}+\frac{1}{r^2}\frac{\partial^2\varphi_{si}}{\partial\theta^2}-\frac{\partial}{\partial r}\left(\frac{1}{r}\frac{\partial\psi_s}{\partial\theta}\right)\right] \tag{8-22a}$$

$$\sigma_0=-(\lambda_c+2\mu)k_1^2\varphi_0 \tag{8-22b}$$

假定入射波频率 ω 为低频,不妨取 1~200 Hz,则波数的实部 $\mathrm{Re}(k_1)$ 为 0.004~0.794 9,而波长的实部 $\mathrm{Re}(\lambda_1)$ 为 158.08~7.904,随着频率的增加,波数在增大,波长在减小,对于 $r_2=10$ 的衬砌,则 $\omega=200$ Hz 时,$\mathrm{Re}(\lambda_1)=7.904<10$,此时不会发生散射,对于不同 r_2 的衬砌,引起散射的频率是不同的,定义无量纲入射频率为入射 P_1 波的波数与衬砌内半径 r_2 的乘积,即 k_1r_2,于是,根据波长与波数的关系 $\lambda_1=2\pi/k_1$,则衬砌要发生散射,则必须满足条件:$k_1r_2<2\pi$。

定义衬砌外、内半径之比为 γ,即 r_1/r_2。由于式(8-18)得到的是 Fourier-Bessel 函数的无穷级数解,n 的取值为 0~∞,但实际计算时无法实现,也没有必要,只需将 n 截取到 N,保证 N 已经对应力和位移不再产生明显的影响即可,N 与容许误差、衬砌的半径、入射角和无量纲入射频率等有关,对于半空间中的孔洞对 SV 波的散射问题,N 随着无量纲入射频率 kr_2/π 的增大而呈线性增大的变化趋势。对于本文,取 $\mathrm{Re}(k_1r_2)=0.2$,$\gamma=1.05$,$\kappa=\infty$(内边界透水的饱和衬砌),$\theta=\pi/2$ 处衬砌内侧的 $|\sigma_\theta{}^*|$ 的误差(截取项取 N 与 $N-1$ 时的结果之差):0.487 9($N=3$),0.002 1($N=5$),$1.664\ 4\times10^{-6}$($N=7$),$5.544\ 3\times10^{-10}$

(N=9)。由此可以看出,随着 N 的增大,误差越来越小,衬砌内侧的 $|\sigma_\theta^*|$ 最终趋于稳定,这说明式(8-18)得到的结果是收敛的。规定计算容许误差为 0.005%。

首先分析饱和衬砌与弹性衬砌对平面 P_1 波散射引起的动应力集中问题。

取 $\mathrm{Re}(k_1r_2)$ = 0.2 和 1.0,γ = 1.05 和 1.2,绘制了平面 P_1 波在内边界透水的饱和衬砌($\kappa=\infty$)与弹性衬砌(衬砌为弹性且不透水)两类衬砌产生散射时,界面处黏弹性饱和介质与衬砌内侧的 $|\sigma_\theta^*|$ 沿周向的分布曲线,如图 8-5 和图 8-6 所示。

从图 8-5 和图 8-6 可以看出:①当 $\mathrm{Re}(k_1r_2)$ 由 0.2 增大到 1.0 时,对于相同 γ 的两类衬砌的界面处黏弹性饱和介质与衬砌内侧的 $|\sigma_\theta^*|$ 沿周向变化曲线的形状都由规则(近似椭圆形)变得不规则,$|\sigma_\theta^*|$ 的值也明显地减小,当 $\mathrm{Re}(k_1r_2)$ = 1.0 时,界面处黏弹性饱和介质与衬砌内侧的 $|\sigma_\theta^*|$ 在传播方向(θ=0°)的值明显地大于其他方向;②对于相同的 γ,当 $\mathrm{Re}(k_1r_2)$ = 0.2 时,饱和衬砌界面处黏弹性饱和介质与衬砌内侧的 $|\sigma_\theta^*|$ 明显地大于弹性衬砌,而当 $\mathrm{Re}(k_1r_2)$ = 1.0 时,饱和衬砌界面处的黏弹性饱和介质的 $|\sigma_\theta^*|$ 仍然明显地大于弹性衬砌,但饱和衬砌内侧的 $|\sigma_\theta^*|$ 则与弹性衬砌基本接近,有些区域的 $|\sigma_\theta^*|$ 甚至还小于弹性衬砌;③当 $\mathrm{Re}(k_1r_2)$ = 0.2 时,两类衬砌界面处的黏弹性饱和介质与衬砌内侧的 $|\sigma_\theta^*|$ 都随着 γ 的增大而减小,即衬砌越厚 $|\sigma_\theta^*|$ 越小,但当 $\mathrm{Re}(k_1r_2)$ = 1.0 时,不同 γ 的两类衬砌界面处的黏弹性饱和介质与衬砌内侧的 $|\sigma_\theta^*|$ 基本接近,此时衬砌厚度对 $|\sigma_\theta^*|$ 的影响不大。

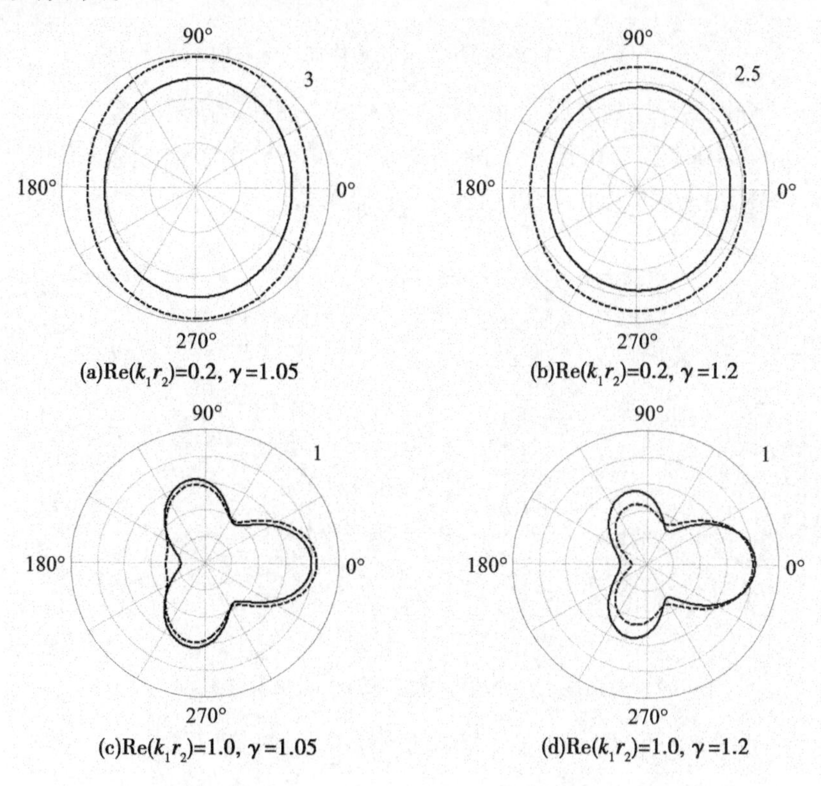

(a)$\mathrm{Re}(k_1r_2)$=0.2, γ=1.05　(b)$\mathrm{Re}(k_1r_2)$=0.2, γ=1.2

(c)$\mathrm{Re}(k_1r_2)$=1.0, γ=1.05　(d)$\mathrm{Re}(k_1r_2)$=1.0, γ=1.2

图 8-5　黏弹性饱和介质的 $|\sigma_\theta^*|$ 沿周向的分布曲线

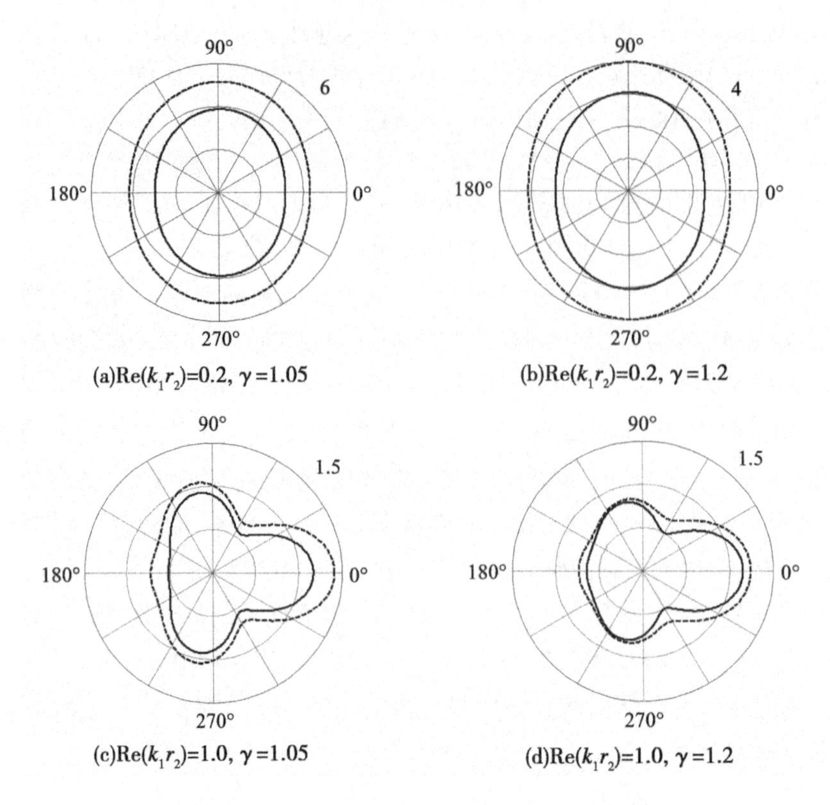

(a) $\mathrm{Re}(k_1r_2)=0.2,\ \gamma=1.05$　(b) $\mathrm{Re}(k_1r_2)=0.2,\ \gamma=1.2$

(c) $\mathrm{Re}(k_1r_2)=1.0,\ \gamma=1.05$　(d) $\mathrm{Re}(k_1r_2)=1.0,\ \gamma=1.2$

图 8-6　衬砌内侧的 $|\sigma_\theta{}^*|$ 沿周向的分布曲线

下面主要分析黏弹性饱和介质中饱和衬砌对 P_1 波的散射问题。

取 $\mathrm{Re}(k_1r_2)=0.2$ 和 1.0，绘制了 $\theta=\pi/2$ 处（见图 8-1）界面处黏弹性饱和介质与衬砌内侧的 $|\sigma_\theta{}^*|$ 随 $\ln\kappa$ 的变化曲线，如图 8-7 和图 8-8 所示。

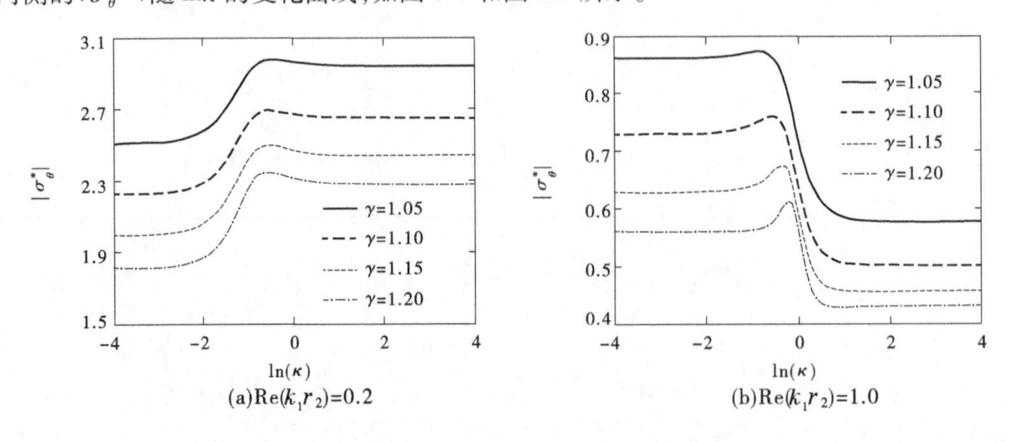

(a) $\mathrm{Re}(k_1r_2)=0.2$　(b) $\mathrm{Re}(k_1r_2)=1.0$

图 8-7　黏弹性饱和介质的 $|\sigma_\theta{}^*|$ 随 $\ln\kappa$ 的变化曲线（$\theta=\pi/2$）

从图 8-7 和图 8-8 可以看出：对于相同的入射频率和衬砌厚度，在 $\kappa<0.1$ 和 $\kappa>10$ 的区域内，界面处黏弹性饱和介质与衬砌内侧的 $|\sigma_\theta{}^*|$ 都基本保持不变，而当 $0.1\leqslant\kappa\leqslant10$

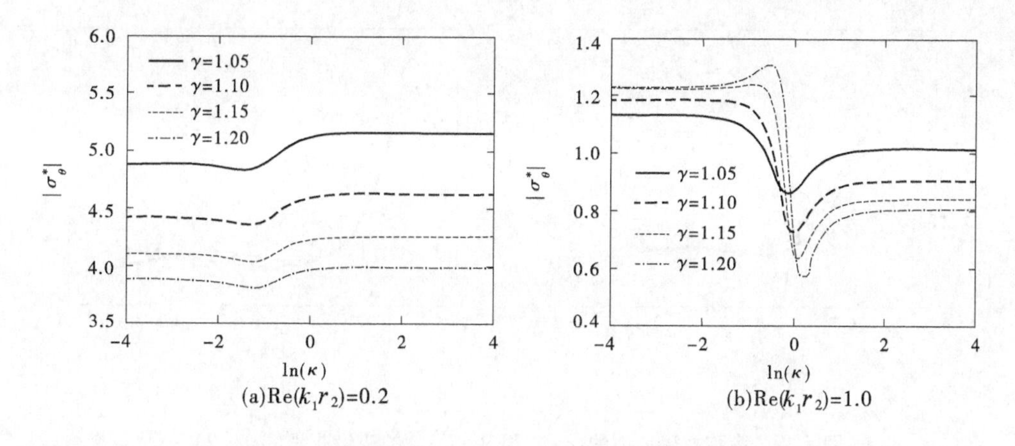

图 8-8　饱和衬砌内测的$|\sigma_\theta{}^*|$随 $\ln\kappa$ 的变化曲线($\theta=\pi/2$)

时,界面处黏弹性饱和介质与衬砌内侧的$|\sigma_\theta{}^*|$则都发生了急骤的变化:当 $\mathrm{Re}(k_1r_2)=0.2$ 时,界面处黏弹性饱和介质与衬砌内侧的$|\sigma_\theta{}^*|$呈增大的趋势,而当 $\mathrm{Re}(k_1r_2)=1.0$ 时,界面处黏弹性饱和介质与衬砌内侧的$|\sigma_\theta{}^*|$则正好相反,呈减小的趋势,这说明对于散射问题来讲,当 $\kappa<0.1$ 时,饱和衬砌的内边界可以认为是封闭、不透水的,当 $\kappa>10$ 时,饱和衬砌的内边界可以认为是不封闭、透水的,而当 $0.1\leqslant\kappa\leqslant10$ 时,饱和衬砌的内边界可以认为是半封闭的。从图 8-7 和图 8-8 还可以看出,当 $\mathrm{Re}(k_1r_2)=0.2$ 和 1.0 时,对于相同的 κ,界面处黏弹性饱和介质的$|\sigma_\theta{}^*|$随着衬砌厚度的增大而减小,而衬砌内侧的$|\sigma_\theta{}^*|$的变化规律则有所不同,当 $\mathrm{Re}(k_1r_2)=0.2$ 时,衬砌内侧的$|\sigma_\theta{}^*|$随着衬砌厚度的增大而减小,当 $\mathrm{Re}(k_1r_2)=1.0$ 时,κ 较小时,衬砌内侧的$|\sigma_\theta{}^*|$随着衬砌厚度的增大而减小,但当 κ 较大时,衬砌内侧的$|\sigma_\theta{}^*|$则随着衬砌厚度的增大而增大。

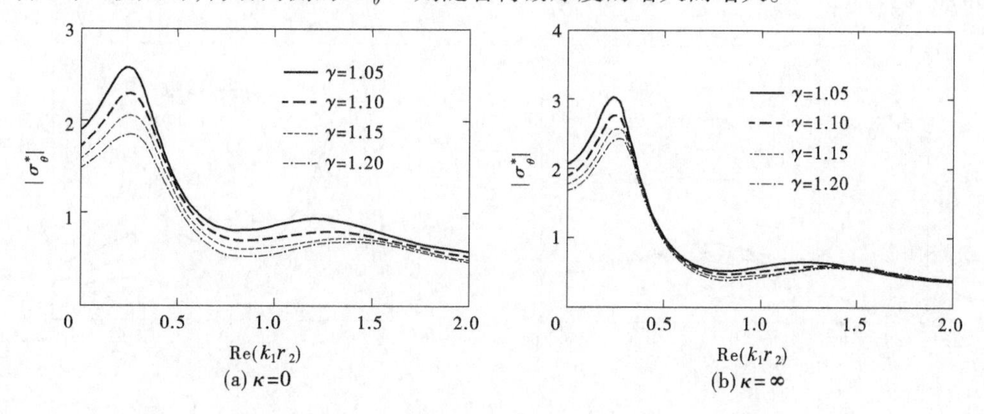

图 8-9　黏弹性饱和介质的$|\sigma_\theta{}^*|$随 $\mathrm{Re}(k_1a)$ 的变化曲线($\theta=\pi/2$)

取衬砌内侧不透水($\kappa=0$)和透水($\kappa=\infty$)两种情况来分析入射频率对动应力集中因子的影响,绘制了 $\theta=\pi/2$ 处界面处黏弹性饱和介质的$|\sigma_\theta{}^*|$和衬砌内侧的$|\sigma_\theta{}^*|$随无量纲频率 $\mathrm{Re}(k_1r_2)$ 的变化曲线,如图 8-9 和图 8-10 所示,以及 $\sigma_\theta{}^*$ 的实部和虚部随

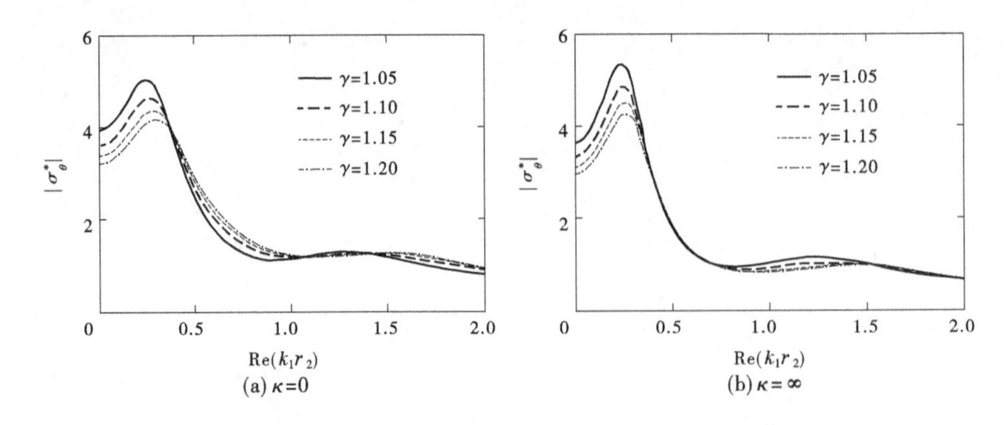

图 8-10　饱和衬砌内侧的 $|\sigma_\theta{}^*|$ 随 $\mathrm{Re}(k_1r_2)$ 的变化曲线 $(\theta=\pi/2)$

$\mathrm{Re}(k_1r_2)$ 的变化曲线，如图 8-11 和图 8-12 所示，图 8-9 和图 8-10 可以看作是图 8-11 和图 8-12 的截面。

将图 8-9~图 8-12 与弹性介质中弹性衬砌内边界的动应力集中因子随无量纲频率的变化曲线相比较可以发现，两者的形状和变化趋势基本相同，界面处黏弹性饱和介质的 $|\sigma_\theta{}^*|$、$|\mathrm{Re}(\sigma_\theta{}^*)|$、$|\mathrm{Im}(\sigma_\theta{}^*)|$ 与衬砌内侧的 $|\sigma_\theta{}^*|$、$|\mathrm{Re}(\sigma_\theta{}^*)|$、$|\mathrm{Im}(\sigma_\theta{}^*)|$ 都随着 $\mathrm{Re}(k_1r_2)$ 的增大呈先增大后减小的变化趋势，$|\sigma_\theta{}^*|$ 和 $|\mathrm{Re}(\sigma_\theta{}^*)|$ 的变化曲线的形状基本一致，而且 $|\sigma_\theta{}^*|$ 和 $|\mathrm{Re}(\sigma_\theta{}^*)|$ 的最大值都出现在 $\mathrm{Re}(k_1r_2)=0.2$ 附近；另外从图 8-9~图 8-10 还可以看出，当 $\mathrm{Re}(k_1r_2)<0.3$ 时，界面处黏弹性饱和介质与衬砌内侧的 $|\sigma_\theta{}^*|$、$|\mathrm{Re}(\sigma_\theta{}^*)|$、$|\mathrm{Im}(\sigma_\theta{}^*)|$ 都是随着衬砌厚度的增大而减小，但当 $\mathrm{Re}(k_1r_2)\geqslant0.3$ 时，界面处黏弹性饱和介质与衬砌内侧的 $|\sigma_\theta{}^*|$、$|\mathrm{Re}(\sigma_\theta{}^*)|$、$|\mathrm{Im}(\sigma_\theta{}^*)|$ 随衬砌厚度的变化规律不再那么明显。

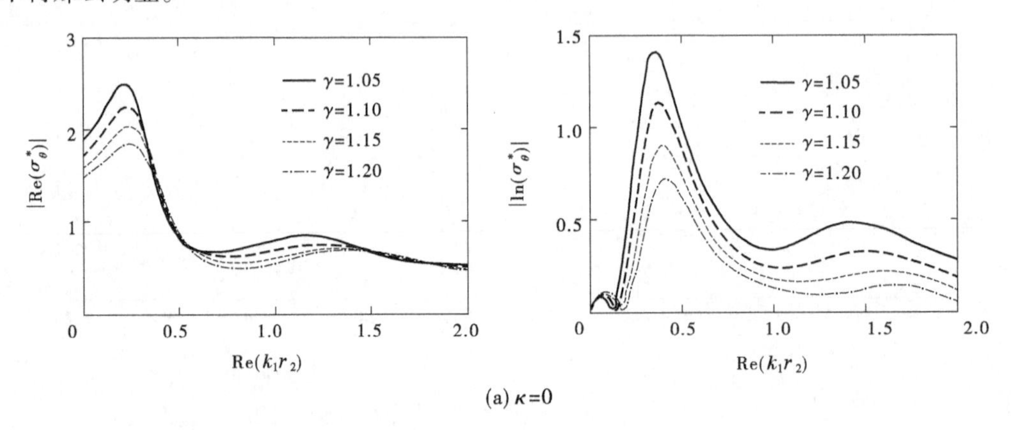

图 8-11　黏弹性饱和介质的 $\sigma_\theta{}^*$ 的实部和虚部的绝对值随 $\mathrm{Re}(k_1r_2)$ 的变化曲线 $(\theta=\pi/2)$

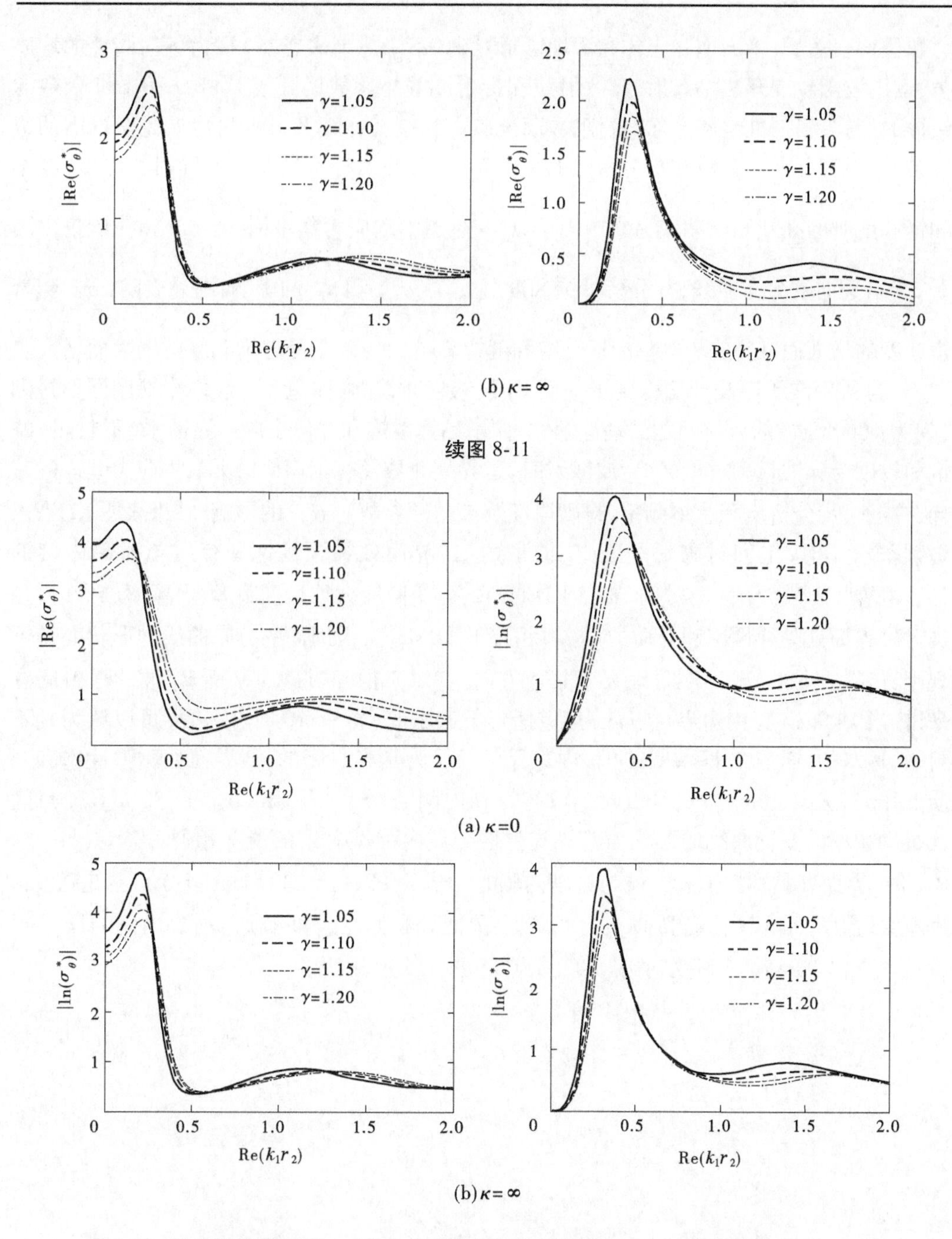

(b) $\kappa=\infty$

续图 8-11

(a) $\kappa=0$

(b) $\kappa=\infty$

图 8-12　饱和衬砌内侧的 $\sigma_\theta{}^*$ 的实部和虚部的绝对值随 Re(k_1r_2) 的变化曲线($\theta=\pi/2$)

第四节　小　结

(1)根据 Helmholtz 矢量分解定理推导了准饱和土体中三种体波(P_1 波、P_2 波和 S 波)波数的势函数表达式,并得到了圆柱坐标系下准饱和土体中土骨架和孔隙流体的应力和位移表达式;将准饱和土体和深埋圆形衬砌(不考虑地表影响)视为各向同性的均质体,运用波函数展开法将入射波、散射波和折射波的势函数展开成 Fourier-Bessel 函数的级数的形式,根据准饱和土体与衬砌界面处应力和位移连续及衬砌内边界完全自由的边界条件,得到了散射系数和折射系数的理论解;通过数值计算绘制了不同衬砌厚度、频率和饱和度时的准饱和土动应力集中因子 σ^*、衬砌中动应力集中因子 $\tilde{\sigma}^*$ 和孔压集中因子 p_f^* 沿周向的分布曲线,并分析了饱和度对 σ^*、$\tilde{\sigma}^*$ 和 p_f^* 的影响,结果表明,σ^* 随着饱和度的增大而减小,$\tilde{\sigma}^*$ 基本不受饱和度的影响,而 p_f^* 则随着饱和度的增大而增大。

(2)采用波函数展开法得到了平面 P_1 波入射时,黏弹性饱和介质内半封闭圆形衬砌(视为饱和介质)的散射问题的理论解,对比了黏弹性饱和介质中内边界透水(不封闭)的饱和衬砌与弹性衬砌对平面 P_1 波散射时,边界处介质及衬砌内侧的无量纲应力 $\sigma_\theta{}^*$ 的差异,并进一步分析了无量纲频率、衬砌厚度及渗透性参数对 $\sigma_\theta{}^*$ 的影响,结果表明:①当入射频率较小时,饱和衬砌对平面 P_1 波散射时,界面处黏弹性饱和介质与衬砌内侧的 $|\sigma_\theta{}^*|$ 都明显地大于弹性衬砌,$|\sigma_\theta{}^*|$ 沿周向的分布曲线大致呈椭圆形,而频率较大时,两类衬砌界面处黏弹性饱和介质的 $|\sigma_\theta{}^*|$ 相差不大,$|\sigma_\theta{}^*|$ 沿周向的分布曲线的形状变得不规则,传播方向的 $|\sigma_\theta{}^*|$ 明显地大于其他方向;②对于饱和衬砌对平面 P_1 波的散射问题来讲,当 $\kappa<0.1$ 时,内边界可以认为是封闭、不透水的,当 $\kappa>10$ 时,内边界可以认为是不封闭、透水的,而当 $0.1\leqslant\kappa\leqslant10$ 时,内边界可以认为是半封闭的;③界面处黏弹性饱和介质的 $|\sigma_\theta{}^*|$ 及 $|\mathrm{Re}(\sigma_\theta{}^*)|$、$|\mathrm{Im}(\sigma_\theta{}^*)|$ 与衬砌内侧的 $|\sigma_\theta{}^*|$ 及 $|\mathrm{Re}(\sigma_\theta{}^*)|$、$|\mathrm{Im}(\sigma_\theta{}^*)|$ 随无量纲频率的变化曲线的形状和趋势与弹性介质内弹性衬砌的情况相似,当 $\mathrm{Re}(k_1r_2)<0.3$ 时,界面处黏弹性饱和介质与衬砌内侧的 $|\sigma_\theta{}^*|$、$|\mathrm{Re}(\sigma_\theta{}^*)|$、$|\mathrm{Im}(\sigma_\theta{}^*)|$ 都是随着衬砌厚度的增大而减小,而当 $\mathrm{Re}(k_1r_2)\geqslant0.3$ 时,界面处黏弹性饱和介质与衬砌内侧的 $|\sigma_\theta{}^*|$、$|\mathrm{Re}(\sigma_\theta{}^*)|$、$|\mathrm{Im}(\sigma_\theta{}^*)|$ 受衬砌厚度的影响不再那么有规律。

第九章　饱和土及准饱和土应力位移表达式及 Graf 加法定理

第一节　弹性土体柱坐标下的应力、位移表达式

弹性土体内圆柱坐标系下的应力和位移可以用下面的公式简捷地表示。

一、径向正应力与势函数的关系

$$\varphi: \lambda \nabla^2 \varphi + 2\mu \frac{\partial^2 \varphi}{\partial r^2} = \frac{2\mu}{r^2} E_{11}^{(l)} \begin{Bmatrix} \cos n\theta \\ \sin n\theta \end{Bmatrix} \tag{9-1a}$$

式中：$E_{11}^{(l)} = (n^2 + n - k_s^2 r^2/2)\, Z_n^{(l)}(k_p r) - k_p r Z_{n-1}^{(l)}(k_p r)$。

$$\psi: \frac{2\mu}{r^2}\left(r \frac{\partial^2 \psi}{\partial r \partial \theta} - \frac{\partial \psi}{\partial \theta}\right) = \mp \frac{2\mu}{r^2} E_{12}^{(l)} \begin{Bmatrix} \sin n\theta \\ \cos n\theta \end{Bmatrix} \tag{9-1b}$$

式中：$E_{12}^{(l)} = n[-(1+n)\, Z_n^{(l)}(k_s r) + k_s r Z_{n-1}^{(l)}(k_s r)]$。

二、周向正应力与势函数的关系

$$\varphi: \lambda \nabla^2 \varphi + \frac{2\mu}{r}\left(\frac{\partial \varphi}{\partial r} + \frac{1}{r} \frac{\partial^2 \varphi}{\partial \theta^2}\right) = \frac{2\mu}{r^2} E_{21}^{(l)} \begin{Bmatrix} \cos n\theta \\ \sin n\theta \end{Bmatrix} \tag{9-2a}$$

式中：$E_{21}^{(l)} = -(n^2 + n + k_s^2 r^2/2 - k_p^2 r^2)\, Z_n^{(l)}(k_p r) + k_p r Z_{n-1}^{(l)}(k_p r)$。

$$\psi: \frac{2\mu}{r^2}\left(\frac{\partial \psi}{\partial \theta} - r \frac{\partial^2 \psi}{\partial r \partial \theta}\right) = \mp \frac{2\mu}{r^2} E_{22}^{(l)} \begin{Bmatrix} \sin n\theta \\ \cos n\theta \end{Bmatrix} \tag{9-2b}$$

式中：$E_{22}^{(l)} = -E_{12}^{(l)} = n[(1+n)\, Z_n^{(l)}(k_s r) - k_s r Z_{n-1}^{(l)}(k_s r)]$。

三、剪应力与势函数的关系

$$\varphi: \frac{2\mu}{r^2}\left(r \frac{\partial^2 \varphi}{\partial r \partial \theta} - \frac{\partial \varphi}{\partial \theta}\right) = \mp \frac{2\mu}{r^2} E_{31}^{(l)} \begin{Bmatrix} \sin n\theta \\ \cos n\theta \end{Bmatrix} \tag{9-3a}$$

式中：$E_{31}^{(l)} = n[-(1+n)\, Z_n^{(l)}(k_p r) + k_p r Z_{n-1}^{(l)}(k_p r)]$。

$$\psi: \frac{\mu}{r^2}\left(\frac{\partial^2 \psi}{\partial \theta^2} - r^2 \frac{\partial^2 \psi}{\partial r^2} + r \frac{\partial \psi}{\partial r}\right) = \frac{2\mu}{r^2} E_{32}^{(l)} \begin{Bmatrix} \cos n\theta \\ \sin n\theta \end{Bmatrix} \tag{9-3b}$$

式中：$E_{32}^{(l)} = -(n^2 + n - k_s^2 r^2/2)\, Z_n^{(l)}(k_s r) + k_s r Z_{n-1}^{(l)}(k_s r)$。

四、径向位移与势函数的关系

$$\varphi:\frac{\partial\varphi}{\partial r}=\frac{1}{r}E_{41}^{(l)}\begin{Bmatrix}\cos n\theta\\ \sin n\theta\end{Bmatrix}\tag{9-4a}$$

式中：$E_{41}^{(l)}=k_p r Z_{n-1}^{(l)}(k_p r)-nZ_n^{(l)}(k_p r)$。

$$\psi:\frac{1}{r}\frac{\partial\psi}{\partial\theta}=\mp\frac{1}{r}E_{42}^{(l)}\begin{Bmatrix}\sin n\theta\\ \cos n\theta\end{Bmatrix}\tag{9-4b}$$

式中：$E_{42}^{(l)}=nZ_n^{(l)}(k_s r)$。

五、周向位移与势函数的关系

$$\varphi:\frac{1}{r}\frac{\partial\varphi}{\partial\theta}=\mp\frac{1}{r}E_{51}^{(l)}\begin{Bmatrix}\sin n\theta\\ \cos n\theta\end{Bmatrix}\tag{9-5a}$$

式中：$E_{51}^{(l)}=nZ_n^{(l)}(k_p r)$。

$$\psi:-\frac{\partial\psi}{\partial r}=\frac{1}{r}E_{52}^{(l)}\begin{Bmatrix}\cos n\theta\\ \sin n\theta\end{Bmatrix}\tag{9-5b}$$

式中：$E_{52}^{(l)}=-[k_s r Z_{n-1}^{(l)}(k_s r)-nZ_n^{(l)}(k_s r)]$。

上式中：$Z_n^{(1)}(\cdot)=J_n(\cdot)$；$Z_n^{(2)}(\cdot)=N_n(\cdot)$；$Z_n^{(3)}(\cdot)=H_n^{(1)}(\cdot)$；$Z_n^{(4)}(\cdot)=H_n^{(2)}(\cdot)$。

第二节　饱和及准饱和土体柱坐标下的应力、位移表达式

和弹性单相土体内圆柱坐标系下的位移和应力计算公式相似，饱和及准饱和土体内圆柱坐标系的位移和应力的计算公式如下所述。

一、径向正应力与势函数的关系

$$\varphi_1:(\lambda_c+\gamma_1\alpha M)\nabla^2\varphi_1+2\mu\frac{\partial^2\varphi_1}{\partial r^2}=\frac{2\mu}{r^2}F_{11}^{(l)}\begin{Bmatrix}\cos n\theta\\ \sin n\theta\end{Bmatrix}\tag{9-6a}$$

式中：$F_{11}^{(l)}=[n^2+n-(1+\lambda_c/2\mu+\gamma_1\alpha M/2\mu)k_1^2r^2]Z_n^{(l)}(k_1 r)-k_1 r Z_{n-1}^{(l)}(k_1 r)$。

$$\varphi_2:(\lambda_c+\gamma_2\alpha M)\nabla^2\varphi_2+2\mu\frac{\partial^2\varphi_2}{\partial r^2}=\frac{2\mu}{r^2}F_{12}^{(l)}(r,n)\begin{Bmatrix}\cos n\theta\\ \sin n\theta\end{Bmatrix}\tag{9-6b}$$

式中：$F_{12}^{(l)}=[n^2+n-(1+\lambda_c/2\mu+\gamma_2\alpha M/2\mu)k_2^2r^2]Z_n^{(l)}(k_2 r)-k_2 r Z_{n-1}^{(l)}(k_2 r)$。

$$\psi:\frac{2\mu}{r^2}\left(r\frac{\partial^2\psi}{\partial r\partial\theta}-\frac{\partial\psi}{\partial\theta}\right)=\mp\frac{2\mu}{r^2}F_{13}^{(l)}\begin{Bmatrix}\sin n\theta\\ \cos n\theta\end{Bmatrix}\tag{9-6c}$$

式中：$F_{13}^{(l)}=E_{12}^{(l)}=n[-(1+n)Z_n^{(l)}(k_s r)+k_s r Z_{n-1}^{(l)}(k_s r)]$。

二、周向正应力与势函数的关系

$$\varphi_1:(\lambda_c+\gamma_1\alpha M)\nabla^2\varphi_1+\frac{2\mu}{r}\left(\frac{\partial\varphi_1}{\partial r}+\frac{1}{r}\frac{\partial^2\varphi_1}{\partial\theta^2}\right)=\frac{2\mu}{r^2}F_{21}^{(l)}\begin{Bmatrix}\cos n\theta\\ \sin n\theta\end{Bmatrix}\tag{9-7a}$$

式中：$F_{21}^{(l)}=-[n^2+n+(\lambda_c+\gamma_1\alpha M)k_1^2r^2/2\mu]Z_n^{(l)}(k_1r)+k_1rZ_{n-1}^{(l)}(k_1r)$。

$$\varphi_2:(\lambda_c+\gamma_2\alpha M)\nabla^2\varphi_2+\frac{2\mu}{r}\left(\frac{\partial\varphi_2}{\partial r}+\frac{1}{r}\frac{\partial^2\varphi_2}{\partial\theta^2}\right)=\frac{2\mu}{r^2}F_{22}^{(l)}\begin{Bmatrix}\cos n\theta\\ \sin n\theta\end{Bmatrix}\tag{9-7b}$$

式中：$F_{22}^{(l)}=-[n^2+n+(\lambda_c+\gamma_2\alpha M)k_2^2r^2/2\mu]Z_n^{(l)}(k_2r)+k_2rZ_{n-1}^{(l)}(k_2r)$。

$$\psi:\frac{2\mu}{r^2}\left(\frac{\partial\psi}{\partial\theta}-r\frac{\partial^2\psi}{\partial r\partial\theta}\right)=\mp\frac{2\mu}{r^2}F_{23}^{(l)}\begin{Bmatrix}\sin n\theta\\ \cos n\theta\end{Bmatrix}\tag{9-7c}$$

式中：$F_{23}^{(l)}=-F_{12}^{(l)}=n[(1+n)Z_n^{(l)}(k_sr)-k_srZ_{n-1}^{(l)}(k_sr)]$。

三、剪应力与势函数的关系

$$\varphi_1:\frac{2\mu}{r^2}\left(r\frac{\partial^2\varphi_1}{\partial r\partial\theta}-\frac{\partial\varphi_1}{\partial\theta}\right)=\mp\frac{2\mu}{r^2}F_{31}^{(l)}\begin{Bmatrix}\sin n\theta\\ \cos n\theta\end{Bmatrix}\tag{9-8a}$$

式中：$F_{31}^{(l)}=n[-(1+n)Z_n^{(l)}(k_1r)+k_1rZ_{n-1}^{(l)}(k_1r)]$。

$$\varphi_2:\frac{2\mu}{r^2}\left(r\frac{\partial^2\varphi_2}{\partial r\partial\theta}-\frac{\partial\varphi_2}{\partial\theta}\right)=\mp\frac{2\mu}{r^2}F_{32}^{(l)}\begin{Bmatrix}\sin n\theta\\ \cos n\theta\end{Bmatrix}\tag{9-8b}$$

式中：$F_{32}^{(l)}=n[-(1+n)Z_n^{(l)}(k_2r)+k_2rZ_{n-1}^{(l)}(k_2r)]$。

$$\psi:\frac{\mu}{r^2}\left(\frac{\partial^2\psi}{\partial\theta^2}-r^2\frac{\partial^2\psi}{\partial r^2}+r\frac{\partial\psi}{\partial r}\right)=\frac{2\mu}{r^2}F_{33}^{(l)}\begin{Bmatrix}\cos n\theta\\ \sin n\theta\end{Bmatrix}\tag{9-8c}$$

式中：$F_{33}^{(l)}=E_{32}^{(l)}=-(n^2+n-k_s^2r^2/2)Z_n^{(l)}(k_sr)+k_srZ_{n-1}^{(l)}(k_sr)$。

四、土骨架径向位移与势函数的关系

$$\varphi_1:\frac{\partial\varphi_1}{\partial r}=\frac{1}{r}F_{41}^{(l)}\begin{Bmatrix}\cos n\theta\\ \sin n\theta\end{Bmatrix}\tag{9-9a}$$

式中：$F_{41}^{(l)}=k_1rZ_{n-1}^{(l)}(k_1r)-Z_n^{(l)}(k_1r)$。

$$\varphi_2:\frac{\partial\varphi_2}{\partial r}=\frac{1}{r}F_{42}^{(l)}\begin{Bmatrix}\cos n\theta\\ \sin n\theta\end{Bmatrix}\tag{9-9b}$$

式中：$F_{42}^{(l)}=k_2rZ_{n-1}^{(l)}(k_2r)-Z_n^{(l)}(k_2r)$。

$$\psi:\frac{1}{r}\frac{\partial\psi}{\partial\theta}=\mp\frac{1}{r}F_{43}^{(l)}\begin{Bmatrix}\sin n\theta\\ \cos n\theta\end{Bmatrix}\tag{9-9c}$$

式中：$F_{43}^{(l)}=E_{42}^{(l)}=nZ_n^{(l)}(k_sr)$。

五、土骨架周向位移与势函数的关系

$$\varphi_1:\frac{1}{r}\frac{\partial\varphi_1}{\partial\theta}=\mp\frac{1}{r}F_{51}^{(l)}\begin{Bmatrix}\sin n\theta\\ \cos n\theta\end{Bmatrix} \tag{9-10a}$$

式中：$F_{51}^{(l)}=nZ_n^{(l)}(k_1r)$。

$$\varphi_2:\frac{1}{r}\frac{\partial\varphi_2}{\partial\theta}=\mp\frac{1}{r}F_{52}^{(l)}\begin{Bmatrix}\sin n\theta\\ \cos n\theta\end{Bmatrix} \tag{9-10b}$$

式中：$F_{52}^{(l)}=nZ_n^{(l)}(k_2r)$。

$$\psi:-\frac{\partial\psi}{\partial r}=\frac{1}{r}F_{53}^{(l)}\begin{Bmatrix}\cos n\theta\\ \sin n\theta\end{Bmatrix} \tag{9-10c}$$

式中：$F_{53}^{(l)}=E_{53}^{(l)}=-[k_srZ_{n-1}^{(l)}(k_sr)-nZ_n^{(l)}(k_sr)]$。

六、孔隙流体径向位移与势函数的关系

$$\varphi_1:\frac{\partial\varphi_1}{\partial r}=\frac{1}{r}F_{61}^{(l)}\begin{Bmatrix}\cos n\theta\\ \sin n\theta\end{Bmatrix} \tag{9-11a}$$

式中：$F_{61}^{(l)}=\gamma_1F_{41}^{(l)}=\gamma_1[k_1rZ_{n-1}^{(l)}(k_1r)-Z_n^{(l)}(k_1r)]$。

$$\varphi_2:\frac{\partial\varphi_2}{\partial r}=\frac{1}{r}F_{62}^{(l)}(r,n)\begin{Bmatrix}\cos n\theta\\ \sin n\theta\end{Bmatrix} \tag{9-11b}$$

式中：$F_{62}^{(l)}=\gamma_2F_{42}^{(l)}=\gamma_2[k_2rZ_{n-1}^{(l)}(k_2r)-Z_n^{(l)}(k_2r)]$。

$$\psi:\frac{1}{r}\frac{\partial\chi}{\partial\theta}=\mp\frac{1}{r}F_{63}^{(l)}\begin{Bmatrix}\sin n\theta\\ \cos n\theta\end{Bmatrix} \tag{9-11c}$$

式中：$F_{63}^{(l)}=\gamma_sF_{43}^{(l)}=\gamma_snZ_n^{(l)}(k_sr)$。

七、土骨架周向位移与势函数的关系

$$\varphi_1:\frac{1}{r}\frac{\partial\varphi_1}{\partial\theta}=\mp\frac{1}{r}F_{71}^{(l)}\begin{Bmatrix}\sin n\theta\\ \cos n\theta\end{Bmatrix} \tag{9-12a}$$

式中：$F_{71}^{(l)}=\gamma_1F_{51}^{(l)}=\gamma_1nZ_n^{(l)}(k_1r)$。

$$\varphi_2:\frac{1}{r}\frac{\partial\varphi_2}{\partial\theta}=\mp\frac{1}{r}F_{72}^{(l)}\begin{Bmatrix}\sin n\theta\\ \cos n\theta\end{Bmatrix} \tag{9-12b}$$

式中：$F_{72}^{(l)}=\gamma_2F_{52}^{(l)}=\gamma_2nZ_n^{(l)}(k_2r)$。

$$\chi:-\frac{\partial\chi}{\partial r}=\frac{1}{r}F_{73}^{(l)}\begin{Bmatrix}\cos n\theta\\ \sin n\theta\end{Bmatrix} \tag{9-12c}$$

式中：$F_{73}^{(l)}=\gamma_sF_{53}^{(l)}=-\gamma_s[k_srZ_{n-1}^{(l)}(k_sr)-nZ_n^{(l)}(k_sr)]$。

八、孔隙水压力与势函数的关系

$$\varphi_1:-M(\alpha+\gamma_1)\nabla^2\varphi_1=F_{81}^{(l)}\begin{Bmatrix}\cos n\theta\\ \sin n\theta\end{Bmatrix} \tag{9-13a}$$

式中：$F_{81}^{(l)}=M(\alpha+\gamma_1)k_1^2$。

$$\varphi_2:-M(\alpha+\gamma_2)\nabla^2\varphi_2=F_{82}^{(l)}\begin{Bmatrix}\cos n\theta\\ \sin n\theta\end{Bmatrix}\tag{9-13b}$$

式中：$F_{82}^{(l)}=M(\alpha+\gamma_2)k_2^2$。

为了使半无限空间的散射问题的应力表示方便，可采用下式：

$$\varphi_1:-M(\alpha+\gamma_1)\nabla^2\varphi_1=\frac{2\mu}{r^2}F_{81}^{(l)}\begin{Bmatrix}\cos n\theta\\ \sin n\theta\end{Bmatrix}\tag{9-13c}$$

式中：$F_{81}^{(l)}=M(\alpha+\gamma_1)k_1^2r^2/2\mu$。

$$\varphi_2:-M(\alpha+\gamma_2)\nabla^2\varphi_2=\frac{2\mu}{r^2}F_{82}^{(l)}\begin{Bmatrix}\cos n\theta\\ \sin n\theta\end{Bmatrix}\tag{9-13d}$$

式中：$F_{82}^{(l)}=M(\alpha+\gamma_2)k_2^2r^2/2\mu$。

对于 $\frac{\partial p_f}{\partial r}$：

$$\varphi_1:-M(\alpha+\gamma_1)\nabla^2\varphi_1=\frac{2\mu}{r^2}F_{81}^{(l)}\begin{Bmatrix}\cos n\theta\\ \sin n\theta\end{Bmatrix}\tag{9-13e}$$

式中：$F_{81}^{(l)}=M(\alpha+\gamma_1)k_1^2r^2[k_1rZ_{n-1}^{(l)}(k_1r)-nZ_n^{(l)}(k_1r)]/2\mu r$。

$$\varphi_2:-M(\alpha+\gamma_2)\nabla^2\varphi_2=\frac{2\mu}{r^2}F_{82}^{(l)}\begin{Bmatrix}\cos n\theta\\ \sin n\theta\end{Bmatrix}\tag{9-13f}$$

式中：$F_{82}^{(l)}=M(\alpha+\gamma_2)k_2^2r^2[k_2rZ_{n-1}^{(l)}(k_2r)-nZ_n^{(l)}(k_2r)]/2\mu r$。

第三节　Graf 加法定理

一、原 Graf 加法公式

如图 9-1 所示，当 $z\to 0$ 时，$\psi\to 0$，可得 Graf 加法表达式：

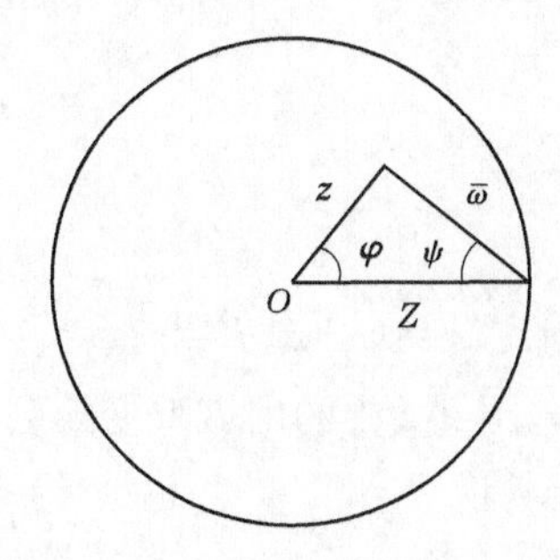

图 9-1　原公式

$$Z_n^{(l)}(\bar{\omega})\begin{Bmatrix}\cos n\psi\\ \sin n\psi\end{Bmatrix}=\sum_{m=-\infty}^{+\infty}Z_{n+m}^{(l)}(Z)J_m(z)\begin{Bmatrix}\cos m\varphi\\ \sin m\varphi\end{Bmatrix}\tag{9-14a}$$

$$Z_n^{(l)}(\bar{\omega})\begin{Bmatrix}\cos n\psi\\ \sin n\psi\end{Bmatrix}=\sum_{m=0}^{+\infty}\frac{\varepsilon_m}{2}J_m(z)\begin{Bmatrix}[Z_{n+m}^{(l)}(Z)+(-1)^m Z_{n-m}^{(l)}(Z)]\cos m\varphi\\ [Z_{n+m}^{(l)}(Z)-(-1)^m Z_{n-m}^{(l)}(Z)]\sin m\varphi\end{Bmatrix}$$

(9-14b)

上式对于 $Z_n^{(1)}(\cdot)$ 恒成立；而对于 $Z_n^{(3)}(\cdot)$，只有当 $z<Z$ 时成立，即式(9-14)适应于图 9-1 中所示的半径为 Z 的内域，而且右端表达式中含 z 的函数为 $J_m(z)$，故可看成 $(\bar{\omega},\psi)$ 与 (z,φ) 间的一种内域形式的变换。

二、内域型变换公式

图 9-2 是两个圆柱系 (r_1,θ_1,z_1) 和 (r,θ,z) 间的变换，其中 Ω 为以点 O 为圆心，h 为半径的内域，令 $\bar{\omega}=r_1$，$\psi=\pi-\theta_1$，$Z=h$，$\varphi=\theta$，这里的 θ_1 为图 9-2 所示的 h 和 r_1 所夹的外角(如果是内角，则与图 9-1 完全相同)，于是有：

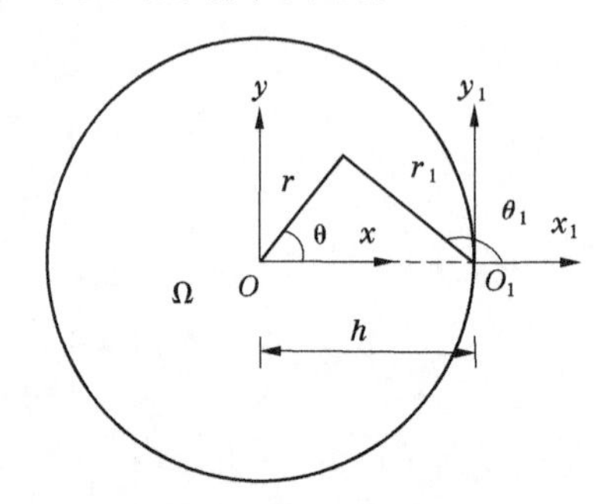

图 9-2　内域型

$$Z_n^{(l)}(r_1)\begin{Bmatrix}\cos n\theta_1\\ \sin n\theta_1\end{Bmatrix}=(-1)^n\sum_{m=-\infty}^{+\infty}Z_{n+m}^{(l)}(h)J_m(r)\begin{Bmatrix}\cos m\theta\\ -\sin m\theta\end{Bmatrix}\qquad(9\text{-}15a)$$

$$Z_n^{(l)}(r_1)\begin{Bmatrix}\cos n\theta_1\\ \sin n\theta_1\end{Bmatrix}=(-1)^n\sum_{m=0}^{+\infty}\frac{\varepsilon_m}{2}J_m(r)\begin{Bmatrix}[Z_{n+m}^{(l)}(h)+(-1)^m Z_{n-m}^{(l)}(h)]\cos m\theta\\ [-Z_{n+m}^{(l)}(h)+(-1)^m Z_{n-m}^{(l)}(h)]\sin m\theta\end{Bmatrix}$$

(9-15b)

三、外域型变换公式

如图 9-3 所示，如果令 $\bar{\omega}=r_1$，$\psi=\theta_1-\varphi$，$Z=r$，$\varphi=\theta$，这里的 θ_1 为图 9-3 所示的 h 和 r_1 所夹的外角，则 $h<r$，此时与图 9-2 中的内域型变换公式相似：

$$Z_n^{(l)}(r_1)\begin{Bmatrix}\cos n\theta_1\\ \sin n\theta_1\end{Bmatrix}=\sum_{m=-\infty}^{+\infty}Z_{n+m}^{(l)}(r)J_m(h)\begin{Bmatrix}\cos(n+m)\theta\\ \sin(n+m)\theta\end{Bmatrix}\qquad(9\text{-}16)$$

令 $\bar{m}=n+m$，即 $m=\bar{m}-n$，于是式(9-16)可以写成如下的形式：

$$Z_n^{(l)}(r_1)\begin{Bmatrix}\cos n\theta_1\\ \sin n\theta_1\end{Bmatrix}=\sum_{\bar{m}=-\infty}^{+\infty}Z_{\bar{m}}^{(l)}(r)J_{\bar{m}-n}(h)\begin{Bmatrix}\cos\bar{m}\theta\\ \sin\bar{m}\theta\end{Bmatrix}\qquad(9\text{-}17a)$$

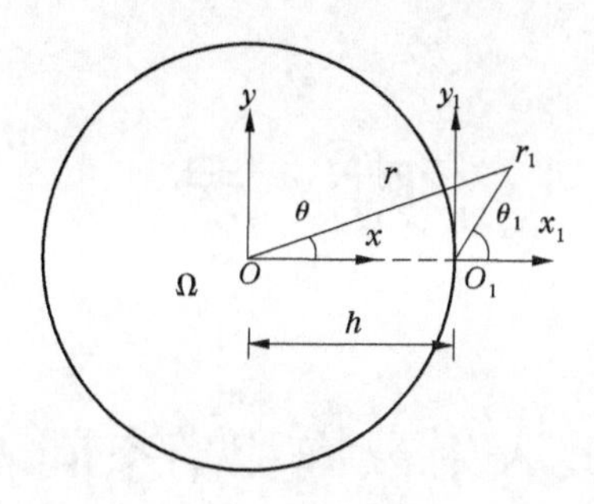

图 9-3　外域型

$$Z_n^{(l)}(r_1)\begin{Bmatrix}\cos n\theta_1\\ \sin n\theta_1\end{Bmatrix}=\sum_{m=0}^{+\infty}\frac{\varepsilon_m}{2}Z_m^{(l)}(r)\begin{Bmatrix}[J_{m-n}(h)+(-1)^nJ_{m+n}(h)]\cos m\theta\\ [J_{m-n}(h)-(-1)^nJ_{m+n}(h)]\sin m\theta\end{Bmatrix} \tag{9-17b}$$

如果 θ_1 表示的是图 9-3 中 h 和 r_1 的夹角,即令 $\psi=\pi-(\theta_1+\varphi)$,则有:

$$Z_n^{(l)}(r_1)\begin{Bmatrix}\cos n\theta_1\\ \sin n\theta_1\end{Bmatrix}=(-1)^n\sum_{m=-\infty}^{+\infty}Z_{n+m}^{(l)}(r)J_m(h)\begin{Bmatrix}\cos(m+n)\theta\\ -\sin(m+n)\theta\end{Bmatrix} \tag{9-18}$$

令 $\bar{m}=n+m$, 即 $m=\bar{m}-n$, 于是式(9-18)最终可以写成如下的形式:

$$Z_n^{(l)}(r_1)\begin{Bmatrix}\cos n\theta_1\\ \sin n\theta_1\end{Bmatrix}=\sum_{\bar{m}=-\infty}^{+\infty}Z_m^{(l)}(r)J_{n+m}(h)\begin{Bmatrix}\cos\bar{m}\theta\\ \sin\bar{m}\theta\end{Bmatrix} \tag{9-19a}$$

$$Z_n^{(l)}(r_1)\begin{Bmatrix}\cos n\theta_1\\ \sin n\theta_1\end{Bmatrix}=\sum_{m=0}^{+\infty}\frac{\varepsilon_m}{2}Z_m^{(l)}(r)\begin{Bmatrix}[J_{n+m}(h)+(-1)^mJ_{n-m}(h)]\cos m\theta\\ [J_{n+m}(h)-(-1)^mJ_{n-m}(h)]\sin m\theta\end{Bmatrix} \tag{9-19b}$$

附　录

附录 1　P_1 波入射准饱和半空间表面响应系数

$$P_{11} = -[(\lambda + \mu\mu' M + \mu' M m_1) l_1^2 + 2G l_{1z}^2]$$

$$P_{12} = -[(\lambda + \mu\mu' M + \mu' M m_2) l_2^2 + 2G l_{2z}^2]$$

$$P_{13} = 2G l_x l_{3z}$$

$$P_{21} = 2G l_x l_{1z}$$

$$P_{22} = 2G l_x l_{2z}$$

$$P_{23} = G(l_{3z}^2 - l_x^2)$$

$$P_{31} = M(\mu + m_1) l_1^2$$

$$P_{32} = M(\mu + m_2) l_2^2$$

$$P_{33} = 0$$

$$P_{41} = -[(\lambda + \mu\mu' M + \mu' M m_1) l_1^2 + 2G l_x^2]$$

$$P_{42} = -[(\lambda + \mu\mu' M + \mu' M m_2) l_2^2 + 2G l_x^2]$$

$$P_{43} = -2G l_x l_{3z}$$

$$P_{51} = -\mathrm{i} l_x$$

$$P_{52} = -\mathrm{i} l_x$$

$$P_{53} = -\mathrm{i} l_{3z}$$

$$P_{61} = \mathrm{i} l_{1z}$$

$$P_{62} = \mathrm{i} l_{2z}$$

$$P_{63} = -\mathrm{i} l_x$$

$$P_{71} = -l_x^2$$

$$P_{72} = -l_x^2$$

$$P_{73} = -l_x l_{3z}$$

$$P_{81} = -l_{1z}^2$$

$$P_{82} = -l_{2z}^2$$

$$P_{83} = l_x l_{3z}$$

附录 2　SV 波入射准饱和半空间表面响应系数

$S_{11}=-[(\lambda+\mu\mu' M+\mu' Mm_1)l_1^2+2Gl_{1z}^2]$

$S_{12}=-[(\lambda+\mu\mu' M+\mu' Mm_2)l_2^2+2Gl_{2z}^2]$

$S_{13}=2Gl_x l_{3z}$

$S_{21}=2Gl_x l_{1z}$

$S_{22}=2Gl_x l_{2z}$

$S_{23}=G(l_{3z}^2-l_x^2)$

$S_{31}=(\mu M+Mm_1)l_1^2$

$S_{32}=(\mu M+Mm_2)l_2^2$

$S_{33}=0$

$S_{41}=-[(\lambda+\mu\mu' M+\mu' Mm_1)l_1^2+2Gl_x^2]$

$S_{42}=-[(\lambda+\mu\mu' M+\mu' Mm_2)l_2^2+2Gl_x^2]$

$S_{43}=-2Gl_x l_{3z}$

$S_{51}=-\mathrm{i}l_x$

$S_{52}=-\mathrm{i}l_x$

$S_{53}=-\mathrm{i}l_{3z}$

$S_{61}=\mathrm{i}l_{1z}$

$S_{62}=\mathrm{i}l_{2z}$

$S_{63}=-\mathrm{i}l_x$

$S_{71}=-l_x^2$

$S_{72}=-l_x^2$

$S_{73}=-l_x l_{3z}$

$S_{81}=-l_{1z}^2$

$S_{82}=-l_{2z}^2$

$S_{83}=l_x l_{3z}$

附录 3　弹性波在准饱和土与弹性土界面反射系数与透射系数

$a_1\sim a_5$ 分别表示反射系数和透射系数：

$a_1=A_1'/A_1$；

$a_2 = A'_2/A_1$;

$a_3 = A'_s/A_1$;

$a_4 = A''_p/A_1$;

$a_5 = A''_s/A_1$。

元素 c_{ij} 和 b_i 的详细表达式如下：

$c_{11} = -(\lambda + \alpha_1^* M + m_1 M - 2\mu\sin^2\alpha'_1) k_1^2$;

$c_{12} = -(\lambda + \alpha_1^* M + m_2 M - 2\mu\sin^2\alpha'_2) k_2^2$;

$c_{13} = -k_s^2\mu\sin2\beta'$;

$c_{14} = (\lambda_{\text{II}} + 2\mu_{\text{II}}\cos^2\alpha'') k''^2_p$;

$c_{15} = -k''^2_s\mu_{\text{II}}\sin2\beta''$;

$c_{21} = -k_1^2\mu\sin2\alpha'_1$;

$c_{22} = -k_2^2\mu\sin2\alpha'_2$;

$c_{23} = (-1 + 2\cos^2\beta')\mu k_s^2$;

$c_{24} = -k''^2_p\mu_{\text{II}}\sin2\alpha''$;

$c_{25} = (1 - 2\cos^2\beta'')\mu_{\text{II}} k''^2_s$;

$c_{31} = \mathrm{i}k_1\sin\alpha'_1$;

$c_{32} = \mathrm{i}k_2\sin\alpha'_2$;

$c_{33} = -\mathrm{i}k_s\cos\beta'$;

$c_{34} = -\mathrm{i}k''_p\sin\alpha''$;

$c_{35} = -\mathrm{i}k''_s\cos\beta''$;

$c_{41} = \mathrm{i}k_1\cos\alpha'_1$;

$c_{42} = \mathrm{i}k_2\cos\alpha'_2$;

$c_{43} = \mathrm{i}k_s\sin\beta'$;

$c_{44} = \mathrm{i}k''_p\cos\alpha''$;

$c_{45} = -\mathrm{i}k''_s\sin\beta''$;

$c_{51} = \mathrm{i}m_1k_1\cos\alpha'_1$;

$c_{52} = \mathrm{i}m_2k_2\cos\alpha'_2$;

$c_{53} = \mathrm{i}m_3k_s\sin\beta'$;

$c_{54} = 0$;

$c_{55} = 0$;

$b_1 = (\lambda + \alpha_1^* M + m_1 M - 2\mu\sin^2\alpha_1) k_1^2$;

$b_2 = -k_1^2\mu\sin2\alpha_1$;

$b_3 = -\mathrm{i}k_1\sin\alpha_1$;

$b_4 = \mathrm{i}k_1\cos\alpha_1$;

$b_5 = \mathrm{i}m_1k_1\cos\alpha_1$。

附录4　入射 P_1 波在饱和土体中圆形衬砌散射问题的矩阵系数

矩阵 **M** 和向量 **Y** 中各元素 a_{ij} 和 b_j $(i=7, j=7)$ 的表达式：

$a_{11}=x_1 H_n^{(1)\prime}(x_1)$；

$a_{12}=x_2 H_n^{(1)\prime}(x_2)$；

$a_{13}=n H_n^{(1)}(x_s)$；

$a_{14}=\tilde{x}_p J_n'(\tilde{x}_p)$；

$a_{15}=\tilde{x}_p N_n'(\tilde{x}_p)$；

$a_{16}=n J_n(\tilde{x}_s)$；

$a_{17}=n N_n(\tilde{x}_s)$；

$b_1=-x_1 J_n'(x_1)$；

$a_{21}=n H_n^{(1)}(x_1)$；

$a_{22}=n H_n^{(1)}(x_2)$；

$a_{23}=x_s H_n^{(1)\prime}(x_s)$；

$a_{24}=n J_n(\tilde{x}_p)$；

$a_{25}=n N_n(\tilde{x}_p)$；

$a_{26}=\tilde{x}_s J_n'(\tilde{x}_s)$；

$a_{27}=\tilde{x}_s N_n'(\tilde{x}_s)$；

$b_2=-n J_n(x_1)$；

$a_{31}=x_1 m_1 H_n^{(1)\prime}(x_1)$；

$a_{32}=x_2 m_2 H_n^{(1)\prime}(x_2)$；

$a_{33}=n m_3 H_n^{(1)}(x_s)$；

$a_{34}=a_{35}=a_{36}=a_{37}=0$;

$b_3=-x_1 \gamma_1 J_n'(x_1)$；

$a_{41}=x_1^2\{2\mu H_n^{(1)\prime\prime}(x_1)-[\lambda+(m_1+\alpha_{11})M]H_n^{(1)}(x_1)\}$；

$a_{42}=x_2^2\{2\mu H_n^{(1)\prime\prime}(x_2)-[\lambda+(m_2+\alpha_{11})M]H_n^{(1)}(x_2)\}$；

$a_{43}=2\mu n[x_s H_n^{(1)\prime}(x_s)-H_n^{(1)}(x_s)]$；

$a_{44}=\tilde{x}_p^2[2\tilde{\mu}J_n''(\tilde{x}_p)-\tilde{\lambda}J_n(\tilde{x}_p)]$；

$a_{45}=\tilde{x}_p^2[2\tilde{\mu}N_n''(\tilde{x}_p)-\tilde{\lambda}N_n(\tilde{x}_p)]$；

$a_{46}=2\tilde{\mu}n[\tilde{x}_sJ'_n(\tilde{x}_s)-J_n(\tilde{x}_s)]$；

$a_{47}=2\tilde{\mu}n[\tilde{x}_sN'_n(\tilde{x}_s)-N_n(\tilde{x}_s)]$；

$b_4=x_1^2\{[\lambda+(m_1+\alpha_{11})M]J_n(x_1)-2\mu J''_n(x_1)\}$；

$a_{51}=-2\mu n[x_1H_n^{(1)\prime}(x_1)-H_n^{(1)}(x_1)]$；

$a_{52}=-2\mu n[x_2H_n^{(1)\prime}(x_2)-H_n^{(1)}(x_2)]$；

$a_{53}=\mu x_sH_n^{(1)\prime}(x_s)-\mu[x_s^2H_n^{(1)\prime\prime}(x_s)+n^2H_n^{(1)}(x_s)]$；

$a_{54}=-2\tilde{\mu}n[\tilde{x}_pJ'_n(\tilde{x}_p)-J_n(\tilde{x}_p)]$；

$a_{55}=-2\tilde{\mu}n[\tilde{x}_pN'_n(\tilde{x}_p)-N_n(\tilde{x}_p)]$；

$a_{56}=\tilde{\mu}[\tilde{x}_sJ'_n(\tilde{x}_s)-\tilde{x}_s^2J''_n(\tilde{x}_s)-n^2J_n(\tilde{x}_s)]$；

$a_{57}=\tilde{\mu}[\tilde{x}_sN'_n(\tilde{x}_s)-\tilde{x}_s^2N''_n(\tilde{x}_s)-n^2N_n(\tilde{x}_s)]$；

$b_5=2\mu n[x_1J'_n(x_1)-J_n(x_1)]$；

$a_{61}=a_{62}=a_{63}=0$；

$a_{64}=\tilde{y}_p^2[2\tilde{\mu}J''_n(\tilde{y}_p)-\tilde{\lambda}J_n(\tilde{y}_p)]$；

$a_{65}=\tilde{y}_p^2[2\tilde{\mu}N''_n(\tilde{y}_p)-\tilde{\lambda}N_n(\tilde{y}_p)]$；

$a_{66}=2\tilde{\mu}n[\tilde{y}_sJ'_n(\tilde{y}_s)-J_n(\tilde{y}_s)]$；

$a_{67}=2\tilde{\mu}n[\tilde{y}_sN'_n(\tilde{y}_s)-N_n(\tilde{y}_s)]$；

$b_6=0$；

$a_{71}=a_{72}=a_{73}=0$；

$a_{74}=-2\tilde{\mu}n[\tilde{y}_pJ'_n(\tilde{y}_p)-J_n(\tilde{y}_p)]$；

$a_{75}=-2\tilde{\mu}n[\tilde{y}_pN'_n(\tilde{y}_p)-N_n(\tilde{y}_p)]$；

$a_{76}=\tilde{\mu}[\tilde{y}_sJ'_n(\tilde{y}_s)-\tilde{y}_s^2J''_n(\tilde{y}_s)-n^2J_n(\tilde{y}_s)]$；

$a_{77}=\tilde{\mu}[\tilde{y}_sN'_n(\tilde{y}_s)-\tilde{y}_s^2N''_n(\tilde{y}_s)-n^2N_n(\tilde{y}_s)]$；

$b_7=0$。

其中，$x_1=k_1b$，$x_2=k_2a$，$x_s=k_sb$，$\tilde{x}_p=\tilde{k}_pb$，$\tilde{x}_s=\tilde{k}_sb$，$y_p=\tilde{k}_pa$，$y_s=\tilde{k}_sa$。

附录 5　入射 P_1 波在黏弹性饱和土体中圆形衬砌散射问题的矩阵系数

$a_{11}=x_1H_n^{(1)\prime}(x_1)$；

$a_{12} = x_2 H_n^{(1)\prime}(x_2)$;

$a_{13} = n H_n^{(1)}(x_s)$;

$a_{14} = \tilde{x}_1 H_n^{(1)\prime}(\tilde{x}_1)$;

$a_{15} = \tilde{x}_1 H_n^{(2)\prime}(\tilde{x}_1)$;

$a_{16} = \tilde{x}_2 H_n^{(1)\prime}(\tilde{x}_2)$;

$a_{17} = \tilde{x}_2 H_n^{(2)\prime}(\tilde{x}_2)$;

$a_{18} = n H_n^{(1)}(\tilde{x}_s)$;

$a_{19} = n H_n^{(2)}(\tilde{x}_s)$;

$b_1 = x_1 J'_n(x_1)$;

$a_{21} = n H_n^{(1)}(x_1)$;

$a_{22} = n H_n^{(1)}(x_2)$;

$a_{23} = x_s H_n^{(1)\prime}(x_s)$;

$a_{24} = n H_n^{(1)}(\tilde{x}_1)$;

$a_{25} = n H_n^{(2)}(\tilde{x}_1)$;

$a_{26} = n H_n^{(1)}(\tilde{x}_2)$;

$a_{27} = n H_n^{(2)}(\tilde{x}_2)$;

$a_{28} = \tilde{x}_s H_n^{(1)\prime}(\tilde{x}_s)$;

$a_{29} = \tilde{x}_s H_n^{(2)\prime}(\tilde{x}_s)$;

$b_2 = n J_n(x_1)$;

$a_{31} = m_1 x_1 H_n^{(1)\prime}(x_1)$;

$a_{32} = m_2 x_2 H_n^{(1)\prime}(x_2)$;

$a_{33} = m_3 n H_n^{(1)}(x_s)$;

$a_{34} = \tilde{m}_1 \tilde{x}_1 H_n^{(1)\prime}(\tilde{x}_1)$;

$a_{35} = \tilde{m}_1 \tilde{x}_1 H_n^{(2)\prime}(\tilde{x}_1)$;

$a_{36} = \tilde{m}_2 \tilde{x}_2 H_n^{(1)\prime}(\tilde{x}_2)$;

$a_{37} = \tilde{m}_2 \tilde{x}_2 H_n^{(2)\prime}(\tilde{x}_2)$;

$a_{38} = \tilde{m}_3 n H_n^{(1)}(\tilde{x}_s)$;

$a_{39} = \tilde{m}_3 n H_n^{(2)}(\tilde{x}_s)$;

$b_3 = m_1 x_1 J_n'(x_1)$;

$a_{41} = (\lambda_c + \alpha M m_1 - i\omega\lambda_v) x_1^2 H_n^{(1)}(x_1) - 2(\mu_e - i\omega\mu_v) x_1^2 H_n^{(1)}{}''(x_1)$;

$a_{42} = (\lambda_c + \alpha M m_2 - i\omega\lambda_v) x_2^2 H_n^{(1)}(x_2) - 2(\mu_e - i\omega\mu_v) x_2^2 H_n^{(1)}{}''(x_2)$;

$a_{43} = 2(\mu_e - i\omega\mu_v) n[H_n^{(1)}(x_s) - x_s H_n^{(1)}{}'(x_s)]$;

$a_{44} = (\tilde{\lambda}_c + \tilde{\alpha}\tilde{M}\tilde{m}_1)\tilde{x}_1^2 H_n^{(1)}(\tilde{x}_1) - 2\tilde{\mu}\tilde{x}_1^2 H_n^{(1)}{}''(\tilde{x}_1)$;

$a_{45} = (\tilde{\lambda}_c + \tilde{\alpha}\tilde{M}\tilde{m}_1)\tilde{x}_1^2 H_n^{(2)}(\tilde{x}_1) - 2\tilde{\mu}\tilde{x}_1^2 H_n^{(2)}{}''(\tilde{x}_1)$;

$a_{46} = (\tilde{\lambda}_c + \tilde{\alpha}\tilde{M}\tilde{m}_2)\tilde{x}_2^2 H_n^{(1)}(\tilde{x}_2) - 2\tilde{\mu}\tilde{x}_2^2 H_n^{(1)}{}''(\tilde{x}_2)$;

$a_{47} = (\tilde{\lambda}_c + \tilde{\alpha}\tilde{M}\tilde{m}_2)\tilde{x}_2^2 H_n^{(2)}(\tilde{x}_2) - 2\tilde{\mu}\tilde{x}_2^2 H_n^{(2)}{}''(\tilde{x}_2)$;

$a_{48} = 2\tilde{\mu} n[H_n^{(1)}(\tilde{x}_s) - \tilde{x}_s H_n^{(1)}{}'(\tilde{x}_s)]$;

$a_{49} = 2\tilde{\mu} n[H_n^{(2)}(\tilde{x}_s) - \tilde{x}_s H_n^{(2)}{}'(\tilde{x}_s)]$;

$b_4 = (\lambda_c + \alpha M m_1 - i\omega\lambda_v) x_1^2 J_n(x_1) - 2(\mu_e - i\omega\mu_v) x_1^2 J_n''(x_1)$;

$a_{51} = 2(\mu_e - i\omega\mu_v) n[x_1 H_n^{(1)}{}'(x_1) - H_n^{(1)}(x_1)]$;

$a_{52} = 2(\mu_e - i\omega\mu_v) n[x_1 H_n^{(1)}{}'(x_2) - H_n^{(1)}(x_2)]$;

$a_{53} = (\mu_e - i\omega\mu_v)[n^2 H_n^{(1)}(x_s) + x_s^2 H_n^{(1)}{}''(x_s) - x_s H_n^{(1)}{}'(x_s)]$;

$a_{54} = 2\tilde{\mu} n[\tilde{x}_1 H_n^{(1)}{}'(\tilde{x}_1) - H_n^{(1)}(\tilde{x}_1)]$;

$a_{55} = 2\tilde{\mu} n[\tilde{x}_2 H_n^{(2)}{}'(\tilde{x}_2) - H_n^{(2)}(\tilde{x}_2)]$;

$a_{56} = 2\tilde{\mu} n[\tilde{x}_2 H_n^{(1)}{}'(\tilde{x}_2) - H_n^{(1)}(\tilde{x}_2)]$;

$a_{57} = 2\tilde{\mu} n[\tilde{x}_2 H_n^{(2)}{}'(\tilde{x}_2) - H_n^{(2)}(\tilde{x}_2)]$;

$a_{58} = \tilde{\mu}[n^2 H_n^{(1)}(\tilde{x}_s) + \tilde{x}_s^2 H_n^{(1)}{}''(\tilde{x}_s) - \tilde{x}_s H_n^{(1)}{}'(\tilde{x}_s)]$;

$a_{59} = \tilde{\mu}[n^2 H_n^{(2)}(\tilde{x}_s) + \tilde{x}_s^2 H_n^{(2)}{}''(\tilde{x}_s) - \tilde{x}_s H_n^{(2)}{}'(\tilde{x}_s)]$;

$b_5 = 2(\mu_e - i\omega\mu_v) n[x_1 J'(x_1) - J_n(x_1)]$;

$a_{61} = (\alpha + m_1) M x_1^2 H_n^{(1)}(x_1)$;

$a_{62} = (\alpha + m_2) M x_2^2 H_n^{(1)}(x_2)$;

$a_{63} = 0$;

$a_{64} = (\tilde{\alpha} + \tilde{m}_1)\tilde{M}\tilde{x}_1^2 H_n^{(1)}(\tilde{x}_1)$;

$a_{65} = (\tilde{\alpha} + \tilde{m}_1)\tilde{M}\tilde{x}_1^2 H_n^{(2)}(\tilde{x}_1)$;

$a_{66} = (\tilde{\alpha} + \tilde{m}_2)\tilde{M}\tilde{x}_2^2 H_n^{(1)}(\tilde{x}_2)$;

$a_{67} = (\tilde{\alpha} + \tilde{m}_2)\tilde{M}\tilde{x}_2^2 H_n^{(2)}(\tilde{x}_2)$；

$a_{68} = a_{69} = 0$；

$b_6 = (\alpha + m_1) M x_1^2 J_n(x_1)$；

$a_{71} = a_{72} = a_{73} = 0$；

$a_{74} = (\tilde{\lambda}_c + \tilde{\alpha}\tilde{M}\tilde{m}_1)\tilde{y}_1^2 H_n^{(1)}(\tilde{y}_1) - 2\tilde{\mu}\tilde{y}_1^2 H_n^{(1)\prime\prime}(\tilde{y}_1)$；

$a_{75} = (\tilde{\lambda}_c + \tilde{\alpha}\tilde{M}\tilde{m}_1)\tilde{y}_1^2 H_n^{(2)}(\tilde{y}_1) - 2\tilde{\mu}\tilde{y}_1^2 H_n^{(2)\prime\prime}(\tilde{y}_1)$；

$a_{76} = (\tilde{\lambda}_c + \tilde{\alpha}\tilde{M}\tilde{m}_2)\tilde{y}_2^2 H_n^{(1)}(\tilde{y}_2) - 2\tilde{\mu}\tilde{y}_2^2 H_n^{(1)\prime\prime}(\tilde{y}_2)$；

$a_{77} = (\tilde{\lambda}_c + \tilde{\alpha}\tilde{M}\tilde{m}_2)\tilde{y}_2^2 H_n^{(2)}(\tilde{y}_2) - 2\tilde{\mu}\tilde{y}_2^2 H_n^{(2)\prime\prime}(\tilde{y}_2)$；

$a_{78} = 2\tilde{\mu} n[H_n^{(1)}(\tilde{y}_s) - \tilde{y}_s H_n^{(1)\prime}(\tilde{y}_s)]$；

$a_{79} = 2\tilde{\mu} n[H_n^{(2)}(\tilde{y}_s) - \tilde{y}_s H_n^{(2)\prime}(\tilde{y}_s)]$；

$b_7 = 0$；

$a_{81} = a_{82} = a_{83} = 0$；

$a_{84} = 2\tilde{\mu} n[\tilde{y}_1 H_n^{(1)\prime}(\tilde{y}_1) - H_n^{(1)}(\tilde{y}_1)]$；

$a_{85} = 2\tilde{\mu} n[\tilde{y}_2 H_n^{(2)\prime}(\tilde{y}_2) - H_n^{(2)}(\tilde{y}_2)]$；

$a_{86} = 2\tilde{\mu} n[\tilde{y}_2 H_n^{(1)\prime}(\tilde{y}_2) - H_n^{(1)}(\tilde{y}_2)]$；

$a_{87} = 2\tilde{\mu} n[\tilde{y}_2 H_n^{(2)\prime}(\tilde{y}_2) - H_n^{(2)}(\tilde{y}_2)]$；

$a_{88} = \tilde{\mu}[n^2 H_n^{(1)}(\tilde{y}_s) + \tilde{x}_s^2 H_n^{(1)\prime\prime}(\tilde{y}_s) - \tilde{x}_s H_n^{(1)\prime}(\tilde{y}_s)]$；

$a_{89} = \tilde{\mu}[n^2 H_n^{(2)}(\tilde{y}_s) + \tilde{y}_s^2 H_n^{(2)\prime\prime}(\tilde{y}_s) - \tilde{x}_s H_n^{(2)\prime}(\tilde{y}_s)]$；

$b_8 = 0$；

$a_{91} = a_{92} = a_{93} = 0$；

$a_{94} = (\tilde{\alpha} + \tilde{m}_1)\tilde{M}\tilde{y}_1^2[\tilde{y}_1 H_n^{(1)\prime}(\tilde{y}_1) - \kappa H_n^{(1)}(\tilde{y}_1)]$；

$a_{95} = (\tilde{\alpha} + \tilde{m}_1)\tilde{M}\tilde{y}_1^2[\tilde{y}_1 H_n^{(2)\prime}(\tilde{y}_1) - \kappa H_n^{(2)}(\tilde{y}_1)]$；

$a_{96} = (\tilde{\alpha} + \tilde{m}_2)\tilde{M}\tilde{y}_2^2[\tilde{y}_2 H_n^{(1)\prime}(\tilde{y}_2) - \kappa H_n^{(1)}(\tilde{y}_2)]$；

$a_{97} = (\tilde{\alpha} + \tilde{m}_2)\tilde{M}\tilde{y}_2^2[\tilde{y}_2 H_n^{(2)\prime}(\tilde{y}_2) - \kappa H_n^{(2)}(\tilde{y}_2)]$；

$a_{98} = a_{99} = b_9 = 0$。

式中：$x_1 = k_1 b$，$x_2 = k_2 b$，$x_s = k_s b$，$\tilde{x}_1 = \tilde{k}_1 b$，$\tilde{x}_2 = \tilde{k}_2 b$，$\tilde{x}_s = \tilde{k}_s b$，$y_1 = \tilde{k}_1 a$，$y_2 = \tilde{k}_2 a$，$y_s = \tilde{k}_s a$。

参考文献

Biot M A, 1956. The theory of propagation of elastic waves in a fluid-saturated porous solid: Ⅰ. Low-frequency range. J. Acoust. Soc. Am. , 28(2): 168-178.

Biot M A, 1956. The theory of propagation of elastic waves in a fluid-saturated porous solid: Ⅱ. Higher-frequency range. J. Acoust. Soc. Am. ,28(2): 168-178.

Woods R D, 1968. Screening of surface waves in soils. Solids Mech. and Found. Div, 94(4): 951-979.

Plona T J, 1980. Observation of a second bulk compressional wave at ultrasonic frequency. Appl. Phys. Lett. ,36 (4): 259-261.

Murphy W F, 1982. Effects of partial water saturation on attenuation in Massilon sandstone and vycor porous glass. J. Acoust. Soc. Am. ,71(6): 1458-1468.

Gardner T N, 2000. An acoustic study of soils that model seabed sediments containing gas bubbles. J. Acoust. Soc. Am. , 107(1): 163-176.

Verruijt A, 1969. Elastic storage of aquifers, In: de Weist RJM, editor. Flow through porous media, London, Academic Press.

Fredlund D G, H Rahardjo, 1997. 非饱和土土力学. 陈仲颐, 张在明, 陈愈炯, 等, 译. 北京: 中国建筑工业出版社.

黄文熙, 1983. 土的工程性质. 北京: 水利电力出版社.

Brooks R H, Corey A T, 1964. Hydraulic Properties of Porous Media and Their Relation to Drainage Design. Transactions of the ASAE, 7: 26-28.

Skempton A W, 1960. Effective stress in soils, Concerte and rocks. Proc conf. on pore pressure and suction in soils, Butterworths.

Jennings J E, J B Burland, 1962. Limitations to the use of effective stresses in partly saturated soils. Geotechnique, 12: 125-144.

Fessenden R A, 1920. Method and apparatus for sound insulation. U. S. Patent.

Devin C, 1959. Survey of thermal, radiation, and viscous damping of pulsating air bubbles in water. J. Acoust. Soc. Am. ,31:1654-1667.

Blake F G, 1952. Spherical wave propagation in solid media. J. Acoust. Soc. Am. ,24: 211-215.

Achenbach J D, 1973. Wave Propagation in Elastic Solids. North-Holland Publishing Company, Amsterdam, The Netherlands.

Chi-Hsin Lin, Vincent W L, Trifunac M D, 2005. The reflection of plane waves in a poroelastic half-space saturated with inviscid fluid. Soil Dynamics and Earthquake Engineering, 25: 205-223.

VardoulakisI, D E Beskos, 1986. Dynamic behavior of nearly saturated porous media. Mechanics of Materials, 5: 87-108.

Nur A, G Mavko , Dvorkin J, 1998. Critical porosity: a key to relating physical properties to porosity in rocks. Leading Edge, 17: 357-362.

Zhuping Liu, 2002. Acoustic velocity and attenuation of unconsolidated sands - an experimental and modeling study. PhD dissertation, University of California, Berkeley.

Wyllie M R J, Gregory A R, Gardner L W, 1956. Elastic wave velocities in heterogeneous and porous media. Geophysics, 21: 41-70.

吴世明,1997. 土介质中的波. 北京: 科学出版社.

吴世明,2000. 土动力学. 北京: 中国建筑工业出版社.

张克绪,谢君斐,1989. 土动力学. 北京: 地震出版社.

谢定义,2011. 土动力学. 北京: 高等教育出版社.

杨桂通,张善元,1988. 弹性动力学. 北京: 中国铁道出版社.

夏唐代,1992. 地基中表面波特性及其应用. 杭州: 浙江大学.

王立忠,1995. 饱和各向异性土体中的弹性波. 杭州: 浙江大学.

杨峻,1996. 层状饱和土中波的传播. 杭州: 浙江大学.

胡亚元,1998. 横观各向同性饱和土中波的传播. 杭州: 浙江大学.

徐长节,1997. 非饱和土及准饱和土中波的传播. 杭州: 浙江大学.

周新民,2007. 准饱和土波动特性及动力响应研究. 杭州: 浙江大学.

徐平,2006. 弹性波的多重散射在工程中的应用. 杭州: 浙江大学.

薛威,2005. 半空间准饱和土中波的传播. 杭州: 浙江大学.

Richart F E, Woods R D, Hall J R, 1970. Vibrations of Soils and Foundations. New Jersey, Prentice-Hall.

Anderson A L, Hamton L D, 1980. Acoustics of gas-bearing sediments I. Background. Acoustical society of America, 67(6): 1865-1889.

Crum L A, Eller A I, 1970. Motion of bubbles in a stationary sound field. J. Acoust. Soc. Am., 48 (12), 181-189.

Smeulders D, 1992. On wave propagation in saturated and partially saturated porous media, Ph. D. thesis, Technische Universiteit Eindhoven.

Domenico S N, 1982. Acoustic wave propagation in air-bubble curtains in water-Part I: History and theory. Geophysics, 47(3): 345-353.

Wyllie M R J, Gregory A R, Gardner L W, 1956. Elastic wave velocities in heterogeneous and porous media. Geophysics, 21(1): 41-70.

Yang J, T Sato, 2000a. Interpretation of seismic vertical amplification observed at an array site. Bull. Seismol. Soc. Am., 90(2): 275-285.

Yang J, T Sato, 2000b. Influence of water saturation on horizontal and vertical motion at a porous soil interface induced by incident P wave. Soil Dynamics and Earthquake Engineering, 19: 575-581.

Yang J, 2001a. A note on Rayleigh wave velocity in saturated soils with compressible constituents, Can. Geotech. J., 38: 1360-1365.

Yang J, T Sato, 2001b. Analytical study of saturation effects on seismic vertical amplification of a soil layer. Géotechnique, 51(2): 161-165.

Sato K, T Kokusho M. Matsumoto, et al., 1996. Nonlinear Seismic Response and Soil Property during Strong Motion. Soil and Foundations (Special Issue): 41-52.

Aguirre J, K Irikura, 1997. Nonlinearity, Liquefaction, and Velocity variation of Soft Soil Layers in Port Island, Kobe, during the Hyogo-kenNanbu earthquake. Bull. Seism. Soc. Am., 87(5): 1244-1258.

Kokusho T, M Matsumoto, 1999. Nonlinear Site Amplification in Vertical Array Records during Hyogo-kenNanbu earthquake. Soil and Foundations, (Special Issue No. 2):1-9.

Tajuddin M, 1984. Rayleigh wave in a poro-elastic half-space. J. Acoust. Soc. Am., 75(3):682-684.

Lysmer J, G Waas, 1972. Shear wave in plane infinite structures. J. Engrg. Mech. Div., ASCE, 98(1):85-105.

Dvorkin J, A Nur, 1996, Elasticity of high-porosity sandstones: theory for two North Seadata sets. Geophysics, 61(5):1363-1370.

Han D, A Nur, D Morgan, 1986. Effect of porosity and clay content on wave velocity in sandstones. Geophysics, 51:2093-2107.

Ishihara K, 1970. Approximate Forms of Wave Equations for Water-Saturated Porous Materials and Related Dynamic Module. Soils and Foundations, 10(4):10-38.

张引科,2001. 非饱和土混合物理论及其应用. 西安:西安建筑科技大学.

薛松涛,陈诗慧,陈镕,等,2005. P_1 波入射准饱和土的波型转换问题. 力学季刊,26(1):128-133.

夏唐代,吴世明,1994. 稳态振动时平面内地基中波的能量分布. 浙江大学学报,28(Supp.):224-230.

夏唐代,陈龙珠,吴世明,1998. 半空间饱和土中瑞利波特性. 水利学报,(2):47-53.